プラズマディスプレイ材料技術の最前線
Advanced Technology of PDP Composition Material

《普及版／Popular Edition》

監修 篠田 傳

シーエムシー出版

まえがき

　プラズマディスプレイパネル（PDP）は大画面薄型ディスプレイとして1990年代に新しい産業用ディスプレイの市場を築きました。さらに，2000年代には大画面薄型テレビを実現し，家庭用の新しい映像文化を創造しました。常に大画面の最先端ディスプレイ市場を開拓し，いまや，世界中で2兆円を超える産業を創生しました。

　筆者がカラーPDPの基礎技術開発を進めた1980年代には「40型の薄型テレビなんか作っても，日本の家庭には入らないよ」などといわれたものです。しかし，いまやプラズマテレビの最も売れるサイズは40型から50型に移ろうとしています。巨大な大画面薄型テレビ市場を生み出したのはPDPの貢献です。最近は液晶も参入してきましたが，PDPは大画面テレビに最適な特性を持つがゆえに，この市場のリーディングデバイスとしての確固たる地位を築いています。その高速な応答性能からスポーツ番組をダイナミックに映し出し，高いコントラスト性能と階調性能から映画や劇場番組を美しく映し出します。さらに，大画面の美しい映像はまさに，家庭に居ながらにして，その場にたたずむような美しいアルプスの山並みやエーゲ海の海岸風景を映し出します。このように情報のみならず環境を同時に映し出す新しい映像装置として，テレビというよりはホームシアターを実現していると言って良いでしょう。

　このようなPDPの発展には，プロセス材料技術が大きく貢献しています。この本は，PDPデバイスの最先端の材料技術を解説することを目的にしたものです。しかし，最先端の材料技術を理解するには，PDPの最先端の状況やデバイスの原理，プロセス技術や製造装置など，全般的な状況や技術を理解することが必要です。

　したがって，第1章の総論で最先端の状況と原理的な駆動技術を扱いました。3電極PDPの駆動を理解するために放電現象と駆動理論を解説しましたが，駆動理論を初めて紹介した本です。第2章では主要な材料技術をまとめましたが，プロセスの解説と放電，および材料のシミュレーションも同時に扱っています。第3章では主要な製造装置を扱っています。

　このように，この本ではPDPの材料とともにより幅広い知識を得ることができるでしょう。

　本書の執筆にあたりましては業界の多くの方々の文献，資料などを参考にさせていただきまた，一部の方には資料のご提供などご協力をいただきました。厚くお礼申し上げます。また，本書の発刊に関してはシーエムシー出版の方々をはじめ関係者の皆様に大変ご努力をいただきました。心からお礼を申し上げます。

2007年10月

篠田　傳

普及版の刊行にあたって

　本書は2007年に『プラズマディスプレイ材料技術の最前線』として刊行されました。普及版の刊行にあたり，内容は当時のままであり加筆・訂正などの手は加えておりませんので，ご了承ください。

2012年11月

シーエムシー出版　編集部

執筆者一覧

篠田　　　傳	篠田プラズマ㈱　取締役会長；広島大学大学院　教授	
布村　恵史	パイオニア㈱　技術開発本部　PDP開発センター　エグゼクティブエキスパート	
内田儀一郎	広島大学　大学院先端物質科学研究科　寄附講座助教	
打土井正孝	パイオニア㈱　PDPパネル開発統括部	
遠藤　　明	東北大学　大学院工学研究科　准教授	
大沼　宏彰	東北大学　大学院工学研究科　博士前期課程	
菊地　宏美	東北大学　大学院工学研究科　技術補佐員	
坪井　秀行	東北大学　大学院工学研究科　准教授	
古山　通久	東北大学　大学院工学研究科　助教	
畠山　　望	東北大学　大学院工学研究科　准教授	
高羽　洋充	東北大学　大学院工学研究科　准教授	
久保　百司	東北大学　大学院工学研究科　准教授	
Del Carpio Carlos A.	東北大学　大学院工学研究科　准教授	
梶山　博司	広島大学　大学院先端物質科学研究科　教授	
宮本　　明	東北大学　未来科学技術共同研究センター　教授	
村上由紀夫	日本放送協会　放送技術研究所　材料・デバイス　主任研究員	
前田　　敬	旭硝子㈱　中央研究所　主幹研究員	
小高　秀文	旭硝子㈱　中央研究所　主幹研究員	
大羽　隆元	デュポン㈱　電子材料事業	
宗本　英治	日本化研㈱　顧問（前・LG電子㈱　顧問）	
張　　書秀	大電㈱　技術開発本部　機能材料開発室　研究グループ長	
小池　勝彦	三井化学㈱　機能材料研究所　主席研究員	
住田　勲勇	NBC㈱　技術顧問	
田上　洋一	マイクロ・テック㈱	
神田　真治	㈱エルフォテック　代表取締役	
伊藤　隆生	㈱アルバック　FPD事業本部　東日本営業部　部長	
中村　　昇	キヤノンアネルバ㈱　パネルデバイス事業本部　スペシャリスト	
森本　巖穂	光洋サーモシステム㈱　FPD装置部　主任	

執筆者の所属表記は，2007年当時のものを使用しております。

目　　次

第1章　総　　論

1　PDP産業の現状と将来展望
　　　………………………篠田　傳…1
　1.1　はじめに ………………………… 1
　1.2　PDPの開発の歴史と市場の創生… 2
　　1.2.1　AC型カラーPDP基本技術の
　　　　　　開発……………………… 2
　　1.2.2　PDP市場の成長 …………… 7
　1.3　薄型大画面テレビ市場の発展と
　　　　PDPの貢献 ……………………… 8
　1.4　PDPの現状 …………………… 10
　　1.4.1　大画面薄型テレビに求められ
　　　　　　る性能とデバイスの特徴…… 10
　1.5　PDPの市場動向 ……………… 13
　　1.5.1　PDPテレビの世界需要 …… 13
　1.6　PDP技術の将来展開 ………… 16
　　1.6.1　開発の方向性……………… 16
　　1.6.2　高発光効率化技術………… 17
　　1.6.3　次世代製造プロセス技術…… 20
　1.7　おわりに ……………………… 22
2　PDP技術の動向（フルHD技術, 高効
　　率・高精細度技術）………布村恵史… 25
　2.1　PDP技術の発展推移と開発課題
　　　　……………………………………… 25
　2.2　高発光効率化技術の動向 ……… 26
　2.3　高画質化技術の動向 …………… 29
　2.4　高精細・高解像度化技術の動向
　　　　……………………………………… 30
　2.5　おわりに …………………………… 32
3　PDP放電・駆動原理
　　　……………………内田儀一郎… 33
　3.1　プラズマの概要 ………………… 33
　　3.1.1　序論……………………… 33
　　3.1.2　プラズマ生成…………… 34
　3.2　PDP放電・駆動 ……………… 36
　　3.2.1　PDP発光の原理 ………… 36
　　3.2.2　PDP放電と壁電荷の役割 … 38
　　3.2.3　ADS（Address Display
　　　　　　Separated）駆動方式 ……… 41
4　3電極PDPの駆動技術
　　　……………………内田儀一郎… 46
　4.1　AC型3電極面放電PDPの概要
　　　　……………………………………… 46
　4.2　AC型PDP動作解析の基礎 …… 47
　　4.2.1　2電極放電のモデル化と壁電
　　　　　　圧伝達曲線による解析……… 47
　　4.2.2　鈍波を用いた放電（壁電圧）の
　　　　　　制御…………………………… 50
　4.3　AC型3電極面放電PDPの動作解
　　　　析 …………………………………… 53
　　4.3.1　3電極放電のモデル化とV_t閉
　　　　　　曲線による解析……………… 53
　　4.3.2　各駆動期間におけるPDP駆動
　　　　　　技術…………………………… 56
　4.4　おわりに …………………………… 60

第2章 PDP用部材・材料とPDP作製プロセス

1 PDP作製プロセス……打土井正孝… 62
　1.1 はじめに―パネル作製プロセスの概要 …………………………… 62
　1.2 各工程のフロー ………………… 64
　　1.2.1 透明電極形成 ……………… 65
　　1.2.2 金属電極形成（バス電極，アドレス電極） ………………… 67
　　1.2.3 ブラックストライプ形成 …… 68
　　1.2.4 誘電体，背面誘電体形成 …… 68
　　1.2.5 リブ形成 …………………… 69
　　1.2.6 蛍光体形成 ………………… 71
　　1.2.7 シール形成 ………………… 72
　　1.2.8 保護層（MgO膜）形成 …… 72
　　1.2.9 排気ベーク ………………… 73
　　1.2.10 焼成プロセスにおける各種課題 …………………………… 74
2 PDP材料に関するシミュレーション
　遠藤　明，大沼宏彰，菊地宏美，坪井秀行，古山通久，畠山　望，高羽洋充，久保百司，Del Carpio Carlos A.，梶山博司，篠田　傳，宮本　明 …… 78
　2.1 はじめに ………………………… 78
　2.2 MgO保護膜の電子状態と二次電子放出能 ……………………… 79
　2.3 帯電によるMgO保護膜の破壊プロセス ………………………… 80
　2.4 スパッタリングによるMgO保護膜の破壊プロセス …………… 83
　2.5 PDP用青色蛍光体の電子状態シミュレーション ……………… 85
　2.6 おわりに ………………………… 87
3 PDP放電に関するシミュレーション
　　………………………村上由紀夫… 89
　3.1 はじめに ………………………… 89
　3.2 PDPの原理と放電メカニズムの解明 …………………………… 90
　　3.2.1 セルの構造と原理 ………… 90
　　3.2.2 放電メカニズムの解明 …… 90
　3.3 DC型セルの放電シミュレーション …………………………… 91
　　3.3.1 一次元シミュレーション …… 91
　　3.3.2 二次元シミュレーション …… 96
　　3.3.3 軸対称三次元シミュレーション …………………………… 97
　　3.3.4 放電シミュレーションの妥当性の検討 …………………… 97
　3.4 AC型セルの放電シミュレーション …………………………… 98
　　3.4.1 一次元シミュレーション …… 98
　　3.4.2 三次元シミュレーション …… 99
　　3.4.3 放電シミュレーションの妥当性の検討 …………………… 103
　　3.4.4 電子エネルギー分布のボルツマン方程式解析 …………… 104
　3.5 おわりに ………………………… 104
4 ガラス基板 ……………前田　敬… 109
　4.1 PDP用高歪点ガラス …………… 109
　4.2 基板ガラスの製法 ……………… 110
　4.3 PDP用基板ガラスの電気的特性 …………………………………… 111

- 4.4 PDP用基板ガラスの熱収縮 …… 112
- 4.5 PDP用基板の熱割れ …………… 113
- 4.6 おわりに ………………………… 115
- 5 ITOの耐熱性とその基礎物性について ……………………小高秀文… 117
  - 5.1 はじめに ………………………… 117
  - 5.2 ITO光電子物性の基礎 ………… 117
  - 5.3 ITOの耐熱性 …………………… 122
  - 5.4 おわりに ………………………… 127
- 6 PDP電極用ペースト材料 ……………………………大羽隆元… 129
  - 6.1 はじめに ………………………… 129
  - 6.2 感光性厚膜ペースト（フォーデル®ペースト）……………………… 129
  - 6.3 感光特性・基本的な反応メカニズム ……………………………… 130
  - 6.4 感光性ペースト利用電極形成プロセス ………………………… 131
  - 6.5 電極形成例 ……………………… 131
  - 6.6 おわりに ………………………… 132
- 7 誘電体材料 …………宗本英治… 133
  - 7.1 粉末ガラス概論 ………………… 133
    - 7.1.1 気泡の発生機序 ……………… 133
    - 7.1.2 ガラス内の水の性質………… 133
    - 7.1.3 アウトガス …………………… 133
  - 7.2 PDP用粉末ガラス ……………… 134
    - 7.2.1 面放電用誘電体ガラス膜…… 134
    - 7.2.2 放電隔壁材料………………… 140
  - 7.3 フリットシール材（solder glass） ……………………………… 142
    - 7.3.1 フリットシーリング………… 142
    - 7.3.2 無鉛化シールの進展………… 142
    - 7.3.3 シール材の焼成工程で発生するアウトガス………………… 143
  - 7.4 粉末ガラスによるコーティング及びフリットシール―その発生する歪み― ……………………… 144
    - 7.4.1 示差膨張測定（TMA）とその重要性……………………… 144
    - 7.4.2 ガラス内の歪みの構成……… 144
  - 7.5 Glass powder dispersionのRheology …………………… 145
    - 7.5.1 理論背景 ……………………… 145
    - 7.5.2 実測例 ………………………… 147
- 8 保護膜材料 …………梶山博司… 148
  - 8.1 保護膜特性とPDPにおける役割 ……………………………… 148
  - 8.2 MgO膜におけるエキソ電子放出 ……………………………… 148
  - 8.3 新保護膜材料 …………………… 152
    - 8.3.1 12CaO・7Al$_2$O$_3$エレクトライド ……………………………… 152
    - 8.3.2 クリスタルエミッシブレーヤー（CEL）………………… 153
  - 8.4 保護膜の開発課題 ……………… 154
- 9 蛍光体材料 …………張　書秀… 156
  - 9.1 はじめに ………………………… 156
  - 9.2 赤色蛍光体 ……………………… 157
    - 9.2.1 希土類ホウ酸塩……………… 158
    - 9.2.2 希土類オキサイド…………… 159
    - 9.2.3 希土類バナジン酸塩………… 160
  - 9.3 緑色蛍光体 ……………………… 160
    - 9.3.1 Mn^{2+}賦活のケイ酸塩とアルミン酸塩……………………… 161

  9.3.2　Tb^{3+}賦活の希土類ホウ酸塩とリン酸塩 …………163
 9.4　青色蛍光体 …………………… 164
  9.4.1　アルミン酸バリウムマグネシウム ……………………… 165
  9.4.2　ケイ酸カルシウムマグネシウム ……………………… 168
 9.5　新しい技術 …………………… 168
  9.5.1　新しい蛍光体 ……………… 169
  9.5.2　量子カッティングとナノ蛍光体 ……………………… 170
 9.6　おわりに ……………………… 170
10　フィルムタイプ光学フィルター
  …………………小池勝彦… 173
 10.1　はじめに …………………… 173
 10.2　機能 ………………………… 173
  10.2.1　色調補正 ………………… 173
  10.2.2　不要発光の抑制 ………… 174
  10.2.3　近赤外線放射の抑制 …… 174
  10.2.4　電磁波の抑制 …………… 175
  10.2.5　外光反射の抑制 ………… 175
  10.2.6　プラズマパネルの保護 …… 175
 10.3　構成例 ……………………… 175
 10.4　分類及び設計 ……………… 175
  10.4.1　形態による分類 ………… 175
  10.4.2　透明導電性による分類 …… 176
  10.4.3　フィルムタイプの利点 …… 177
  10.4.4　設計 ……………………… 177
 10.5　各種構成とその特性 ……… 178
  10.5.1　透明導電薄膜タイプ …… 178
  10.5.2　金属メッシュタイプ1 …… 178
  10.5.3　金属メッシュタイプ2 …… 181
  10.5.4　繊維メッシュタイプ …… 181
  10.5.5　衝撃吸収タイプ ………… 182
 10.6　適用される部材 …………… 183
  10.6.1　透明導電フィルム ……… 183
  10.6.2　反射防止フィルム，近赤外線吸収フィルム ………… 185
  10.6.3　粘着材 …………………… 186
 10.7　おわりに …………………… 186

第3章　製造・検査装置

1　プラズマディスプレイ用スクリーン印刷と印刷機
  …………住田勲勇，田上洋一… 188
 1.1　はじめに ……………………… 188
 1.2　スクリーン印刷の原理と特性 … 189
 1.3　PDP用スクリーン印刷 ……… 194
  1.3.1　PDPへのスクリーン印刷の応用 ………………………… 194
  1.3.2　蛍光体パターン印刷の精度 … 197
 1.4　印刷機への要求特性 ……… 198
  1.4.1　印圧の均一性 …………… 199
  1.4.2　印圧の制御方法 ………… 200
  1.4.3　スキージ ………………… 201
  1.4.4　高張力スクリーン版 …… 202
 1.5　まとめ ……………………… 204
2　サンドブラストによる隔壁形成の歩み ……………神田真治… 206
 2.1　はじめに …………………… 206

- 2.2 プラズマディスプレイ用サンドブラスト装置開発の履歴 …… 207
- 2.3 乾式サンドブラスト装置の種類 …… 208
- 2.4 現在使用されているプラズマディスプレイ用サンドブラスト装置 …… 210
- 2.5 高精細プラズマディスプレイ用サンドブラスト装置 …… 212
- 3 PDP 製造用スパッタリング装置 …………………… 伊藤隆生 … 218
  - 3.1 はじめに …… 218
  - 3.2 PDP 用インライン式スパッタ装置 …… 219
    - 3.2.1 大型基板の均一成膜技術 …… 219
    - 3.2.2 大型基板の安定搬送技術 …… 221
    - 3.2.3 占有面積の小さい装置 …… 223
    - 3.2.4 パーティクル低減技術 …… 224
    - 3.2.5 DC 反応性スパッタリングの異常放電防止対策 …… 225
  - 3.3 スパッタ成膜要素技術 …… 226
    - 3.3.1 PDP 製造プロセスのスパッタリング膜形成 …… 226
    - 3.3.2 透明導電膜（ITO 膜）低温低抵抗成膜技術 …… 226
    - 3.3.3 電極膜（Cr, Cu, Al 膜）成膜技術 …… 228
  - 3.4 今後のPDP用スパッタ装置の課題 …… 229
    - 3.4.1 高生産性，省スペース化 …… 229
    - 3.4.2 高稼働率化 …… 229
- 4 MgO 形成蒸着装置 ……… 中村 昇 … 230
  - 4.1 はじめに …… 230
  - 4.2 プラズマガンを用いた成膜方式（SUPLaDUO）の構成 …… 232
  - 4.3 MgO 膜の成膜特性 …… 233
  - 4.4 TOSS の特長と量産装置への展開 …… 235
  - 4.5 おわりに …… 238
- 5 PDP 用焼成炉 …………… 森本巖穂 … 241
  - 5.1 はじめに …… 241
  - 5.2 PDP 用焼成炉の推移 …… 241
  - 5.3 ローラーハース（RH）式焼成炉 …… 242
    - 5.3.1 搬送構成 …… 242
    - 5.3.2 ヒーター …… 243
    - 5.3.3 ヒーター制御 …… 243
    - 5.3.4 雰囲気制御 …… 244
    - 5.3.5 ハースローラー構造 …… 244
    - 5.3.6 排気処理 …… 245
    - 5.3.7 省エネルギー対応 …… 246
  - 5.4 おわりに …… 247

第1章 総　　論

1　PDP産業の現状と将来展望

篠田　傳[*]

1.1　はじめに

　プラズマディスプレイ（Plasma Display Panels：PDP）は，長い歴史を経て大画面薄型テレビのリーディングデバイスに成長した。2006年にはPDP世界市場は1000万台に達して1兆円を超える大画面薄型PDPテレビ産業を形成した。このように，世界各地で本格普及の段階に入っている。

　1970年代から続けられた日本でのカラーPDP研究開発において，これまで多くの革新的な技術が生み出されて実用に導かれた。三電極面放電型などの構造の発明と改善，アドレス・表示期間分離法に代表される駆動法の発明と改善により，PDPの基本的なデバイスの課題はほぼクリアされた[1,2]。1992年には，世界で初めてのフルカラーPDP製品である21型（対角53 cm）カラーPDPを実用した。さらに，1997年には42型（対角107 cm）PDPの製品化に成功した。これは，世界初の大画面壁掛けテレビである。このようにプラズマテレビは日本生まれで日本育ちの商品である。その後も，薄型大画面でかつ広視野角という特徴を生かして公衆表示分野で着実に市場を広げるとともに，テレビ技術を着実に育ててきた。大きく発展し始めたのは，日本での衛星デジタル・ハイビジョン放送の開始に合わせてプラズマテレビが新しいテレビとして受け入れられたことによる。これまで見たことのない大画面テレビが，美しい映像を家庭に運び，まったく新しい生活スタイルをかもし出し始めた。プラズマテレビの実用化は，ディスプレイ産業やテレビ産業の方向を超大画面薄型テレビ市場へと転換させた。

　PDPは単にブラウン管からの置き換えというだけでなく，現実感と感動のある映像表現を特徴とする大画面薄型テレビという新市場を作り出し，さらにデジタル放送やブロードバンドネットワークの普及との相乗効果でテレビそのものを変えつつある。

　このような中でも，さらなる低コスト化や低電力化，環境負荷低減のための製造エネルギー削減やリサイクルの技術など，様々な次世代技術開発が行なわれており，有望な新技術が出始めている。2006年にはPDP各社（松下，日立，パイオニア）から，1080×1920画素のフル規格といわれるHD（High Definition）フォーマットの65，55，50，40型（対角165，140，127，100 cm）

---

[*]　Tsutae Shinoda　篠田プラズマ（株）　取締役会長；広島大学大学院　教授

プラズマディスプレイ材料技術の最前線

のPDP製品が発表された。さらに，PDP各社が共同出資する次世代PDP開発センター（Advanced PDP Development Center：APDC）からは43型（対角109 cm）で発光効率3.5 lm/Wの試作品が発表され，また，11型（対角28 cm）で5.7 lm/Wの試作品が発表された。これらは消費電力を大幅に低減するだけでなく，低コスト化，薄型化などPDPの大きな変貌を予感させるものである。

本稿では現在のPDP製品に用いられている基本技術を中心に開発の歴史を振り返り，大画面薄型テレビの成長を省み，その中でPDPの果たした役割に言及すると共に，技術的な特徴と優位性について解説する。さらに，現在と今後の事業と技術の展開を紹介し，プラズマテレビの将来を展望する。

1.2 PDPの開発の歴史と市場の創生

本稿では，カラーPDPの開発の歴史と環境と市場の成長を省みる（図1）。

1.2.1 AC型カラーPDP基本技術の開発

AC型カラーPDPの基本技術は1990年代前半までに確立され，その後，大画面・高精細・高画質化技術が加わりプラズマテレビ製品を構成している。ここでは富士通での基本技術の開発を振り返りPDPの優位性を再検証する。

初期のカラーPDPでの問題点は寿命問題であり，当初提唱された対向型の構造に起因していた。1970年代終盤に筆者は面放電型構造の導入で解決への新しい展開を試みた[3]。最初に検討した面放電構造を図2（a）に示す。電極は片側の基板にのみに配置され，ガラス層で挟まれた2

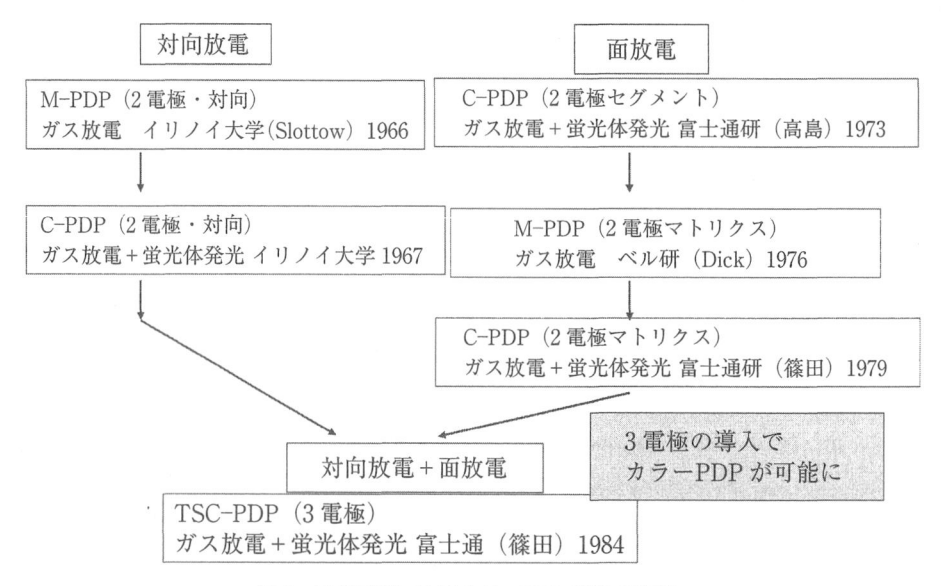

図1 面放電型AC型カラーPDP構造の変遷

第1章 総　論

層構造になっており，同一基板型面放電構造と呼ばれた。まず，基板上に縦のストライプ電極を配置する。その上に絶縁層を配置して，さらにその上には下の電極に垂直交差するようストライプ電極を配置する（図2(b)）。その上をさらに誘電体層と MgO 層で被う。対向する基板には蛍光体のみを配置する。

いま，上の電極と下の電極の間に交流のパルスを加えると，電界が誘電体層を通して空間に印加され放電を開始する。放電によって Xe から発生する紫外線が蛍光体を励起し可視光が発生する。このような面放電構造だと，電界を片側の基板の表面に集中させることになり，放電によって生じた高いエネルギーのイオンはこの電界に閉じ込められ，蛍光体に衝撃を与えない。この構造により蛍光体の寿命が飛躍的に延びた。試作パネルの一例を図3に示す。

二電極面放電構造はいくつかの実用化課題を残していた（図4(a)）。二電極の交差部には電界が集中し，この部分でイオンが加速され MgO 表面に強く衝突するため MgO 保護膜や誘電体層を劣化させる問題があった。MgO は放電電圧を下げ安定動作させる重要な役割を果たしており，それが劣化すると駆動電圧が上昇し動作不安定になる。これを解決するため図4(b)の三電極面放電構造（1983年）が開発された[4]。

並行配置した2本のX，Y電極間で起こる面放電は電界集中が少ないことに着目し，これを利用することが検討された。そこで対向するガラス基板上に画素選択専用のアドレス（A）電極を新たに設ける構造が考案された。単セルを構成する電極が従来の二本から三本に増えて複雑になると思われたが，実際には対向電極間での画素選択動作と，並行電極による表示放電とを明確に分離できたため，駆動回路や表示制御など全体を通して単純化につながっていった。この三電極構造が安定駆動をもたらす大きな突破口となりその後の発展につながった。

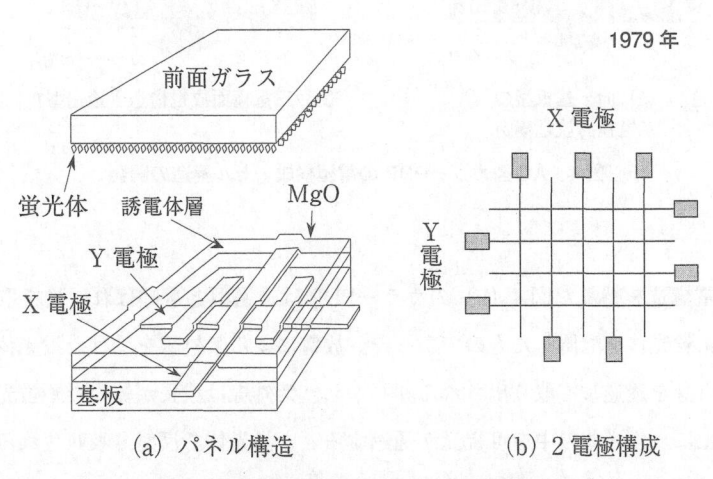

(a) パネル構造　　(b) 2電極構成

図2　2電極面放電カラーPDP（最初の試作）

図3 二電極面放電の最初の試作パネル（1979年）

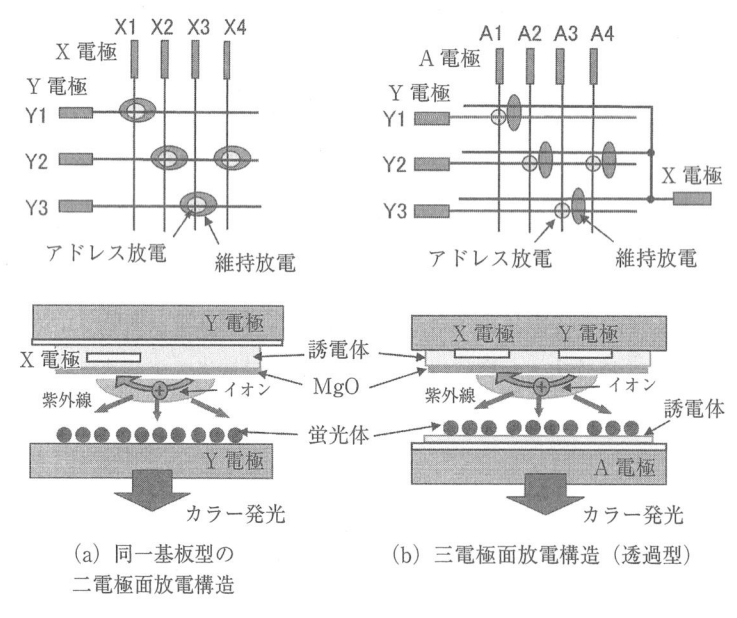

図4 AC型カラーPDPの電極構成・セル構造の開発

(a) 同一基板型の二電極面放電構造

(b) 三電極面放電構造（透過型）

　三電極面放電構造を持った図4(b)のカラーPDPは透過型とも呼ばれ，光を取り出す前面側のガラス基板に蛍光体を配置したものであった。放電による紫外線を受けた蛍光体からの可視発光が，蛍光体自身を透過して取り出される。しかし，紫外線は波長が短いため蛍光体の表面しか励起できない上に，蛍光体の中を可視光が通過するとき蛍光体で反射・吸収されるため，表示画面側では大きく輝度低下していた。1980年代後半当時，50 cd/m^{2}程度の輝度しか得られず，高

第1章　総　　論

輝度化が大きな課題であった。それを解決するために図5（a）の反射型構造が考案された[5]。前面基板側の表示電極での放電により紫外線を発生させ，背面基板側の蛍光体を励起発光させ，反射方向に出てくる可視光を利用する。蛍光体を透過せずに可視光をそのまま取り出すので輝度の減衰がなく，透過型に較べて2倍以上の高輝度化を達成した。

最初に実用化された三電極面放電・反射型構造のカラーPDPを図5（b）に示す。これは株価表示向けの3色表示PDP（1989年）であり，公衆表示に必要な150 cd/m²の輝度を得ていた。図5（a）の構造は格子リブ構造とも呼ばれ，前面基板側にセルの発光を分離するための格子状の隔壁（リブ）を持っていた。この構造では当時，製造の歩留まりが悪く，また格子リブにより視野角が制限されていた。

1990年代に入り本格的な量産型カラーPDPを目指して開発されたのが図6に示す反射型ストライプリブ構造である。背面基板側に赤・緑・青の蛍光体を分離するストライプ状のリブを設け，リブ間の底面とリブ側面に蛍光体を塗布する。さらに前面基板の表示電極には透明電極材料を用いた。蛍光体量が増えることで輝度が上昇し，リブ側面への蛍光体塗布が広い視野角をもたらした。この反射型ストライプリブ構造が現在のPDP製品の基本構造となっている。一方，当時は美しい映像を表現する階調を実現する駆動法がなかった。筆者は壁電荷をうまく使うことで，従来難しいとされた高い階調性能を持たせることができると考えてアドレス表示分離階調駆動法（ADS法）を提案した。図7にADS法を示す。この結果，HDTVの仕様とされた256階調のテレビ表示を可能にした。これらの成果を用いて世界で初めてカラーPDPテレビが実現した。図8に1992年開発，1993年発売開始された世界初のフルカラーPDP製品である21型（対角53 cm）PDPを示す。解像度640×480画素，輝度180 cd/m²，視野角と160度以上という性能を得ていた[6]。

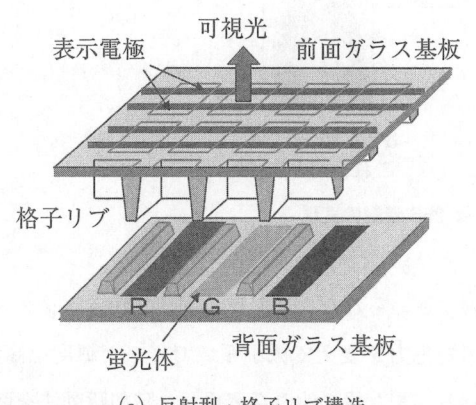

(a) 反射型・格子リブ構造

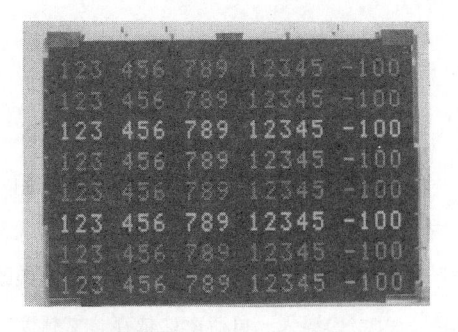

(b) 反射型・格子リブ構造を用いた最初のカラーPDP製品（1989年）

図5　反射型構造の開発

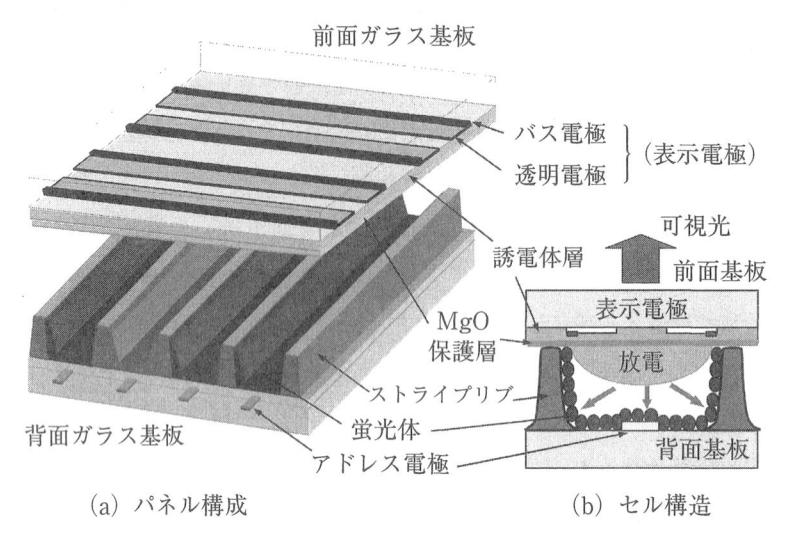

プラズマディスプレイ材料技術の最前線

(a) パネル構成　　　(b) セル構造

ストライプリブ：縦縞状隔壁

図6　反射型・ストライプリブ構造の開発

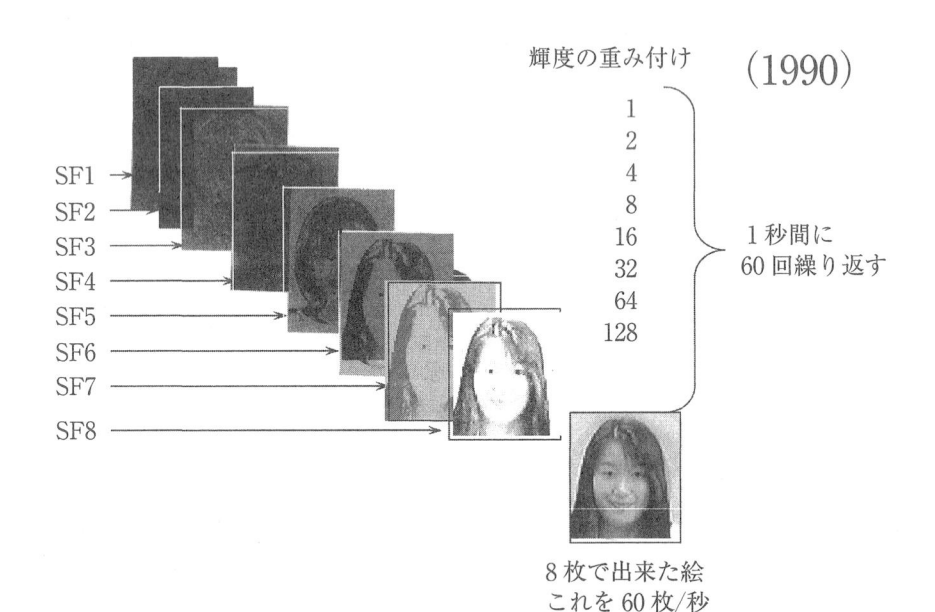

(1990)

輝度の重み付け
1
2
4
8
16
32
64
128

1秒間に60回繰り返す

8枚で出来た絵
これを60枚/秒

図7　ADS法による256階調の実現

　その後，さらに画質の改善やパネル構造の改善が進められた。ストライプリブからボックス型（格子）リブの導入，負荷率に依存して輝度，消費電力を変えて微小領域でピーク輝度を高め，金属や宝石などのキラリとした表現力を身に付ける，また黒の沈みを実現した階調駆動法を開発するなどテレビとしての性能を着実に高めてきた。

第1章 総　　論

21型（対角53 cm）640×480画素（1993年発売）
図8　世界初のフルカラーPDP製品

1.2.2　PDP市場の成長

　以上のような技術開発の歴史を経て，カラーPDPは飛躍のきっかけをつかんだ。1993年より21型プラズマディスプレイが発売開始された。ニューヨーク証券に2000台納入され，CRTを用いた表示装置群を一掃してフラットパネルに置き換えることで，証券取引所の姿を一変させた。大画面薄型ディスプレイ時代の幕開けに相応しい歴史的な出来事であった。この後，PDP業界はパイオニア，三菱，日本電気，日立，松下電器産業などの参入，再参入を得た。この後，1995年に富士通が42型のカラーPDPを発表した[7]。これが最初の薄型大画面テレビの商品化である。これと同時に，富士通は1995年には初めてカラーPDP専用の工場投資を行った。当時PDPとしては破格の200億円の投資が行われ，宮崎県に建設された。これに続き，NEC，三菱などの各社も投資が実施された。

　1993年に発売されて以来，カラーPDPは産業用途で着実に市場を伸ばすと共に，薄型テレビとしての，画質改善，量産技術が発達した。この間の多くのメーカーの参入によりPDPの高画質化，大画面化，および製造技術は急速に発達した。さらに，42型の開発の後，HDTV技術の実現のためにXGAクラスの開発が各社で進められた。これと並行して1997年には1024ラインを持つ25型のSXGAが製品化された（図9）。この画素は0.39 mmピッチ（副画素は0.13 mmピッチ）であり，現在でも最も高精細度のカラーPDPがすでに実用化されている[8]。

　プラズマテレビの急速な普及が開始したのは2000年に発表された32型薄型テレビが日立製作所から70万円で発売されたのがきっかけである[9]。2001年にはテレビ用途の生産量がはじめて

プラズマディスプレイ材料技術の最前線

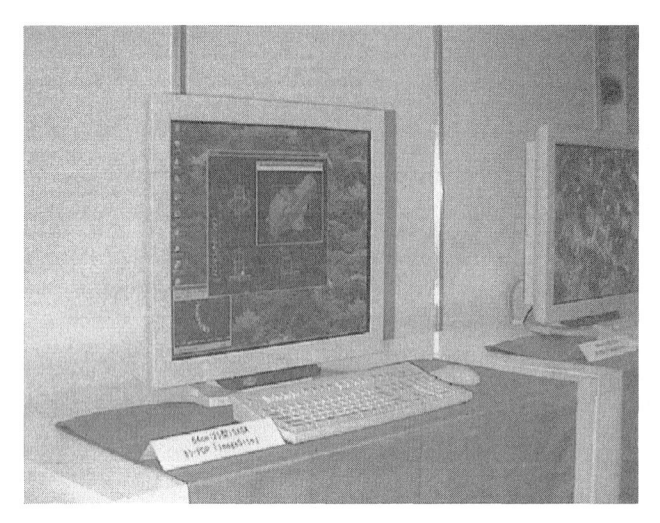

図9　25型 SXGA-PDP（1280×1024 ドット）（1997年）

産業用途を超えた。この年が PDP テレビ元年と呼ばれる由縁である。このころには更に各社が PDP テレビへの大型の二次投資を行った。総額2000億円に上ったと記憶している。2001年からは生産量は毎年倍増に近い市場の拡大があった。2003年には5000億円，2005年には一兆円を超える大画面薄型市場に成長した。

1.3　薄型大画面テレビ市場の発展と PDP の貢献

本稿ではテレビの進化と大画面 PDP 実用化のインパクトについて解説する。プラズマディスプレイパネル（PDP）は2006年に42型を発表して大画面薄型テレビという，従来にない全く新しい市場を創生した。プラズマテレビの実用化のインパクトは，それまで CRT を中心としたテレビに対する考え方を全く変えた。大画面薄型テレビの出現は家庭内に新しい映像文化を形成したと言っても過言ではない。図10に定性的であるが，大画面 PDP のインパクトを検証するためにテレビの発展と市場へのインパクトをまとめた。縦軸は定性的な指数，満足度指数と画面サイズ指数（サイズ/厚さ）である。1950年代にモノクロテレビが実用化されて以来，CRT は電子ディスプレイの代表として君臨した。モノクロテレビの出現はそれまで見たことのない動画を家庭に配信して大いにインパクトを与えた。次に現れたのは1970年代のカラーテレビの出現である。カラーテレビはテレビ市場を大いに拡大して，家庭にテレビ文化を提供した。さらに，1980年代には VTR やビデオカメラが普及すると共に大画面 CRT が実用され大型化，多機能化，多チャンネル化が進み，更には HDTV が出現した。これと時を同じくして衛星放送が開始されたが，大画面の CRT は大型化とともに走査線が目立ち，大画面映像の魅力を十分に伝えること

第1章　総　論

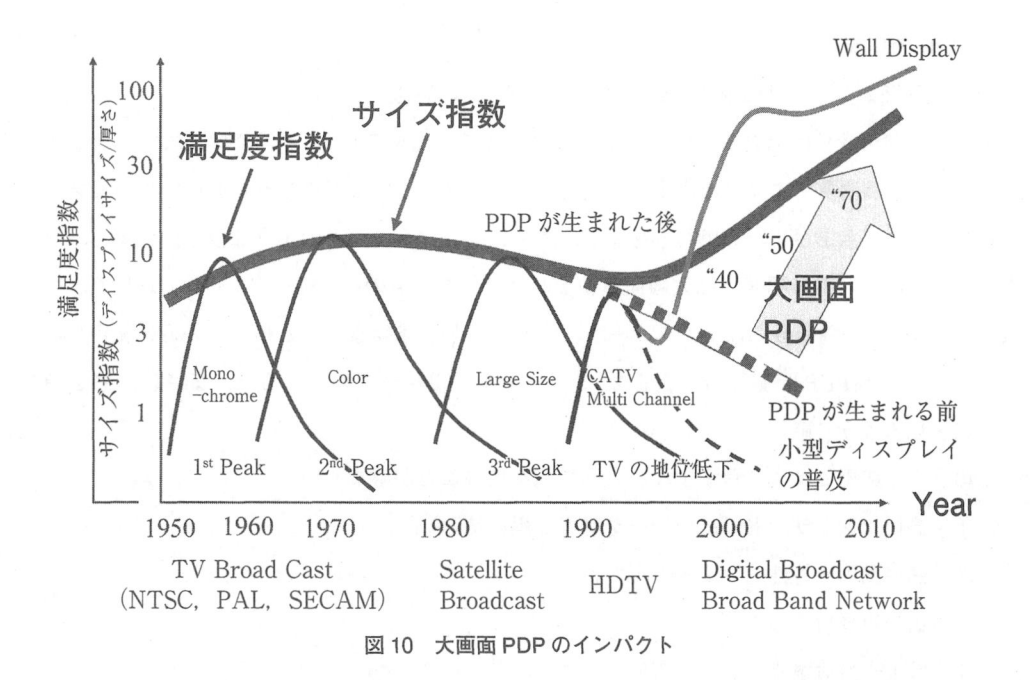

図10　大画面 PDP のインパクト

ができなかった。さらに，対角 30 インチを越す CRT の HDTV が発売されたが，大画面の CRT は重く，かつ厚いため普及を妨げた。これと同時に満足度指数は低下して，テレビに対する魅力が薄れてきた。このころラップトップコンピュータのディスプレイとして新規に発展した液晶は，価格の低減に対応するために，より小型の携帯機器用ディスプレイへ高付加価値市場を求めて発展した。このため，平均的な画面サイズは低下する傾向にあった。一方，プラズマディスプレイ技術は前述のように 1996 年に 42 型を発売した。これまで，富士通以外のメーカーは撤退して滅亡の危機を迎えていた PDP 業界は大画面テレビの本命デバイスとしての可能性を見出して，PDP を育成することを決め，大型の工場投資が続いた。PDP の応用は，当初は産業用途が主であったが，2000 年には低価格の 32 インチが発売されると，テレビ市場が一気に拡大して，産業市場を越すようになった。2001 年から始まったデジタル放送は PDP テレビの拡大を更に後押しした。これまで見たことのない高画質で，リアリティーのある大画面テレビは家庭に新しいテレビの形を示し，インパクトは一段と大きくなった。その後，大画面薄型テレビの市場は急拡大を始め，2003 年ころには液晶も大画面薄型テレビ市場へ参入を始めた。現在は更に，価格の急激な低下も始まり，年間 50％を超える拡大を持続していると同時にテレビサイズも中心サイズが 30 型から 40 型へ更に 50 型へと超大画面化が進んでいる。このように，PDP は大画面薄型テレビ市場を創生し，新しい映像文化を人類に提供した。

1.4 PDPの現状
1.4.1 大画面薄型テレビに求められる性能とデバイスの特徴

大画面薄型テレビはデジタル映像技術とあいまって，従来のCRT時代では実現できなかった大画面かつ，高画質でクリアな表示を実現した。大画面で広い視野を覆うと共に，平面でありながら精細度な表示を示すため奥行きを感じ，まさにそこに行ったかのような没入感を感じる映像を提供し始めた。ある調査では大画面薄型テレビで見たいものは，従来のCRTテレビで求められたバラエティー番組から映画，スポーツ，ドラマや旅行番組などへと移っていると報告されている。大画面のPDPで旅行の番組を2～3メートルの視距離で観賞すると，まさに，窓を通して風景を見るように感じる。

このような応用では次に示すような表示性能を持つことが望ましい。

① 高いコントラスト（高いピーク輝度と黒の沈み）
② 速い動画応答性
③ 広い視野角
④ 輝度―負荷率コントロール
⑤ 低消費電力

さて，映画では特に高画質，暗いシーンでのコントラストが求められる。また，スポーツでは激しい動きの映像への追随性が必要であり速い動画応答性が求められる。また，家庭では家族が一つのテレビを見る。いすに座り，床に座り，立ち，あるいは寝転んで見るなどの幅広い状況があり，広い視野角が求められる。図11にテレビの視聴角度の測定例を示す。図のように，左右30度以上で最大60度までの広い範囲から見ていることがわかる。PDPの視野角の測定例を図

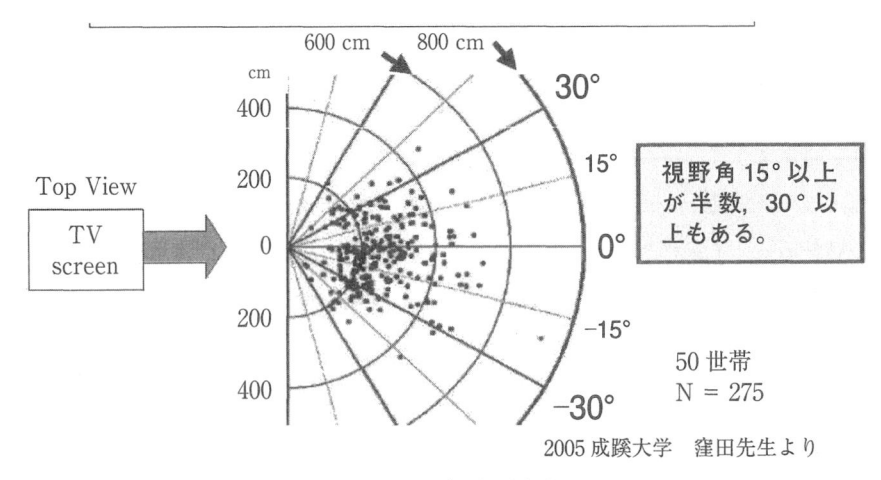

図11 テレビの視聴角度

第1章 総　　論

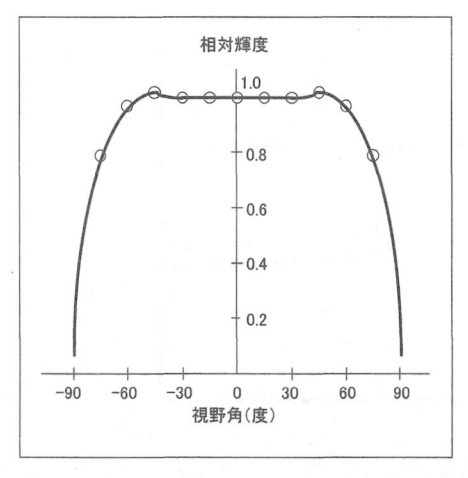

21インチフルカラーPDPの相対輝度
の視野角依存性

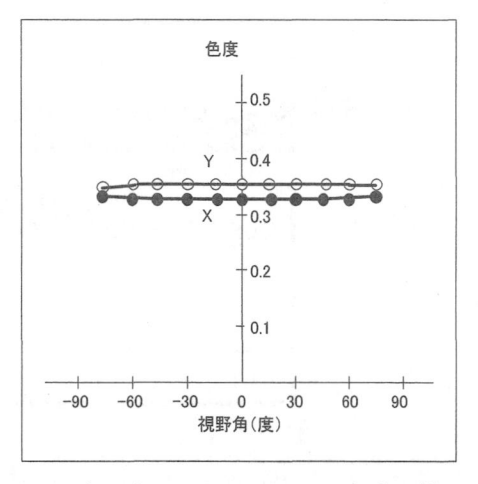

21インチフルカラーPDPの色度の視
野角依存性（白色）

図12　PDPの表示輝度と色度の視野角の関係

12に示す。画面垂直方向から角度を広げると少し輝度が明るくなりプラスマイナス60度以上まで輝度，およびコントラスト，色度の劣化はない。すなわちこの範囲の角度から見ている人は同じ色合いの映像を見ていることになる。一方，液晶はスイッチング角度依存性があり，色度が角度により変化しているため，正面から見た人と斜めから見る人とは実際には違った色合いの像を見ていることになる。更に，大画面になると，表示面積の広さに依存して明るさの調整が必要になる。図13にPDPとLCDの輝度と負荷率依存性を示す。LCDは表示負荷に依存せずに輝度が一定である。この場合，負荷率が大きくなると低い輝度でも眩しさを感じるようになり，目の疲れを招く。これに対して，PDPやCRTは負荷率が高くなると輝度が低く抑えられ眩しさを抑えることができる。すなわち，目の疲れを低減させる。このようにPDPは目に優しいディスプレイといわれている。一方，低負荷では高い輝度を得るように設計されており，金属やダイヤモンドなどの輝きを美しく表現することができる特徴も持つ。最近ではピーク輝度は1000 cd/m²以上の輝度を出せるようになり，さらに輝きを増せるようになっている。また，PDPは自発光型であり，高いピークと共に深い黒を実現できる。図14にPDPとLCDの視聴環境の明るさとコントラストの比較を示す。最近良く知られるようになったが，店の明るい環境では外部光の影響を受けないLCDのコントラストが高く，蛍光体の外部光反射が大きいためにPDPは画面全体が白っぽくなりコントラストが低くなる。一方，家庭のように100～150カンデラ程度の明るさ（店の1/10程度の明るさ）では逆の現象が起こる。液晶のようにバックライトを点灯して液晶のシャッターで光をさえぎる方法では，光を完全にさえぎることができないために画面全体がぼんやり光る。したがって，特に暗いシーンではコントラストが悪くなり，高い階調が表現できない

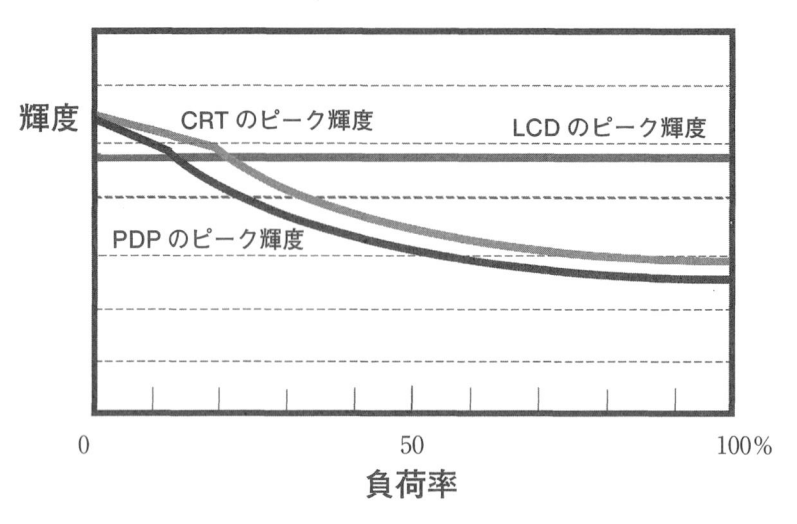

図13 PDP，LCD，CRTの輝度と表示負荷の関係

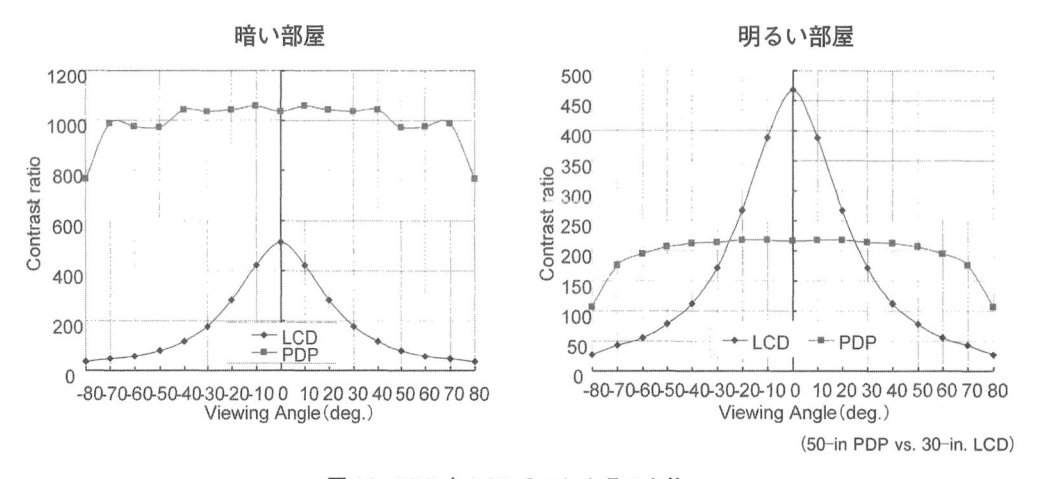

図14 PDPとLCDのコントラスト比

ために黒のつぶれと言われる暗いシーンの細かい明るさの変化を表現できなくなる。PDPの場合は外光反射がなくなり，かつ不要な光が発生しないために点灯されない部分は深い黒に沈む。このため，高いコントラストが実現できるとともに，暗いシーンでもきれいな階調表現ができ，また視野角にも関係しない。以上の観点から，LCDは明るい環境で高い精細度の静止画に表示，すなわちコンピュータなどの表示に適し，PDPは家庭環境での映画，スポーツなどの動画表示に適している。PDPもLCDもともに同じような大画面市場に普及を見せているが，ともに方式に関わる本質的な特徴を持っており，ここに示すようなすみわけが今後進むように思われる。

第 1 章　総　　論

1.5　PDP の市場動向
1.5.1　PDP テレビの世界需要

　図 15 に 2002 年以降の世界の PDP の市場の成長を示す。2001 年から PDP テレビの市場が産業市場を越えた。2002 年から 2006 年の間は，毎年倍増に近い需要台数の伸びを示し，見直すたびに予想より高い生産台数を示していることが特徴的である。2006 年には 1000 万台の大台に達した模様である。PDP 事業は新たな展開を迎えている。2006 年の年末の米国のクリスマス商戦の初日に 42 型 XGAPDP がベストバイで 1000 ドルを切る 999 ドルで一定時間中に売り出され数万台の販売がなされた。これをきっかけに，PDP テレビの価格が 30％も下がった。これまで PDP だけの市場で，それなりに価格を維持できた 40 インチクラスに液晶が進出して，価格破壊の様相を呈している。更に今年も同程度の価格の低下が引き続き起こると予測されている。PDP は前述のように，大画面薄型テレビの市場を創生して育成し，家庭にこれまで見たこともないような大画面映像文化を形成した。この付加価値の高い市場では，商品の高い市場価値を消費者に訴えて，「いいものを大事に」という市場が形成されることを願ったが，短い期間で崩れ去った。しかし，一方，利益率は下るが，これと共に市場の拡大は，一層進むことであろう。ただし，PDP 対 LCD という構図とは別に，薄型テレビ市場という見方をすると，まだ 10 年間は 10％を超える生産の伸びを示し，PDP だけでは年間 20％程度の伸びを示している。PDP，LCD

● PDP の総需要は予想を超える拡大を続け，2008 年度には 1000 万台の見通し

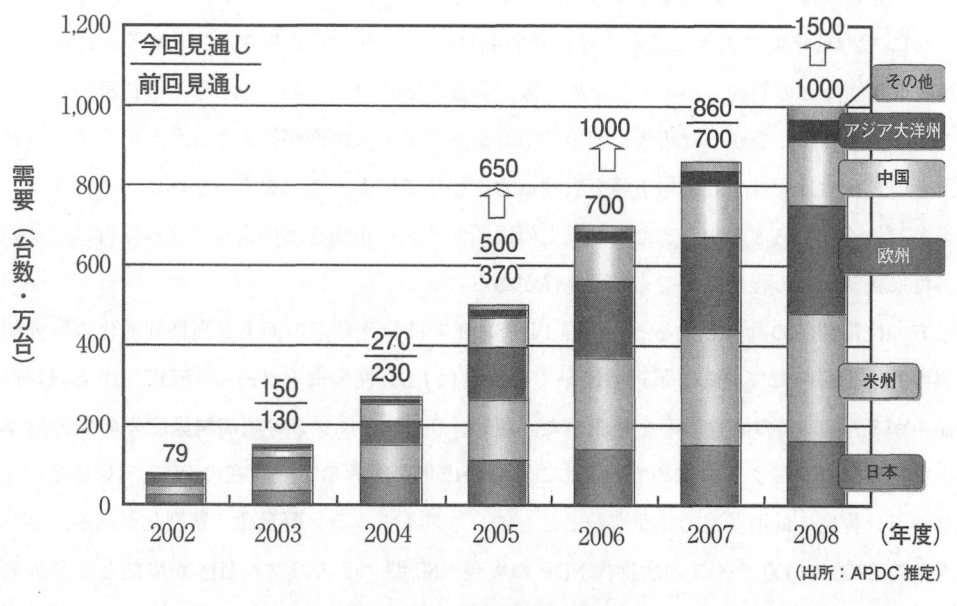

（出所：APDC 推定）

図 15　PDP の世界需要（台数）

の薄型テレビ市場は今後さらに伸び続け，PDP だけでも 2008 年には 2000～2500 万台になるとの予測もある。一方，地域的に見ると日本市場は全体の約 20％程度を維持し，ほぼ飽和傾向になっているが，日本以外で更に増加が続くと見られる。

　最近の製品動向を見ると，2006 年には，フルスペック HD（フル HD，1920×1080 画素）のプラズマテレビ製品が本格的に販売開始されている。パイオニアは高純度クリスタル層など最新技術を搭載した低電力の 50 型フル HD 製品を投入した。2005 年末に 65 型フル HD を先行投入していた松下電器は 40 型，50，58，103 型を加えて 5 機種のフル HD のラインナップを強化している。また日立は ALIS 方式 60 型フル HD 製品を投入しているが，傘下の富士通日立プラズマディスプレイにおける 50 型フル HD パネルが生産開始され，さらに 2007 年前半にも 42 型に展開されることから，順次フル HD 製品ラインナップを強化すると見られる。サムスン SDI およびサムスン電子も 2007 年は HD 製品を強化し，PDP テレビ 300 万台の年間販売目標を挙げ，攻勢に出ると報じられている。画面サイズ 50 から 60 型クラスの市場では PDP がリアプロ製品に対してシェアを伸ばしているが，リアプロも薄型・高輝度化とフル HD 化進んでいることから，再び PDP との競合が厳しくなると予想される。このため 40 型以上を中心に今後フル HD 製品が増え，2008 年には全 PDP の約 1 割，2010 年には約 3 割を占めると予想される。このように，30 インチから始まった PDP テレビは 40 型がもっとも大きな市場となり，更に 50 型へと徐々に大画面が主な市場になり，フル HD 化がすすむ傾向になってきた。今後，薄型テレビの市場は 30 型程度を中心としたパーソナル市場と 40～50 型を中心としてメインテレビ市場の二つのピークを持つ市場へと拡大すると考えられている。

　さらに，2006 年度に大きな話題を呼んだ製品は松下の 103 型である。このサイズになると設置場所や運搬などの制約も出てくるため，販売数量は限られたものとなるが，直視型のディスプレイでは従来存在しなかった市場に初めて 100 型クラスの大画面が投入されたというインパクトは大きい。台数は少量でも応用市場を広げる力を秘めている。これをきっかけに，このクラスの市場がどれくらいあるのか，またこれ以上の画面サイズの市場をどのように作って行けばよいのか，将来展望がある程度見えてくる可能性がある。

　一方，技術開発の動向を見ると，現在 PDP 業界では発光効率の向上と高精細度化の研究開発が集中的に進められている。最近の成果では次世代 PDP 開発センター（APDC）が実験レベルであるが 5.7 lm/W の発光効率を発表した。更に，0.1 mm ピッチの超高解像度での発光効率の向上を行うプロジェクトを進めている。これらの成果を鑑みると，現在の PDP テレビは，今後，現在の半分程度へ低消費電力化が進むとともに，コストダウン，軽量化，薄型化が進み，さらには今後の 2000×4000 ラインの次世代 PDP の実現，30 型クラスのフル HD が可能となり大画面化，中画面化への市場拡大が進む。これらの成果により薄型テレビ内での市場占有率を確保して，

第1章 総　論

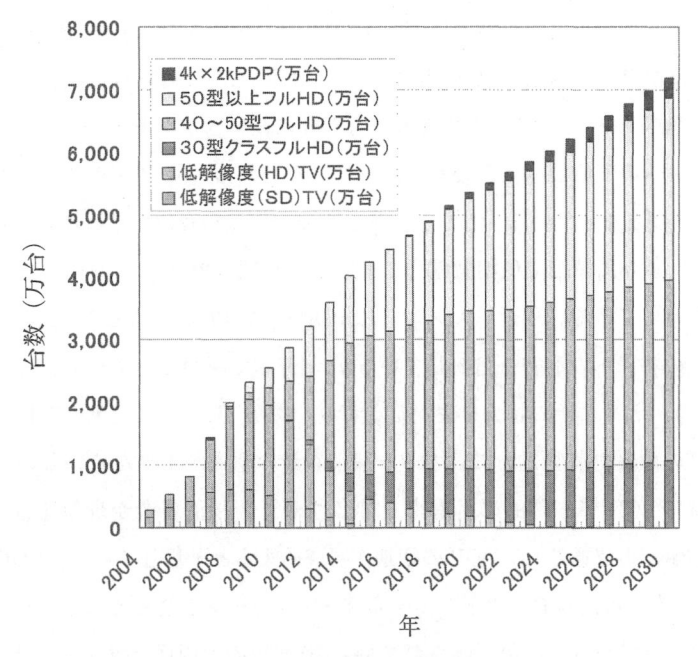

図16　PDP市場の見通し

2010年にはPDP市場は2兆円を超えると予測される。図16に将来のPDP市場の見通しを示した。これは，APDC社が予測したものである。このようにPDP市場は，将来さらに5兆円市場へと拡大すると予測している。

　このような状況を踏まえ，最近の新工場計画を見てみよう。松下電器は第5工場（尼崎第3工場）建設を発表した。2009年の稼働時には月産100万台（42型換算）の生産が予定されている。2007年に稼働する第4工場までに，年間1000万台の生産能力を持つ予定であり，合計で年間2000万台を超える生産能力を持つ計画である。富士通日立プラズマディスプレイ（FHP）は2006年末に宮崎工場3番館を立上げ，月産10万台（42型換算）の生産を開始しており，今後2007年中にも月産30万台への能力増強を目指している。また，パイオニアは月産8枚台（42型換算）の生産能力を持っている。一方韓国のLG電子は月産43万台の能力を持ちさらに追加投資を発表して月産55万台（42型換算）の生産能力を持つように新工場計画を進めている。サムソンSDIは第4期ラインの着工を行っており月産60万台（42型換算）の生産能力を持つようになる。このように，松下が積極的な工場投資により世界シェア首位の維持と引き離しにかかっているが，PDP各社ともに，大きな生産能力を持ちつつある。

　これに加え，PDPでは生産技術の革新で，コスト・生産能力を大きく改善できる余地が有り，LCDとの競合はこれからが本番といえる。PDPはもともと生産性に優れ，LCDに対して2倍程

度生産効率が高い。たとえば松下の尼崎第二工場は1800億円を投入して42型換算で600万台/年，シャープの亀山第二工場は3500億円投入して42型で576万台/年と発表されている。したがって，PDPは画質のみならず生産コストでも十分に競争力がある。一方，PDPはLCDのように台湾メーカーへの下位製品生産委託の道を取れないため，37型クラスなど下位機種のラインナップ維持が課題となっている。しかし，最近の研究開発発表にも見られるように，パネル技術の革新により，より高精細で低消費電力の製品開発が期待でき，30型クラスでも再び競争力を強めてくると考えている。最近，マスコミはPDPの積極的な投資とLCDの大画面市場進出に対して，PDPの将来への不安を指摘しているが，1.5項で説明したようにPDPとLCDはそれぞれに特徴があり，ともにその特長を生かしながら，すみわけをして発展し続けると考えるべきであろう。PDPの画質や消費電力に対する一般消費者の認識がすすんでいない現状では，生産力，宣伝力の勝るLCDが一時的に占有率を伸ばすが，今後消費者が理解を進めるにつれて，PDPテレビの価値が再認識され，PDPの躍進が再び始まると予想している。PDP業界ではプラズマテレビのよさを一般消費者に理解してもらうキャンペーンを進めており，その効果を期待したい。このような観点から，今後予測されている10兆円の大画面薄型テレビ市場のうち50％以上のシェアを確保するのは十分に期待できる。

PDPのこのような見通しを確固たるものにするためには，コストの低減がキーとなるのはもちろんであるが，さらに高精細度化，高画質化，薄型・軽量化，省電力化に対してのさらなる技術開発が重要である。

次に技術開発の将来について述べる。

1.6 PDP技術の将来展開
1.6.1 開発の方向性

図17にPDPにおける開発の方向性，主な開発課題および開発技術を示す。PDPのこれからの主要な研究課題は薄型軽量化，高画質化，低電力化，低コスト化，環境負荷低減などである。このうち，PDPの高画質化は，まだCRTのレベルに比べて研究課題を残している。たとえば，明室コントラスト，黒の沈みの改善，わずかに見える擬似輪郭，動画解像度などあるが，これらは一定のレベルに到達したため，近年，市場の要求は低電力化と低コスト化に向かっている。また，環境対応も重要視されており，製品の低電力化と同時に製造工程での使用電力低減や，低環境負荷の部材の開発も進められている。環境負荷低減は中期的に開発の核となっており，そのプロセス技術の導入は初期コストを要するが，全体でコスト競争力を高めるものである。

PDPでは全コストのうちパネル部分が占める割合はLCDほど高くない事から，ガラス基板の大型化だけでは低コスト化につながらない。むしろ，PDPは本格的に実用して日が浅く，研究

第1章 総　　論

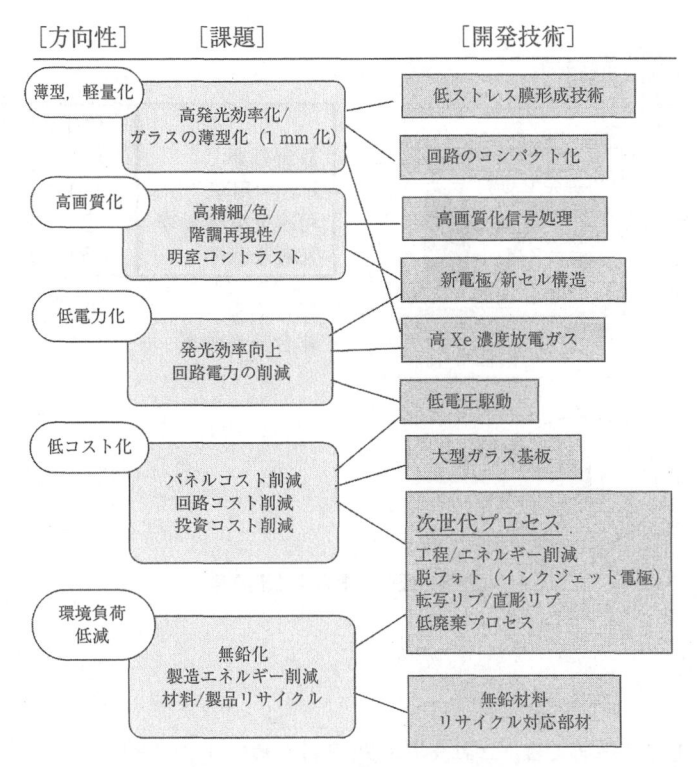

```
[方向性]        [課題]              [開発技術]

薄型，軽量化
            高発光効率化／          低ストレス膜形成技術
            ガラスの薄型化（1 mm化）
                                   回路のコンパクト化
高画質化
            高精細／色／            高画質化信号処理
            階調再現性／
            明室コントラスト        新電極／新セル構造

低電力化                            高Xe濃度放電ガス
            発光効率向上
            回路電力の削減          低電圧駆動

低コスト化                          大型ガラス基板
            パネルコスト削減
            回路コスト削減          次世代プロセス
            投資コスト削減          工程／エネルギー削減
                                   脱フォト（インクジェット電極）
                                   転写リブ／直彫リブ
                                   低廃棄プロセス
環境負荷
低減        無鉛化
            製造エネルギー削減      無鉛材料
            材料／製品リサイクル    リサイクル対応部材
```

図17　PDP技術開発の方向性と課題

課題も放電現象の解明，効率的な製造プロセスの革新などの多くが残されており，製造プロセスが，画期的な次世代技術に移行する可能性がある。技術が成熟しつつあり，限界が見え始めているLCDに比べ今後の発展の余地が大きいことがPDPの最大の魅力である。

1.6.2　高発光効率化技術

　前記の5つ方向性の改善には，高発光効率化が共通的な課題である。図18に発光原理と発光効率を決める要因を示す。図のように，主に4つの要因に分けることができる。まず，外部から放電セルの電圧を印加すると放電が起こって，紫外線が発生する。このときの放電を開始させるエネルギーと紫外線を発生させるエネルギーの比率を紫外線発生効率という。また，発生した紫外線が蛍光体に到達することが必要であるが，放電で発生した紫外線と蛍光体に到達する紫外線の比率を紫外線利用効率という。さらに，紫外線が蛍光体に照射し励起して目に見える可視光に変換される効率を可視光変換効率という。さらには，発生した可視光が外部に取り出される効率を可視光取り出し効率という。PDPは基本原理は蛍光灯と同様であるが，両者を比較すると，PDPの効率は0.5％程度，蛍光灯は20％程度で40〜50倍違う。その内容を各項目別に比較したのが図右表である。特に，紫外線発光効率が低いことがわかるが，それぞれの項目も約倍程度

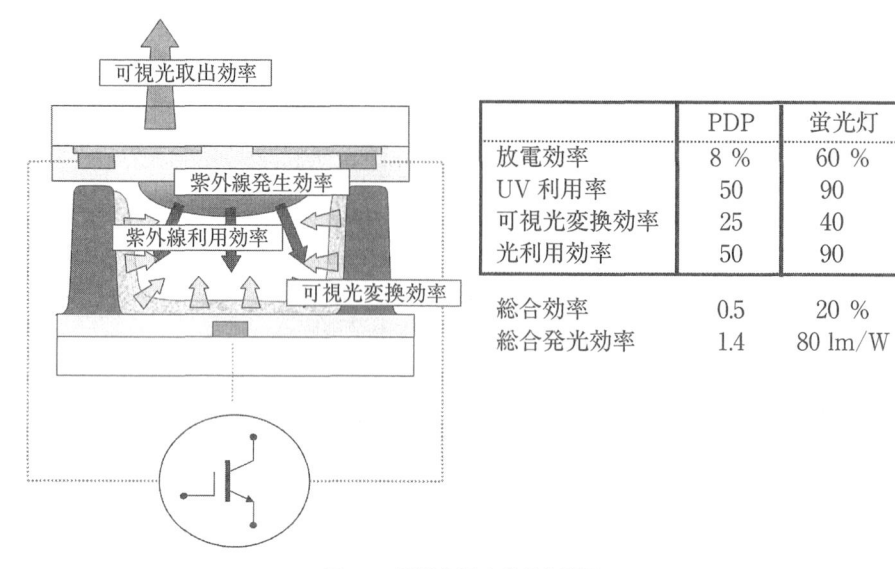

	PDP	蛍光灯
放電効率	8 %	60 %
UV 利用率	50	90
可視光変換効率	25	40
光利用効率	50	90
総合効率	0.5	20 %
総合発光効率	1.4	80 lm/W

図18　低消費電力化技術開発

違う。

　可視光取り出し効率改善では，これまでのPDPは四角いリブが採用されているが，発光開口率向上手法としてデルタセル配置の検討がなされている。デルタセルとは三角形の頂点位置に赤・緑・青の発光セルを配置するものであり，正方配列に比べてセル形状の縦横比率を均等にできる。3 lm/W を超える蛇行リブのPDP[10]，HERO（High Efficiency Rib and its Optimized Electrodes）構造[11]，SDE（Segmented electrode in delta color arrayed enclosed sub-pixel）構造[12] が報告されている。

　紫外線発生効率は改善の余地が大きく，様々な取り組みがなされている。放電ガス中のキセノン（Xe）濃度を上げると紫外線発生効率が上がることが知られている。ここでXeガス分率と発光効率の関係を各研究報告から集めて図19（a）に示す。

　パイオニアは2001年発表の製品から高Xe濃度放電ガスを採用し，各社も高いキセノンを使用するようになった[13]。また三星SDIも高Xe濃度の製品試作機を発表している[14]。これらを製品レベルとすると，小型試作パネルでは，フィリップス研究所がXe分率50 %において5 lm/Wを報告している[15]。またソウル大学がSDE構造に高Xe濃度放電ガスを適用した効果を報告している[16]。最近ではAPDCが小型ながら5.7 lm/Wの高い発光効率を報告している[17]。これらは詳細設定や評価条件が異なり単純には比較できないが，小型試作レベルでの発光効率3～6 lm/W に対し，製品適用レベルはまだ隔たりがある。これらを採用するには，課題として維持電圧上昇，アドレス速度低下，および駆動マージン低下があるが，各社では鋭意研究開発を行い一

第1章　総　論

(a) Xe ガス分率と発光効率
(b) 維持パルス電圧と発光効率

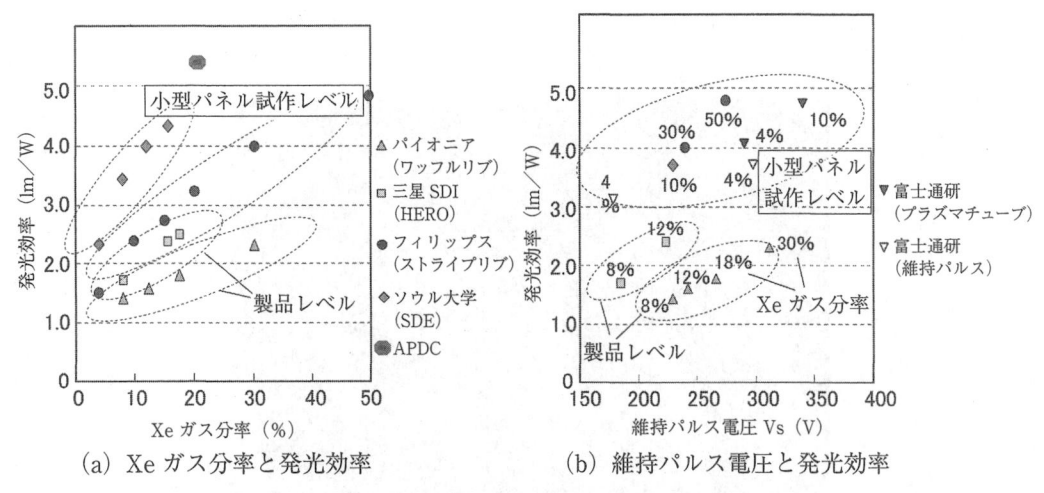

図19　発光効率改善に関する研究報告事例

(a) 埋め込み転写法
(b) ガラス直彫り法

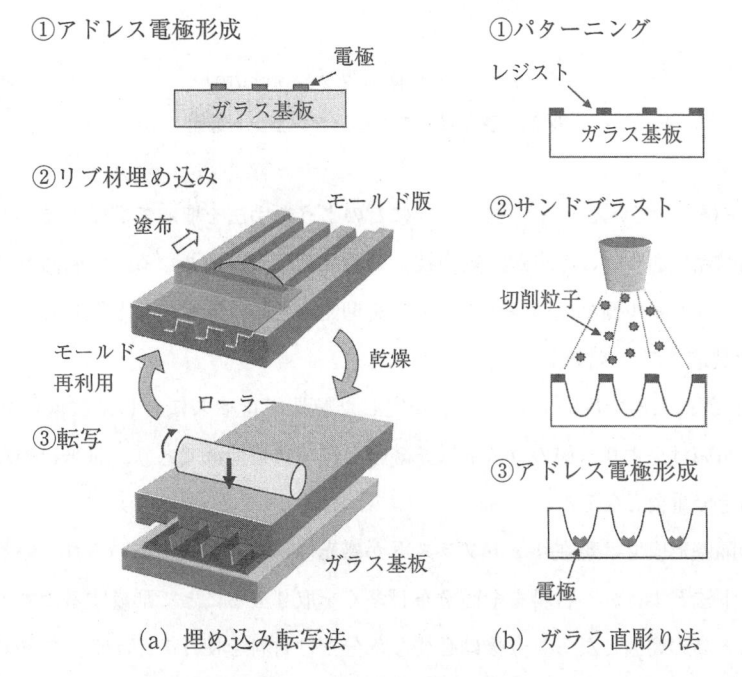

図20　次世代リブ形成技術

部は実用に使われ始めている。

図19 (a) の効率値のうち駆動電圧が公開されているものについて，維持電圧との関連を図19 (b) に示す。さらに他の高発光効率化手法での値を追加した。従来のPDPとは少し異なるが，プラズマチューブと呼ばれる新構造でも従来の3倍のセルサイズと放電ギャップ400 μm の設計

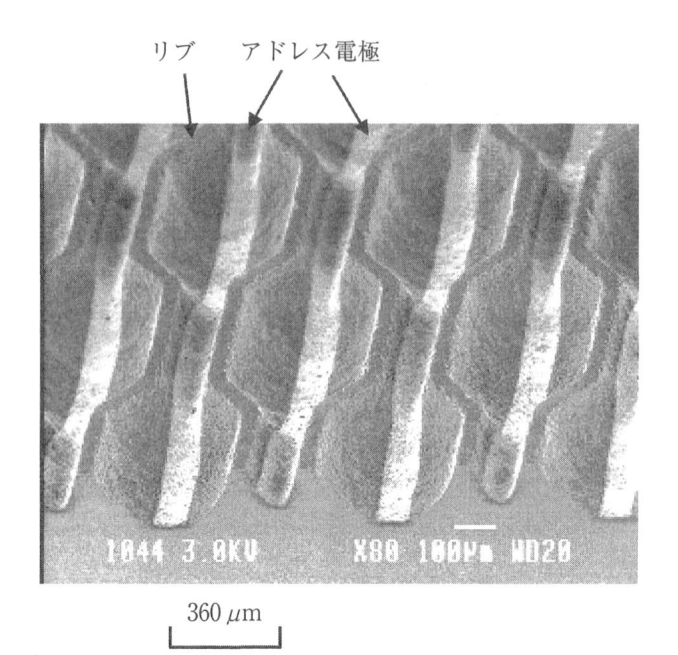

（アドレス電極ピッチ：360 μm）
図21　直彫りリブ＋インクジェット電極

で 4.7 lm/W を報告している[18,19]。図のようにどのような手法を取っても発光効率と維持電圧は大まかに比例関係にあり，この事が高効率技術の製品適用の障壁となる。駆動回路では高電圧対応が重要となり，パネル側では回路コスト上昇を抑えるため，低電圧化と低容量化が重要となる。

1.6.3　次世代製造プロセス技術

現行の PDP 製造工場で用いられている安定した製造プロセスに対して次世代プロセスを開発・導入する狙いは，より一層のコスト低減継続と環境負荷低減であり，将来にわたる製品競争力を維持する上で重要となる。

背面基板の隔壁形成では現在サンドブラストか感光性ペースト法が用いられているが，これらはサブトラクト法とよばれ，材料を全面塗布し多くを取り去ることで形成するため，材料利用効率が悪くコスト高の要因となる。今後は必要な部分だけ材料を使うアディティブ法が研究されている。新規プロセスとして図20に示す転写法，ガラス直彫り法が提案されている。(a) の埋め込み転写法では，再利用可能なモールド版にリブ材を埋め込み，ガラス基板に転写する[20]。充填と転写の並行処理が可能で，版数を増やせば処理能力を上げられる。低コストを最優先にする場合は，(b) に示すガラス直彫り法がある[21]。ガラス基板を直接サンドブラストで切削する方法であり，リブ材不要で焼成も不要という他にない特徴を持つ。リブ形成後にアドレス電極を形成するため，インクジェット電極形成[21] などとの併用が前提となる。実験レベルでは図21に示

第 1 章 総　　論

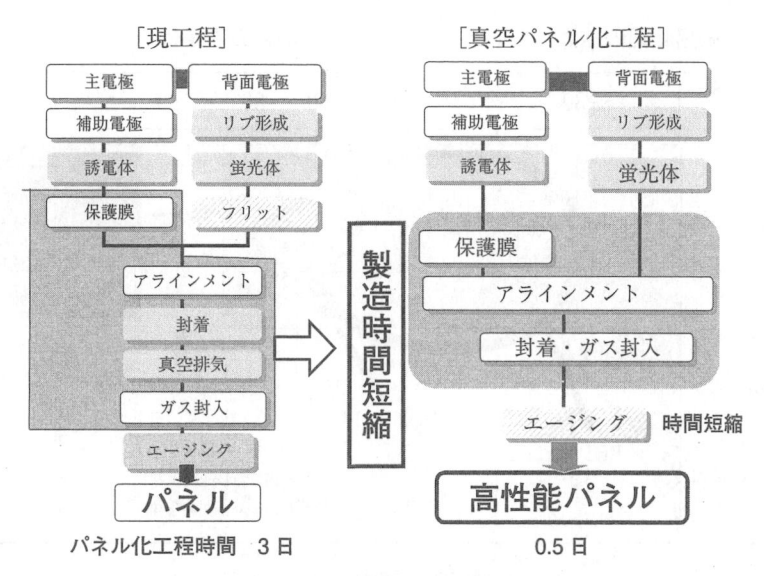

図 22　PDP パネル工程の革新提案

すような特性上問題ない程度の電極形成が可能となっている。

　これまでの PDP のプロセス開発は単体の基板の製造方法の改善に集中され，大きな効果を挙げてきた。しかし，PDP の最も特徴的であるパネル化工程（組み立て，封着，排気，ガス封入，エージング工程）に対して抜本的な改善がなされていない。最近筆者は MgO 蒸着以降の工程を図 22 に例を示すような真空などの雰囲気を制御することにより，超清浄なプロセスを開発して効率的なプロセスを確立すべきであると提唱している。これを実現することにより PDP のプロセスはさらに工程の効率化と高信頼化を実現することができる。

　低コスト化，生産効率の向上のためにガラス基板サイズの大型化が進んでいる。現在，40 型で 6 面取りが採用されているが，生産量拡大と画面サイズ大型化に対応するため 40 型，50 型の 8 面取りが新工場建設に合わせて計画されている[22]。しかし，PDP では全コストのうち，パネル製造コストが占める割合が LCD ほど高くないため，LCD ほど急速な大型基板化は進まないと考えている。基板大型化だけでは十分な低コスト化につながらず，どのような製造プロセス方式，部材を採用して行くのかがより重要な課題となってくる。

　環境の点から見ると，製造工程での使用電力低減も重要であり，工程の効率化はこの点からも重要である。また低環境負荷部材の開発も進められている。まずガラス材料のうち鉛を含むものについては無鉛の代替材料が検討・開発されている。低環境負荷技術は初期段階で工場でのプロセス切り替えなどコストを要するが，CO_2 排出量削減の社会的要請もあり，導入により製品全体でコスト競争力を高められる。

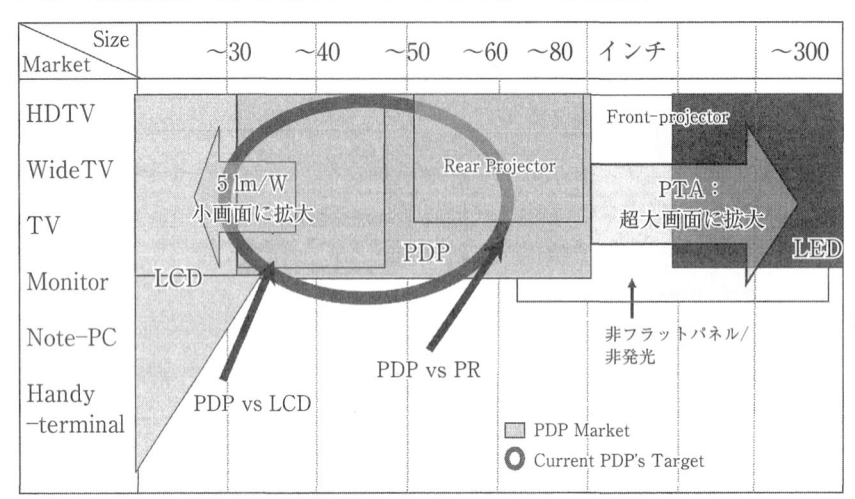

プラズマディスプレイ材料技術の最前線

PDP の応用範囲の拡大は標準デバイスになるための必須条件

図23 新市場の創生

1.7 おわりに

　PDP の歴史から現在までを俯瞰し，将来の技術動向と市場動向を言及した．PDP は超大画面薄型テレビ市場を創生して，将来は10兆円を越えると予測されるテレビ市場を育てた．過去を振り返ると，PDP は超大画面・薄型の特徴を生かし，常に新しい市場を形成している．21型から30，40型と大画面化の市場を形成して，今ではPDPテレビは50型が一番大きい市場になりそうな気配がある．筆者が1980年代の後半に40インチのプラズマテレビを研究開発する装置を買い求めたときに，日本では40型は大きすぎて家庭には売れないといわれたものである．しかし，人は初めて自分の目でそれを見たときにそれが何を意味するか実感できるものである．筆者は自宅に55型を持っているが2～3mの距離でそれを見ている．高精細度で美しいアルプスの映像を見ていると，窓から外の風景を見ていると錯覚することがある．デジタル時代のテレビとして40型どころか50型～60型の時代が来ることを確信している．そのためには，ここで示した技術開発を，PDPメーカーだけでなく装置メーカー，材料メーカーとの協力関係を保ちながら，地道にやり遂げることが必要である．大画面だから厚くて・重くて・大きい消費電力であるということは許されない．これらを解決することにより，PDPはさらに没入型テレビという，新しい市場を形成することができるであろう．最後に図23に，これからPDPが占めると期待される市場を示す．常に新しい市場を提供し続けて，PDPの持ちうる能力を発揮させれば30型から数100型までの広い市場で多くの応用に利用されるテレビになる．幅広い応用に対応できることが，標準デバイスになる条件である．今後の発展は更なる技術革新の中にある．

第1章 総論

文献

1) T. Shinoda, M. Wakitani, T. Nanto, N. Awaji and S. Kanagu, "Development Panel Structure for a High Resolution 21-in.-dagonal Color Plasma Display Panel", *IEEE Transaction on ED*, Vol.47, No.1, pp.77-81 (2000)
2) 篠田 傳, 吉川和生, 金沢義一, 鈴木正人, テレビ学技報, EID91-97, pp.13-18 (1992);
篠田 傳, 脇谷雅行, 吉川和生, "アドレス・表示期間分離型サブフィールド法によるAC-PDPの高階調化", 電子情報通信学会論文誌, Vol.J 81-C-Ⅱ, No.3, pp.349-355 (1998)
3) T. Shinoda et al., "Surface Discharge Color AC-Plasma Display Panels", late news in biennial display research conference (1980)
4) T. Shinoda and A. Niinuma, Society for Information Display 84 Symposium Digest, pp.172-175, San Francisco, 1984
5) T.Shinoda et al., "Improvement of Luminance and Luminous Efficiency of Surface-Discharge color ac PDP", SID 1991, Digest, pp.724-727 (1991)
6) K. Yoshikawa, T. Shinoda, Y. Kanazawa, M. Wakitani and A. Otsuka, Proc. Japan Display '92, pp.605-608, Hiroshima, 1992
7) T. Hirose, K. Kariya, M. Wakitani, A.Otsuka, T. Shinoda, "Performance Features of a 42-in.-Diagonal Color Plasma Display", SID 96 Digest, pp.279-282 (1996)
8) N. Awaji, T. Kosaka, K. Betsui, F. Namiki, K. Irie, T. Shinoda, "Improvement of Contrast Ratio in Bright-Ambient Color ACPDP with High Resolution", SID '98 digest, pp.644-647 (1998)
9) Y. Kanazawa, K. Kariya and T. Hirose, Society for Information Display '99 Symposium Digest, pp.154-157, San Joes, 1999
10) Y. Hashimoto, Y. Seo, O. Toyoda and K. Betsui, Society for Information Display '01 Symposium Digest, pp.1328-1331, San Jose, 2001
11) K. D. Kang, J. I. Kwon, W. T. Kim, H. S. Yoo, S. G. Woo, E. Y. Jung, J. C. Ahn, S. J. Kim, E. G. Heo and W. J. Yi, Society for Information Display '04 Symposium Digest, pp.1030-1033, Seattle, 2004
12) H. S. Bae, T. J. Kim and K. W. Whang, Proc. ASIA-Display/International Meeting on Information Display '04, pp.59-62, Daegu, 2004
13) M. Uchidoi, Proc. ASIA-DISPLAY/International Meeting on Information Display '04, pp.159-163, Daegu, 2004
14) J. D. Yi, J. Y. Kim, S. Y. Chae, T. W. Kim, S. C. Cho, B. M. Chun, J. N. Kim and Y. H. Cho, Proc. ASIA-Display/International Meeting on Information Display '04, pp.51-54, Daegu, 2004
15) G. Oversluizen and T. Dekker, Proc. ASIA-Display/International Meeting on Information Display '04, pp.55-58, Daegu, 2004
16) H. S. Bae, T. J. Kim and K. W. Whang, Proc. ASIA-Display/International Meeting on Information Display '04, pp.59-62, Daegu, 2004
17) FPD International, 2005

18) T. Shinoda, M. Ishimoto, A. Tokai, H. Yamada and K. Awamoto, Society for Information Display '02 Symposium Digest, pp.1072–1075, Boston, 2002
19) K. Awamoto, M. Ishimoto, H. Yamada, A. Tokai, H. Hirakawa, Y, Yamasaki, K. Shinohe and T. Shinoda, Society for Information Display '05 Symposium Digest, pp.206–209, Boston, 2005
20) O. Toyoda, A. Tokai, M. Kifune, K. Inoue, K. Sakita and K. Betsui, Society for Information Display '03 Symposium Digest, pp.1002–1005, Baltimore, 2003
21) M. Furusawa, T. Hashimoto, M. Ishida, T. Shimoda, H. Hasei, T. Hirai, H. Kiguchi, H. Aruga, M. Oda, N. Saito, H. Iwashige, N. Abe, S. Fukuta and K. Betsui, Society for Information Display '02 Symposium Digest, pp.753–755, Boston, 2002
22) H. Ishikawa, Y. Asano and K. Maeda, Proc. International Display Workshop '04, pp891–894, Niigata, 2004

2 PDP技術の動向（フルHD技術，高効率・高精細度技術）

布村恵史*

2.1 PDP技術の発展推移と開発課題

　カラーPDPに関する研究開発は1970年頃から行われてきたが，反射型3電極AC面放電，Ne（ネオン）−Xe（キセノン）系混合放電ガス，サブフィールドを利用したパルス数変調階調表示，アドレス表示分離（ADS）駆動方式，予備放電シーケンスの採用，電荷回収回路などの基本技術が確立され，1990年前後から大画面フルカラー表示の実用化に向けた開発が一気に進んだ。1996年にはメーターサイズのカラーPDPが製品化され，大画面薄型ディスプレイの幕が開けた。当初の製品は41万画素程度のワイドVGAクラスであり，消費電力も大きく，画質的にも高いレベルにあるとは言えなかったが，焦点ボケの無い固定画素表示の薄型大画面の実現は大きなインパクトを与えた。パネル量産技術の確立，発光表示輝度増大や消費電力低減，高電圧を扱うことに伴う信頼性の確保，PDP特有の動画偽輪郭の低減などPDP特有の技術開発により実用化が推進された。

　パネルプロセス技術としては，白黒2層銀ペースト，ブラックマスク用ペースト，隔壁ペーストなどの光感光性厚膜材料開発，隔壁形成のための高精度高生産性サンドブラスト工法，蛍光体層形成等の大面積スクリーン印刷工法やディスペンサー工法，大面積に亘って膜厚精度の高い厚膜ペーストコーターなどの大面積高精度厚膜技術が著しく進歩した。またPDPの特性に大きな影響を与えるMgO（酸化マグネシウム）表面保護層の大面積高速真空蒸着技術の進歩も著しく，最近では42型の6面取りや8面取りの大面積基板に高速成膜されている。またメーターサイズのガラス基板を高温で貼り合わせるパネル封着・排気・ガス封入などのパネル化プロセスやパネルエージング処理などのPDPパネル特有の処理技術も進歩し，処理時間の短縮とパネル品質の向上を実現している。

　PDPの高輝度化や低消費電力化は放電セルや駆動方式の最適設計により着実に向上してきた。Xe分圧の増大，井桁隔壁構造の採用，高開口率セル設計，放電電極形状の工夫などにより発光効率を向上させている。現在の50型ワイドXGAプラズマテレビで343Wの低消費電力の製品も出荷されている。PDPのような発光型ディスプレイでは表示画像により消費電力は変化するので，テレビの年間消費電力はLCDテレビと遜色の無いレベルとなっている。PDPは階調表示を行うためにサブフィールド法を採用している。1フレームの間に10枚程度の画像を順次表示し，視覚の残像効果を利用して階調表示を行うものであるが，肌のような滑らかな階調画像が動

---

* Keiji Nunomura　パイオニア（株）技術開発本部　PDP開発センター　エグゼクティブエキスパート

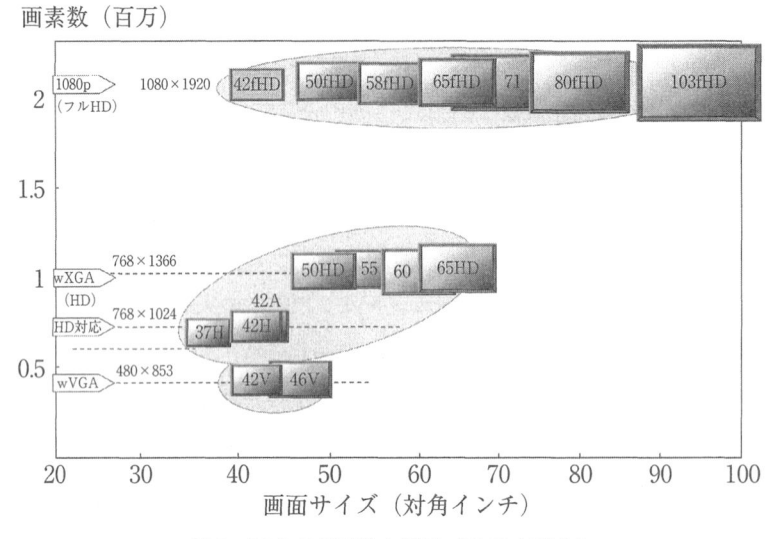

図1 PDP の代表的な製品（2006 年現在）

いた場合に偽輪郭が出現し，動画表示品位の悪さが課題となっていた。現在は適切な信号処理や原理的に動画偽輪郭が出現しないクリア駆動方式の発案などにより解決が図られ，PDP の動画品位は動画解像度が大きく劣化する LCD に対する優位性となっている。

現在の PDP の代表的な製品サイズを図1に示す。当初の 42 型ワイド VGA から解像度は 1920×1080 画素のフル HD に，画面サイズは 103 型にまで拡大した。2006 年は 1000 万台を超す世界市場への出荷となっているが，HD（ワイド XGA）や 50 型クラス以上の比率が急激に増えるなどの製品構成の変化も激しい。

PDP は非常に多くの技術や部品からなり，多くの技術開発項目があるが，現在の主要な技術課題としては，高画質化，高精細・高解像度化，生産性の向上などであろう。高画質化に関しては，具体的には黒輝度の低減，暗部階調の改善，明所コントラストの向上が焦点となる。高精細・高解像度化に関しては，まずは 1920×1080 画素のフル HD 表示をより一層の低消費電力で実現する必要がある。パネルの生産性向上では大面積マザーガラスによる多面取りや工程短縮などの生産性改善を進めながら高精細・高解像度パネルを量産するレベルの高いプロセス技術革新が求められることになる。これらの技術課題を中心に PDP 技術の最近の開発研究動向を概説する。

2.2 高発光効率化技術の動向

PDP は励起した Xe からの紫外線を蛍光体に照射することにより得られる可視発光を利用して表示を行うディスプレイであるが，投入された電気エネルギーが表示光として利用されるまでには多くの過程でエネルギー損失が生じている。従って，ディスプレイとしての発光効率の改善

第1章　総　論

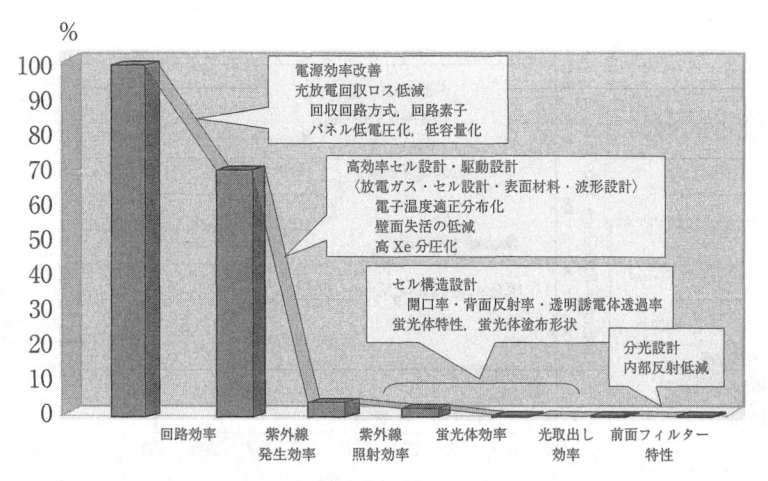

図2　PDPの発光効率と各過程でのエネルギー効率改善項目

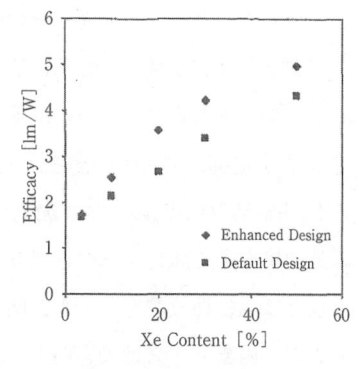

図3　発光効率のXe濃度依存性の例[1]

は図2に示すように各過程での技術改善を積み重ねることになる。特に，改善の余地が大きい放電による紫外線発生効率に関して，放電ガスの最適化，放電電極形状やセル設計の工夫，維持放電波形の工夫，陰極材料の開発など多くの研究開発が行われている。放電ガスはXeとNeの混合ガスが一般的に利用されているが，Xe分圧を高めることにより励起効率が向上すると共に，発生する真空紫外線が147 nmの共鳴線から173 nm近傍に広い波長分布を持つ分子線発光が主体となる。分子線は共鳴線とは異なり自己吸収性が無いために有効に蛍光体に達することも発光効率改善に寄与する。発光効率のXe分圧依存性は多くの文献で報告されているが絶対値に関しては必ずしも一致性は良くない。放電セルの構造パラメーターや印加パルスの電圧や波形に敏感になっていると思われる。図3に代表的な報告例を示す。Xe濃度を増やすことにより電圧は高くなるが5 lm/W以上の高効率が得られている。実用的な電圧で駆動することができる20 %濃度でも3.5 lm/Wの高効率が実現できる[1]。セル設計による高効率化では，放電空間を広げ隔壁から放電領域を隔離し背面の蛍光体を効率的に励起することを狙ったデルタ配列型放電セル構造，放電ギャップ近傍の誘電体層に溝を形成し高Xe放電ガスの放電電圧を下げるセル形状，面放電ギャップを長く取った電極形状セルや面放電ギャップの間に第4の電極を形成した放電セルなどで発光効率の改善効果が認められている。また印加高電圧波形をステップ状にするなどの維持パルス波形による効率改善やアドレス電極にも維持パルスに同期して高電圧パルス

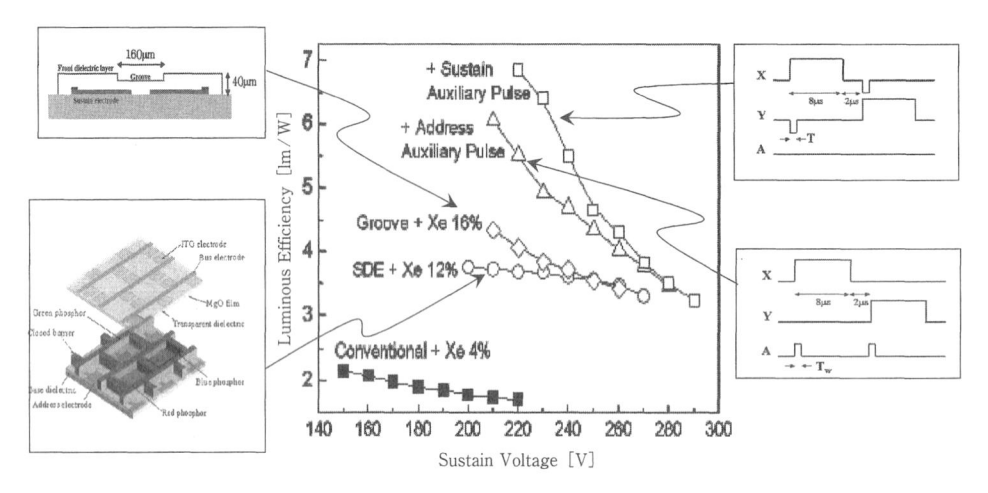

図4 AC面放電セルの発光効率の改善研究例[2]

を印加することによる発光効率の改善も報告されている。これらの複数の効率改善工夫を盛り込んだ例を図4に示す。6 lm/W以上の高効率が実現されることが報告されている[2]。なお，大画面パネルで実用化するためには他の多くの実用化技術開発も必要となる。現在のところ製品としてはT字電極，井桁型の隔壁，放電高速化層（CEL）などを利用したパイオニアの50型パネルの2.2 lm/Wが最高のパネル発光効率であるが，上述したような小パネル実験では5 lm/W以上の高効率も多く報告されてきており，製品の発光効率改善も着実に進むと予測される。

　以上はAC面放電型パネルに関するものであるが，最近は対向放電型パネルの見直しも行われている。画素サイズは大きいが，厚膜セラミックシートを利用したパネルがノリタケで開発されている。厚膜の放電電極が内部に形成されたセラミックシートを独自の生産技術で作製し，アドレス電極が形成された背面ガラス基板と前面ガラス基板の間に挟み込んだものである。維持放電はセラミックシートに形成された空間内でガラス基板と平行方向のAC対向放電となる。30％の高濃度のXeを含んだ放電ガスでも比較的低電圧で駆動することが可能であり2.5 lm/Wの高い効率が報告されている[3]。また，金属薄板をエッチング加工したシャドウマスクを隔壁として，電極が形成された背面ガラス基板および前面ガラスに挟んだ構造のSMPDP（Shadow Mask PDP）がSoutheast University（China）で活発に開発されている。SMPDPは前面基板の走査電極と背面基板のアドレス電極間の垂直方向のAC対向放電を利用している。34型VGAパネルの開発に始まり，精細度の高い25型SVGAパネル，42型XGAパネルなどが開発されている。42型XGAで200 W，3000：1の高コントラストパネルの開発試作が報告されている[4]。SMPDPのセル構造も色々工夫されており，斜めに対向放電を広げる非対称型セル構造のSMPDPでは更に20％の輝度効率の改善が報告されている[5]。カラーPDPはAC面放電を標準

第 1 章 総　　論

技術とすることにより発展してきたが，対向放電型の方が低い電圧で維持放電できることが報告されており，新しい開発動向として今後の発展が注目される。

2.3　高画質化技術の動向

　画質を決める大きな要因は輝度である。PDPの場合も発光効率を改善し表示輝度を高めてきた。また表示画像の輝度分布状態をデジタル的にカウントし，定格電力を増大させることなくディスプレイとしての実用表示輝度を向上させる制御方式も洗練されたものになってきている。情報として「表示」するだけであれば輝度は圧倒的に大きな画質決定要因となるが，但し映画などの「表現」を重視する画像では黒の表現も非常に重要である。特に大画面化によりホームシアター的な利用が増えるために暗い画面の表現力はより一層重要な画質要因となってきている。従来から，PDPは液晶より暗所コントラストが優れているとされていたが，これはむしろ液晶の黒輝度（特に斜めからのバックライトの光漏れ）が著しく劣っているためであり，PDPの暗い画面の表現力も十分満足できるものではなかった。予備放電（プライミング，リセットなどと呼ばれる）による不要発光があるためである。PDPを安定に駆動するためには画像情報をアドレス放電の有無により各放電セルに確実に書き込むことが必要である。そのためには，各放電セルの前歴をリセットすると共に，セル内の活性度を高め，放電電極上に適切な壁電荷分布を形成しておくことが必要であり，アドレスシーケンスに先だって予備放電シーケンスが行われている。PDPでは階調表示を行うために，10個以上の独立したサブフィールドで1フレームが構成される。サブフィールド毎にアドレスシーケンスがあるために，全てのアドレスシーケンスに先立って予備放電を行われた場合は毎秒600回以上もの予備放電が発生することになる。また予備放電自体を確実に行わせるためには，維持放電電圧より格段に高い電圧を印加する必要があるため，更に不要発光輝度は非常に高くなってしまう。このため，予備放電輝度の低減と予備放電回数の低減が工夫されている。

　放電発光輝度は印加電圧により一義的に決まるものではなく，電圧印加の波形に大きく依存する。急峻な電圧波形では強いパルス状の放電が発生するが，ゆっくり電圧を上昇させるランプ波形の場合は放電が継続的に発生するが微弱な放電であり輝度は非常に低い。500〜1000：1程度の暗所コントラストを実現することができる。但し，予備放電シーケンスに必要な総時間が長くなる欠点があり，暗所コントラスト低減にも限度があるためランプ波形予備放電の回数を減らす方式と組み合わせることが必要となる。各セルの維持放電後の壁電荷の消去状態を高い精度でコントロールすると共に，隣接セルからの干渉を防止するセル形状の工夫，強いアドレス放電を発生させる駆動波形などの総合的な対策により，1フィールドに一度のランプ波形予備放電で駆動することが実現されている。更に画像に応じてアダプティブに予備放電波形を制御するなど実効

的により高い暗所コントラストを実現する方策も採用されてきており，3000〜5000：1程度の暗所コントラストパネルが製品化されている。なお，一般的なサブフィールド法は全てのサブフィールドが独立にアドレスされるが，パイオニアではクリア駆動方式と呼ばれる連続サブフィールド方式が採用されている。この方式は動画偽輪郭が原理的に出現しない大きな利点があるが，それ以外に連続サブフィールドで順次に消去アドレスを行うだけであり，予備放電はフレームの最初にだけ必要であり，4000：1の高コントラストが実現されている。

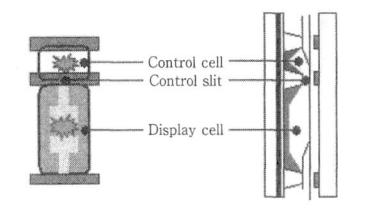

図5 制御セルと表示セルを分離した高コントラスト高効率パネル構造[6]

　高コントラスト化を新構造セル設計で実現することがパイオニアから報告されている[6]。表示セルと補助セルを図5のように分離する新しい放電セルにより非常に高いコントラストが実現できる。予備放電を含めてアドレス放電動作を補助セルで行い，表示セルに放電を移行させることにより表示を行うものである。補助セルはブラックマスクで覆われており不要発光が表示面に漏れないために，30000：1の非常に高い暗所コントラストが実現されている。なおこのパネルでは機能分担している補助セルと表示セルをそれぞれ最適設計できるために，50型の開発試作パネルで 2.8 lm/W の高効率と良好な表示が実現されていることも注目される。

2.4 高精細・高解像度化技術の動向

　高解像度デジタル放送の普及，デジタルカメラのみならずホームビデオやゲームの高解像度化の進展など高解像度コンテンツが急増してきており，テレビ市場も 1080 p のフル HD への移行が急激に進んできている。また将来的には 4K2K 等の一層の高解像度大画面ディスプレイの実用化も望まれている。PDP は高精細化よりは大画面化を得意にしていることもあり，放電セルサイズを縮小する必要の無い 65 型以上の超大画面領域でフル HD が製品化されたが，2006 年には 50 型まで製品化が進んできている[7,8]。2007 年には 42 型の製品化も予定されており，PDP の中心的なサイズのフル HD 化が急速に進むと思われる。

　フル HD 化に伴う主要な課題は，パネル微細加工プロセスの確立，放電セル空間が狭くなることに伴う発光効率の低下や消費電力の増大を最小限に抑えること，高速アドレスの実現などである。発光効率に関しては上述したように着実に効率改善技術開発が進められている。また，放電ガス圧を高くすることにより放電セル微細化に伴う発光効率の低減が大きく緩和されることも報告され，従来予想されていた以上に微細な放電セル領域にも適応できることが分かってきている。$300 \times 100\ \mu m$ の非常に微少な放電セルの試作パネルで 1 lm/W の効率が得られている[9]。また微細セルパネルの作成を可能にする新しい製造技術の開発も盛んになっている。パネルの微細

第1章 総　論

加工で一番課題となるのは隔壁の形成である。例えば42型フルHDの放電セルサイズは約480×160 μm であり，放電空間を確保するためには隔壁の幅を極力狭くすることが必要となる。隔壁製造の主流技術であるサンドブラスト法に代わってエッチング法やモールドを利用した隔壁形成技術が注目される。フレキシブルなシート状のモールドと光硬化性隔壁ペーストを利用して，32型フルHDに相当する360×120 μm ピッチで23 μm 幅の井桁隔壁が形成できることが報告されている[10]。

初期のPDPは480本走査のワイドVGAであったが，高速で動作させることが難しく，パネルの上下にデータードライバーICを配置し240本を別々にアドレスするデュアル走査方式や2行を同時に走査するインターレース走査方式が採用されていた。アドレス放電の高速駆動化が図られ，現在の製品では走査本数768本のワイドXGAパネルでもシングル走査が可能になっている。しかしフルHDでは1080本，4K2Kでは2160本を走査する必要があり，更に安定な高速アドレスを実現する必要がある。PDPは維持放電や予備放電等のシーケンスに60分の1秒の1フレーム当たり数ms程度の時間が必要であり，アドレスシーケンスに利用できる時間は12 ms程度となる。従って，サブフィールド数を12個とした場合は，フルHDをシングル走査する場合は実効的に1本の走査を1 μs 以下の短時間で行う必要があり，アドレス放電の高速化の実現が必須となる。デュアル走査方式の場合は2倍のアドレス時間を利用できるために，フルHDの実現自体には問題はないが，コスト低減のためにはシングル走査化が望ましい。またデュアル走査で4K2Kパネルを駆動することができることになるので，1 μs 以下の高速アドレス技術の実用化が当面の目標となる。

放電が発生することが可能な電圧は電極間距離などのディメンジョン，放電ガス類やガス圧，陰極表面の γ（2次電子放出係数）で決定されるが，放電が生じる電圧以上の電圧が空間に印加されていたとしても放電が実際に発生するためには放電の種となる荷電粒子の存在が必要である。初期の荷電粒子が不足すると高電圧パルス印加後の放電開始時間がばらつく為に安定な高速アドレスを行うことができなくなる。表面保護層としては実用化初期からMgOが利用されている。γ が大きく放電電圧を低くすることができる以外に，耐イオン衝撃も比較的良好であり，また工業的に成膜しやすいこと等が理由である。MgOは製造や処理により放電電圧，放電確率，安定性などが微妙に影響を受けることが知られており，微妙な特性を理解し改善を図るために非常に多くの研究がなされている。γ 以外に放電ばらつきと関係すると思われる放電停止後にも放出されるエキソ電子に関する研究も盛んになってきており，MgO結晶内の各種の欠陥，不純物添加，製造方法などの影響やメカニズムが議論されている[11]。

MgO薄膜に代わる表面保護層の研究も活発である。(Sr, Ca) O薄膜も見直され，詳細な研究が行われている。高Xe分圧放電ガスでも放電電圧を大幅に下げることができ，また発光効率の

改善にも寄与することが報告されている[12]。放電高速化結晶層（Crystal Emissive Layer：CEL）を表面に配置することにより，放電発生の高速化に大きな効果が得られている。この結晶層からは 235 nm に特有の紫外線が電子線励起等で発生しておりエキソ電子の発生と関連していると思われる。この結晶層はパイオニアの PDP に適用されており性能向上に大きく寄与している[13, 14]。また，最近は CNT やエレクトライド等の新材料をセル内に導入して放電特性を改善する試みも開始されており興味が持たれる。

2.5 おわりに

大画面カラーPDP は世に出てまだ 10 年余りであるが，不落の王座を占めていた CRT から薄型テレビへ流れを引き起こす一翼を担ってきた。動き始めた流れは非常に急激であり，逆に市場やデバイス間の競合も厳しくなってきており，PDP もより一層の進歩が必須となってきている。発光効率，高精細・高解像度，高画質などの観点から PDP の技術動向を上述したように，PDP には多くの発展の可能性があり大画面テレビの中核として成長を続けることが期待される。

文　　献

1) T. Dekker, *et al.*, IDW '03, pp.1009–1012（2003）
2) K. -W. Whang, *et al.*, SID '05, pp.1130–1133（2005）
3) S. Mori, *et al.*, IDW '04, pp.937–940（2004）
4) Z. Xiong, *et al.*, IDW '06, pp.1793–1795（2006）
5) F. Zhaowen, *et al.*, IDW '06, pp.1773–1776（2006）
6) H. Ajiki, *et al.*, IDW '06, pp.1789–1792（2006）
7) I. Kawahara, *et al.*, IDW/AD '05, pp.1503–1504（2005）
8) T. Komaki, *et al.*, IDW/AD '05, pp.1499–1500（2005）
9) K. Ishii, *et al.*, IDRC '06,（2006）
10) P. McGuire, *et al.*, IDW '06, pp.1769–1771（2006）
11) H. Tolner, IDW '06, pp.333–336（2006）
12) Y. Motoyama, *et al.*, SID '06, pp.1384–1387（2006）
13) M. Amatsuchi, *et al.*, IDW/AD '05, pp.435–438（2005）
14) K. Sakata, *et al.*, IDW/AD '05, pp.1433–1436（2005）

3 PDP放電・駆動原理

内田儀一郎*

3.1 プラズマの概要

3.1.1 序論

　プラズマは固体，液体，気体に次ぐ第四の物質の状態と考えられており，一般に，荷電粒子と中性粒子によって構成される準中性気体と定義されている。図1に示すように，気体の中性粒子に何らかの方法でエネルギーを加えると，正の電荷を持つイオンと負の電荷を持つ電子に電離し，プラズマ状態となる。プラズマは電子とイオンが同数存在するため，全体としては電気的中性が保たれているが，構成要素である個々の荷電粒子（イオン，電子）は電気を帯びているため，外部から電界や磁界を印加することにより，大量の荷電粒子の挙動を制御できる。この特性を利用し，イオン粒子をウエハー基板に加速・入射させて微細加工を行うドライエッチング等，現在プラズマは様々な工業分野で利用されている。図2は，プラズマの性質を荷電粒子の密度数（プラズマ密度）と，電子・イオンの運動の激しさ（プラズマ温度）で識別している。核融合プラズマのように高温・高密度のパラメーターを達成するには，電磁波や中性粒子ビームを使った荷電粒子の加熱により温度を高め，さらに磁場で荷電粒子を閉じ込めて密度を上げる必要があり，極めて大がかりな装置が必要となる。一方，密度と温度がそれぞれ $10^{15}m^{-3}$ と 10^4k 程度のパラメーターを持つプラズマは，電極に直流あるいは交流電圧を加えて生成されるグロー放電で容易に達成され，その装置の簡易性から広く工業分野で利用されている。プラズマディスプレイ（PDP）

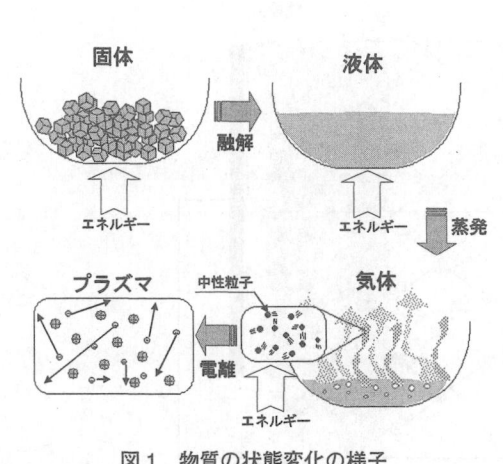

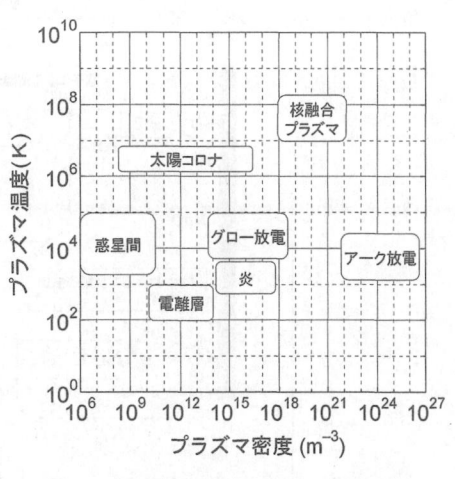

図1　物質の状態変化の様子　　　　図2　プラズマの密度と温度による分類

---

*　Giichiro Uchida　広島大学　大学院先端物質科学研究科　寄附講座助教

においても微細セル空間中にグロー放電プラズマを生成し，画像表示へと応用している。

3.1.2 プラズマ生成

一般に金属電極に電圧を印加することにより，容易にグロー放電プラズマを生成することができる。二枚の電極間に電圧を印加すると宇宙線などにより元々空間に存在した小数の電子は，電界から運動エネルギーを得て加速され，図3に示すように中性原子と衝突する。その際，電子は中性原子にエネルギーを与え，新たにイオンと電子が生成される。この過程を衝突電離と呼んでいるが，新たに生成された電子もまた電界により加速されて衝突電離をおこし，連鎖的に荷電粒子が増大していく。この電離の頻度は電離度と呼ばれ，電子が単位長進んだ時の電離反応の回数 α（/m）で定義される。電離度 α は空間電界強度と共に増大していき，ある値で飽和する特性を持つ。電離で新たに生成された電子はアノード極（陽極）側へ，また正イオンはカソード電極（陰極）側へと電界に従いそれぞれ移動する。この時，カソード電極表面に正イオンが衝突すると電極表面から電子が放出される（γ 作用）。図4に示すように電極に正イオンが十分に接近すると，電極材料の価電子帯にある電子は，トンネル効果により正イオンの空順位に移動する（①）。その時放出されるエネルギーを価電子帯の他の電子が吸収し，運動エネルギーとなり二次電子として空間に放出される（②）。電極に入射する正イオン数と放出される二次電子数の比を二次電子放出係数 γ と定義しているが，この値は電極材料とイオン種の組み合わせにより決定される。PDPでは γ が大きく，またイオンによるスパッタにも強い材料 MgO が使用されている。図5に示すように電極に印加する電圧をゆっくりと増大させていくと，ある電圧値 V_f で急激に

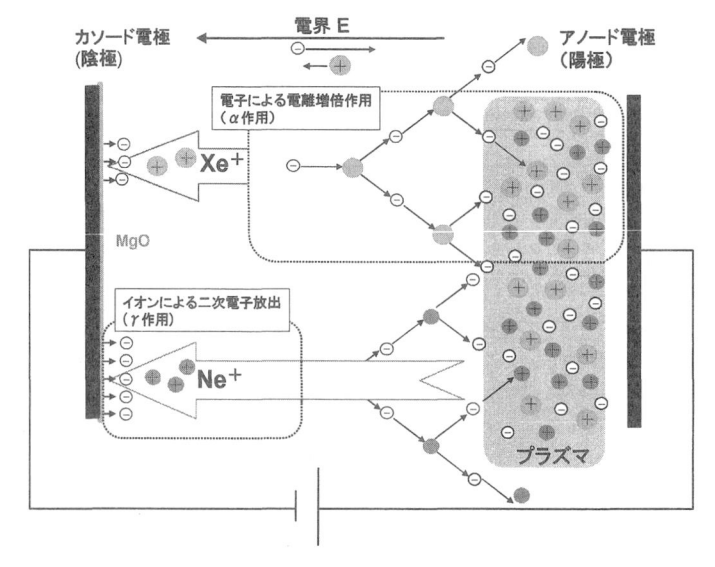

図3 電極間での電子増倍の様子
（α 作用と γ 作用の概念図）

第1章 総　論

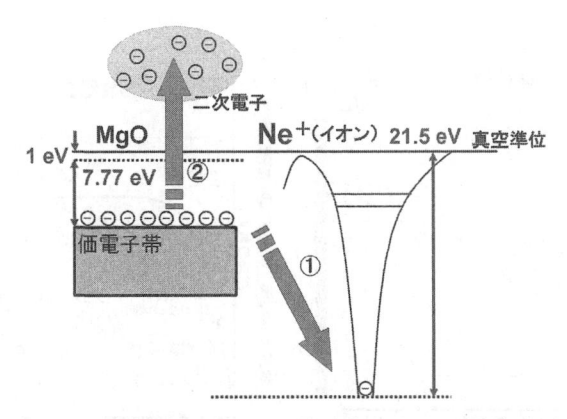

図4　電極表面からの二次電子放出過程の概念図

電流が流れ始め，絶縁性が破壊する。これは気体（絶縁物）からプラズマ（導体）へと状態が遷移したためである。このような絶縁破壊現象は，電離度 α と二次電子放出係数 γ が，式（1）で表されるタウンゼントの火花条件を満たした時に達成される。式から分かるように，γ の大きな材料ほど小さな α で火花条件が達成され，すなわち低い印加電圧で放電が開始する（α は空間電界強度にほぼ比例するので）。

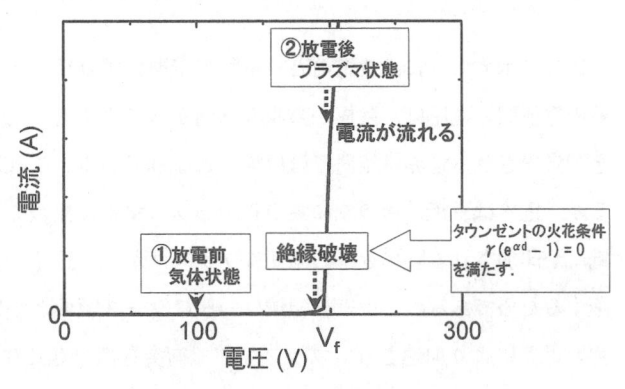

図5　電極印加電圧と電流の関係

タウンゼントの火花条件

$$\gamma(e^{\alpha d} - 1) = 1 \qquad 式（1）$$

放電開始電圧

$$V_\mathrm{f} = B\frac{pd}{\ln\left(\dfrac{Apd}{\ln\left(1+\dfrac{1}{\gamma}\right)}\right)} \qquad 式（2）$$

d：電極間距離
p：ガス圧力
A, B：ガス種できまる定数

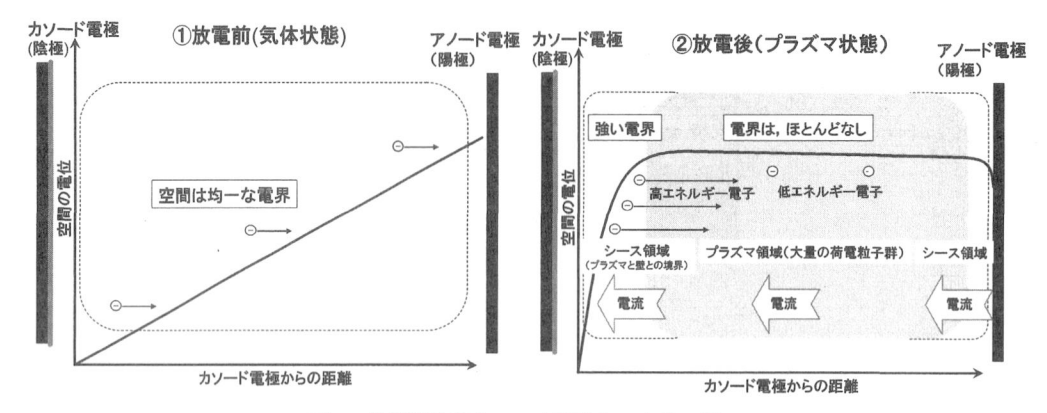

図6 放電開始前後での空間電位の変化の様子

　図6に示すように，放電前と放電後で空間の電位構造が大きく異なる点は大変興味深い。放電前の電極間の電圧は，陰極から陽極に向かって直線的に増大していき，そのため電位の空間的傾きで定義される電界は空間でほぼ均一となっている。これに対し放電が開始しプラズマ状態となると，電界は陰極近傍のみに集中し，プラズマ中は極めて弱い電界強度分布となる。これは負の電圧が印加される陰極近傍の空間にプラズマからの正イオンが多く集まり，電極の負の電荷を遮蔽するためである。この遮蔽領域は一般にシース領域と呼ばれている。電子はこのシース領域の強い電界により加速され，プラズマ中で衝突電離を起こす。プラズマ領域で生成された電子は，その電界の弱さから低エネルギーであり，そのためグロー放電プラズマは低温プラズマとも呼ばれている。

3.2 PDP放電・駆動
3.2.1 PDP発光の原理

　PDPの実用化を実現し，現在のパネル構造の基準となっている3電極面放電のセル構造とその発光原理を図7に示す。前面基板の同一平面に形成された二つの電極間（X電極とY電極）に電圧を印加し，グロー放電プラズマを生成している。一般に放電プラズマからは様々な波長をもった光が発生するのだが，PDPにおいては，このプラズマから発生する紫外領域の波長の光を，背面基板に塗布された赤，青，緑にそれぞれ対応した蛍光体に当てることにより，純度の高い可視光を得ている。このようにPDPでは，グロー放電プラズマを紫外線源として利用している。また，図に示すように，蛍光体塗布面を放電電極設置面と分けることにより，蛍光体のイオンスパッタによるダメージを大きく低減し，PDPの長寿命化を実現した。

第1章 総　論

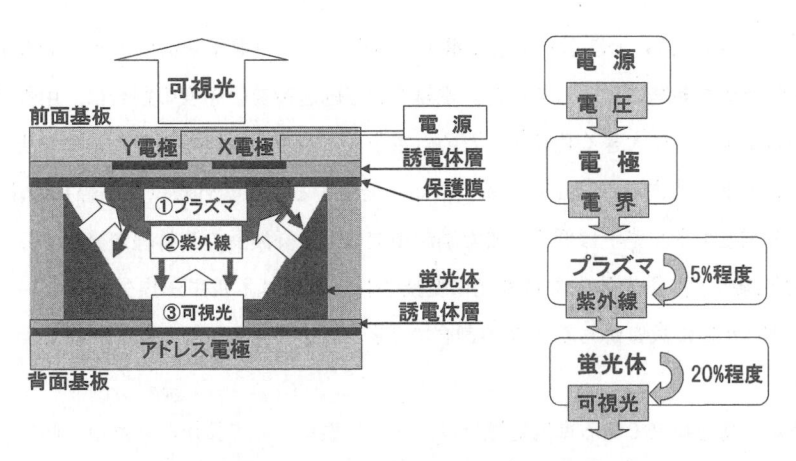

図7　3電極面放電PDPのセル構造の概略と発光原理

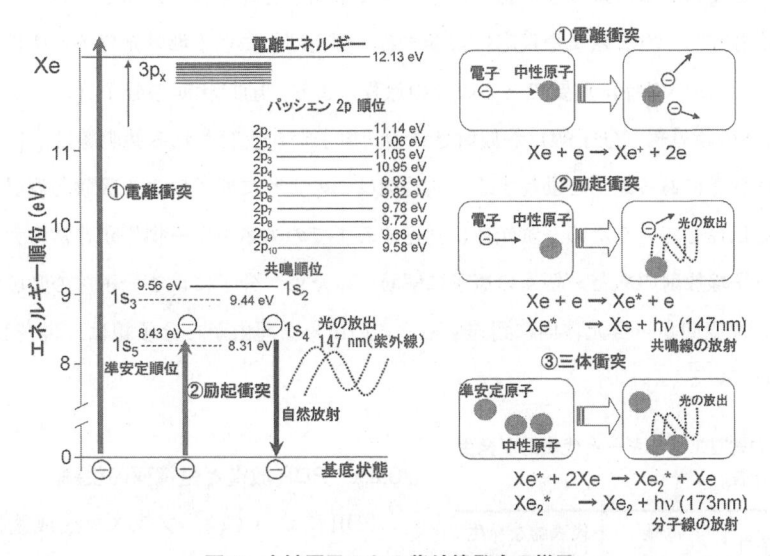

図8　中性原子からの紫外線発生の様子

　プラズマからの紫外線発生の機構について図8に示す。物質を構成する中性原子は原子核と電子からなり，電気的中性を保っている。この状態を原子の基底状態という。これらの電子のうち正の電荷を持った原子核と結合している電子を原子核からもぎ取るエネルギーが電離エネルギー（あるいはイオン化エネルギー）である。図に示すように，この電離エネルギーよりも低いところにも電子のとどまりうる幾つかの順位が原子内にあり，これを励起順位という。励起順位には，共鳴順位（実線）と準安定順位（破線）の二種類があり，特に共鳴順位は，基底順位との間で，電子の遷移が許されている順位である。共鳴順位に上がった電子は不安定で，短時間の間に安定な基底状態に戻るのだが，その際，その差分に相当するエネルギーが光となって放射される（共

鳴線）。プラズマ中では，①に示すような電子と中性粒子との電離衝突に加え，②のような光を放射する励起衝突も頻繁に起こっている。電離衝突と励起衝突の頻度の割合は，中性原子に衝突する電子のエネルギーに大きく依存するため，電子エネルギーは紫外線発生効率を決める極めて重要なパラメーターである。表1に，希ガスから発生する主な紫外線（共鳴線）の波長を示す。重い原子ほど電離エネルギーは低く，また励起衝突により長波長の紫外線が発生する。一般に長い波長の紫外線ほど，蛍光体中で可視光に変換される際のエネルギー損失が少ない。このためPDPでは，Neガスに数％から数十％の割合でXeガスを添加し，Xe原子からの紫外線を利用している。

　もう一種類の励起順位である準安定順位は，基底状態からの遷移が許されない順位である。上位順位からの遷移によって，この順位に到達した電子は，基底状態に戻ることができず，長時間この順位にとどまる。このような状態の原子は準安定原子と呼ばれ，寿命が長いためプラズマが消滅した後も存在し，さまざまな反応に寄与する。例えば③に示す準安定原子と中性原子との三体衝突はPDPにおいて特に重要である。この過程により，励起状態の分子（エキシマ）が生成され，173 nmの紫外線（分子線）が放射される。原子から放射される共鳴線は，他の原子で吸収され，基底状態にある電子を励起する。共鳴線はこのように原子による吸収と放射を繰り返しながら空間を伝達していくため，蛍光体に到達するまでのエネルギー損失が非常に大きい。一方，エキシマは分子線放射のあと，個々の原子に解離するため，分子による分子線の吸収はなく，効率よくプラズマ空間から蛍光体面に到達する。このような理由から分子線は，現在PDPへ積極的に利用されている。

表1　希ガスの電離エネルギーと代表的な発生紫外線波長

ガス種	原子量	電離エネルギー	代表的な発生紫外線波長
He	4.0	24.5 eV	58 nm
Ne	20.1	21.5 eV	75 nm
Ar	39.9	15.7 eV	107 nm
Kr	83.8	14.0 eV	124 nm
Xe	131.3	12.1 eV	147 nm

3.2.2　PDP放電と壁電荷の役割

　PDPにおいては，プラズマ生成電極の表面を誘電体で覆っている。このような電極を使用した放電は，電極表面に壁電荷が蓄積することが大きな特徴である。図9に壁電荷蓄積の過程を示す。図9（a）の①の時間帯でY電極に，③の時間帯でX電極に，それぞれ正の矩形電圧を印加している。図9（b）は，それぞれの時間帯に対応した，電極間の電位分布と壁電荷の様子を示している。図9（b）の①に示すように，放電前は陰極から陽極に直線的に電圧が増加しているが，電圧 V_a でプラズマが生成されると電界は陰極近傍に集中する。このとき陰極に向かって正イオン，陽極に向かって負の電子がそれぞれ流れ込むのだが，電極を絶縁性の高い誘電体で覆っているため，それぞれの極性の電荷粒子は誘電体表面に蓄積し，外部から印加した電界を打ち消す。その

第1章 総　論

ため電子による衝突電離は停止し，プラズマは自然消滅する。放電発生から消滅までの時間はせいぜい 1 μsec 以下と極めて短く，一般にパルス的な放電となる。壁電荷は長時間残留するため，②の時間帯で外部からの電圧が取り払われても，依然として空間に電界が発生している（（図9（b）②参照）。また，この電界は放電前の電界と逆向きとなる。次にX電極に正電圧を印加すると，残留壁電荷のために V_a よりも低い電圧 V_b で絶縁破壊に必要な電界 $E_{絶縁破壊}$ が空間に形成され，放電が開始する。PDPでは，このように二つの電極に交互に正の矩形電圧を印加することにより，パルス放電を繰り返し発生させている。

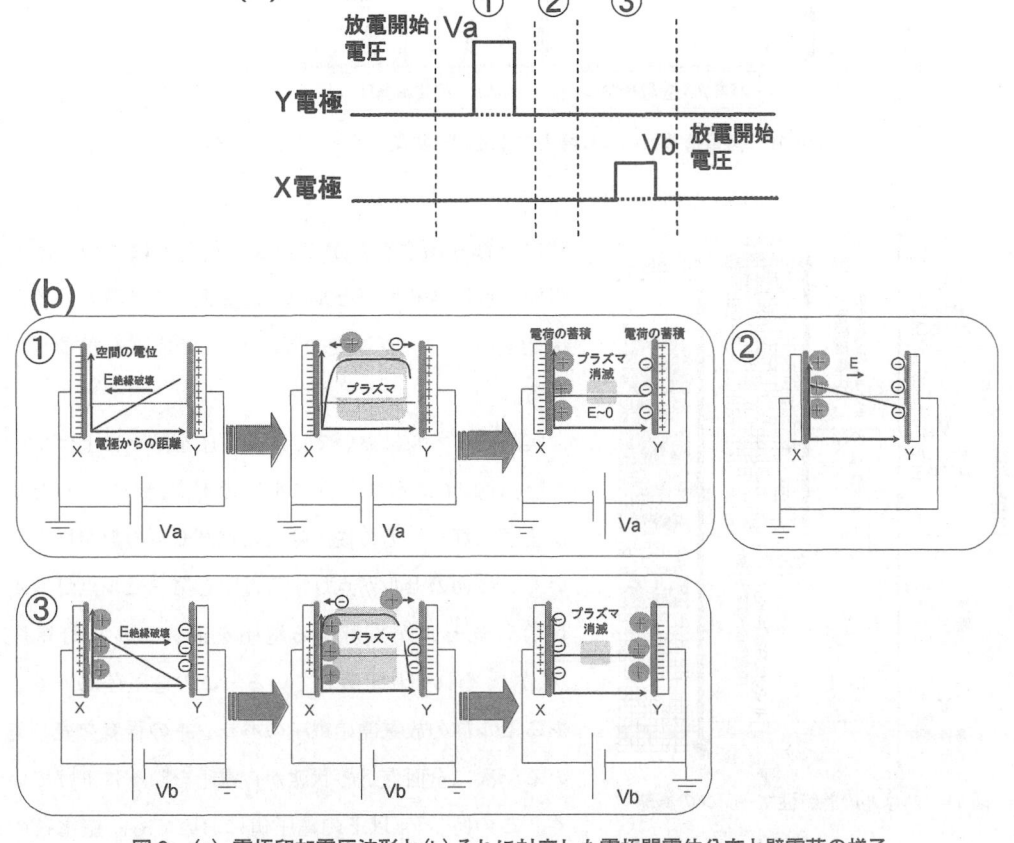

図9 (a) 電極印加電圧波形と(b) それに対応した電極間電位分布と壁電荷の様子

図10に示すように，X電極とY電極に印加する正の矩形電圧値を除々に増大させていくと，ある電圧値 V_f で放電が発生する。一度放電が開始されると壁電荷が蓄積されるため，電圧を V_f 以下に下げても V_s まで放電は維持される。図に示すように外部印加電圧を V_f と V_s の間の値 V_1 に設定すると，壁電荷の有無で①非点灯セル（未放電セル）と②点灯セル（放電セル）の二つの

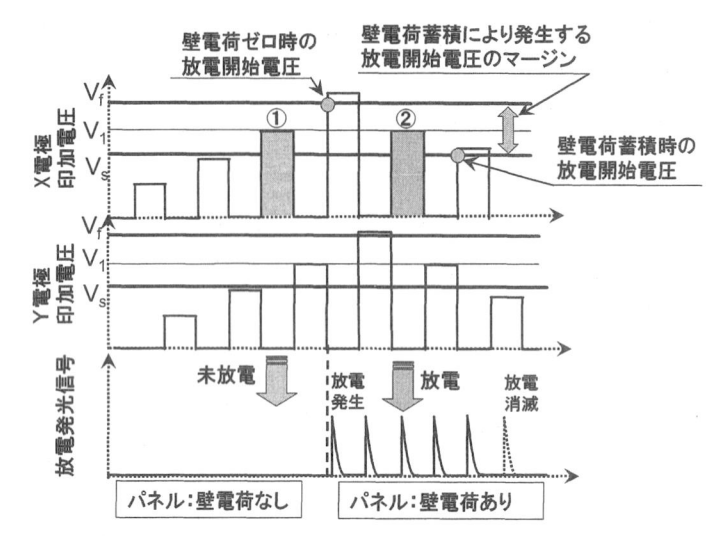

図10 壁電荷蓄積により発生する放電開始電圧のマージンの概略

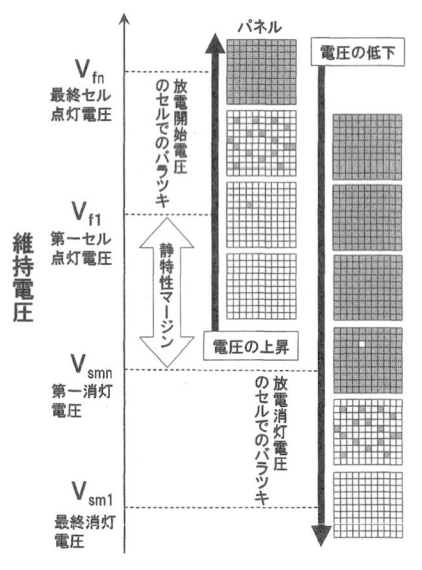

図11 パネルの静特性マージンの概略

状態を作り出すことができる。PDPではこの原理を用い，点灯させたいセルのみに壁電荷を蓄積し，放電開始電圧のマージン内の電圧値 V_1 で放電を駆動している。

実際のパネルにおいて，印加電圧を徐々に上げていくと，図11に示すように電圧値 V_{f1} で幾つかのセルがまず点灯し，その後，徐々に点灯セルの数が増えていく。最初のセルが点灯する電圧を第一セル点灯電圧 (V_{f1})，全セルが点灯する電圧を最終セル点灯電圧 (V_{fn}) とそれぞれ定義している。この電圧差は，多数あるセル群の放電開始電圧のバラツキの程度を表している。次に全面点灯の状態から電圧を徐々に下げていく。この時，V_{f1} 以下の電圧値においても，壁電荷のためにパネルは全面点灯の状態を維持する。さらに電圧を下げ続けていくと，電圧値 V_{smn} で数セルの放電が停止し，最終的に電圧値 V_{sm1} で全セルの放電が停止する。一般に電圧値 V_{f1} と V_{smn} の差は静特性マージンと呼ばれている。PDP駆動は，このマージン内に電圧値を設定するため，マージン幅が広いほど点灯と非点灯の誤動作のないパネルとなる。壁電荷蓄積に起因する静特性マージンはパネルを評価する重要なパラメータである。

3.2.3 ADS（Address Display Separated）駆動方式

図 12 に現在の PDP の標準駆動方式となっている ADS 駆動方式の概念図を記す。1 秒間に約 60 枚（60 フィールド）の画像を連続表示し，動画を表現しているのだが，ADS 駆動方式においては，この 1 フィールド（約 16 msec）をさらに 8 つのサブフィールド（SF）に分割して，階調を表現している。各サブフィールドはリセット期間，アドレス期間，維持期間（表示期間）のセットで構成されている。表 2 にそれぞれの役割を示す。各期間では，それぞれの役割にあった放電が，適切な電圧波形と電極対の組合せにより駆動されている。

表 2　各駆動期間の役割

リセット期間	全セルの蓄積壁電荷をリセットするリセット放電を駆動する。
アドレス期間	点灯セルに壁電荷を蓄積させるアドレス放電を駆動する。（書き込みアドレス）
維持期間（表示期間）	選択されたセルを点灯させ，映像を表示させる維持放電を駆動する。

ADS 駆動方式では，アドレス期間で全セルの点灯，非点灯をまず選択し，その後，維持期間で全セルの表示を行う。このようにアドレス期間と維持期間を時間的に完全に分離して駆動することにより，1 フィールド内の無駄な時間が大幅に短縮された。そのため，長めのパルス幅の電圧で安定した放電（壁電荷）を確保でき，広い動作マージンでの PDP の駆動が可能となった。この駆動技術を用い 256 階調，1670 万色のフルカラー表示が実現された。

ACPDP では同じ発光量のパルス放電を高速に繰り返し，その放電回数の差異で明るさを表現している。これは人の目が，ある時間内に受けた光量の総和で明るさを認識することを利用している。1SF の放電回数を α とすると，2SF においては $\alpha \times 2^1$，3SF は $\alpha \times 2^2$……，8SF においては $\alpha \times 2^7$ 回と 2 のベキ乗倍した放電回数が各サブフィールドの維持期間に設定されており，セルの明るさは 8 つのサブフィールドの総放電回数で決定される。全セルにおいて，サブフィールド毎にアドレス期間で点灯，非点灯を選択することにより，合計 2^8（＝256）パターンの階調が放電回数の違いによって実現されている。

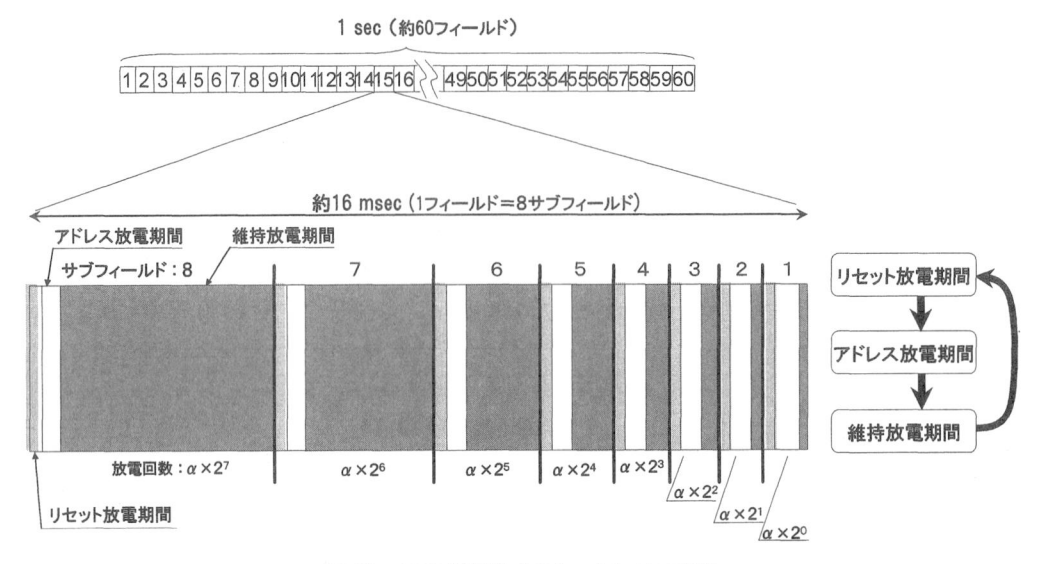

図12 ADS駆動方式のシーケンスの概略

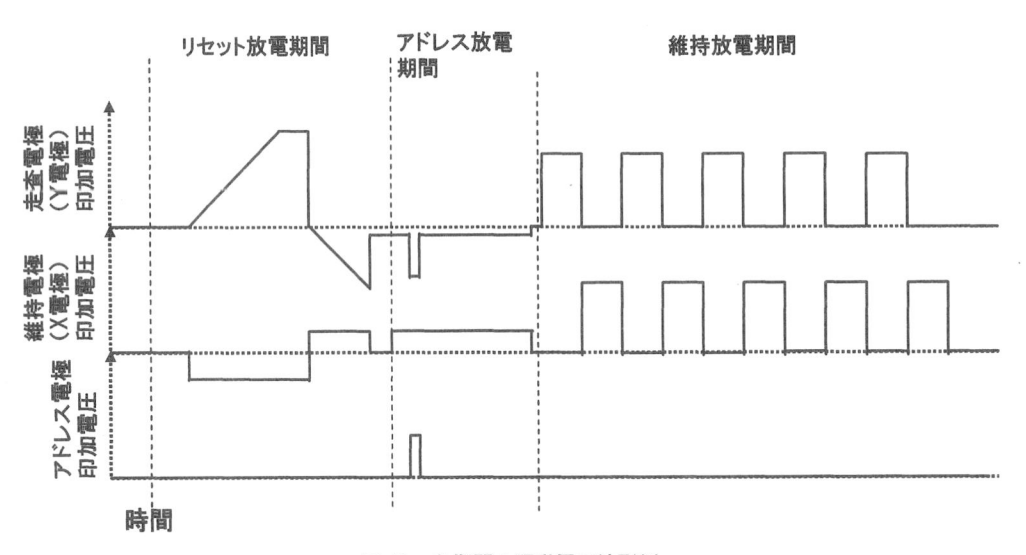

図13 各期間の駆動電圧波形例

以下に各電極に印加する駆動電圧波形の一例とその時の放電の様子を示す（図13）。

1) リセット放電（役割：全セルの壁電荷の情報をリセットする。）

図14に示すように，X電極とY電極の間で全セル同時に放電を発生させる。ここで図(b)は，図(a)の矢印の方向から見たセルの断面図となっている。この期間では，全セルの壁電荷量を揃えることにより，前のサブフィールドの情報をリセットする。パルス電圧印加後，自己の壁電荷により放電を発生させ壁電荷を消去する方法や，鈍波により微弱な放電を発生させ，全セルの壁電荷を揃える方法がある。

第1章 総　論

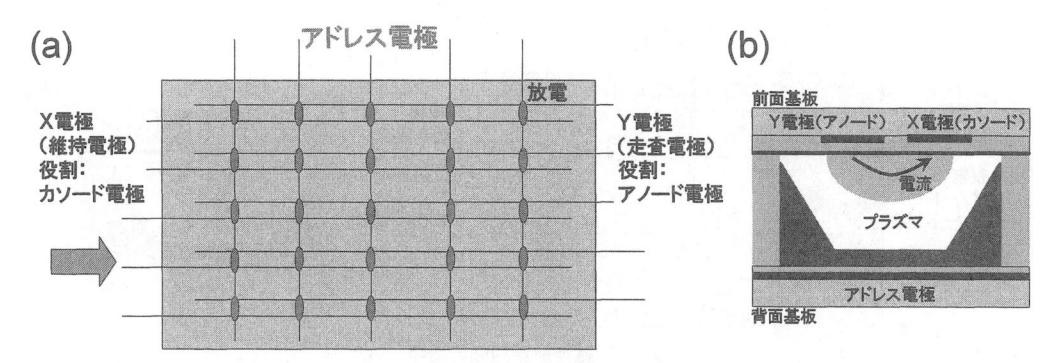

図14　リセット放電期間の概略

2) アドレス放電（役割：点灯セルを選択する。）

放電をY電極とアドレス電極間で発生させ，点灯セルに壁電荷を蓄積させる（書き込みアドレス）。図（a）に示すようにY電極1行毎に順次，電圧を印加していき，そのタイミングに合わせ点灯させたいセルのアドレス電極に選択的に電圧を印加する。Y電極とアドレス電極は空間的に交差しており，二つの電極に同時に電圧が印加された時のみ放電が発生するような電圧値をそれぞれに設定する（図13参照）。Y電極全ラインに順次電圧を印加していき，全セルに点灯，非点灯の情報（壁電荷の有無）を書き込む（図15）。

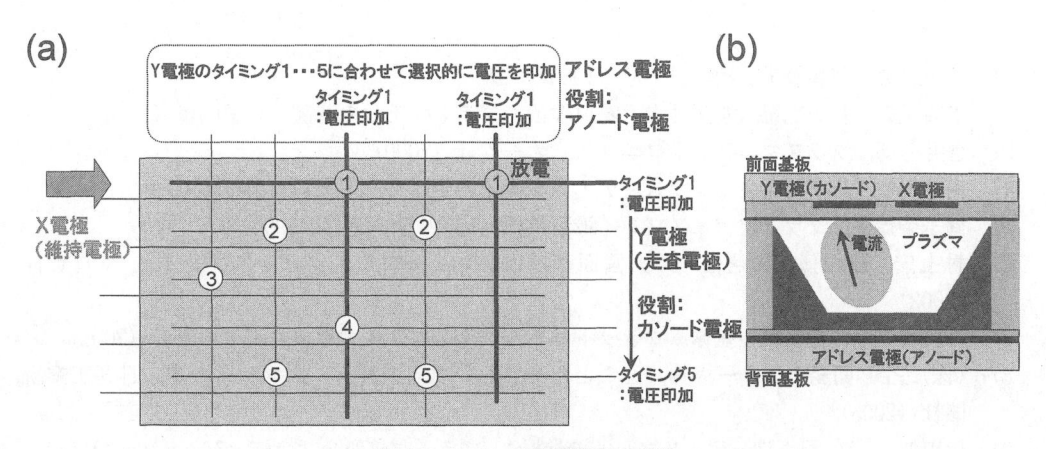

図15　アドレス放電期間の概略

3) 維持放電（役割：選択セルを点灯させ，画像表示する。）

X電極とY電極間で放電を発生させる。図10に示したように放電開始電圧のマージン内に電圧値を設定し，あらかじめアドレス期間で壁電荷を蓄積させたセルのみで放電を発生させる。また，X電極とY電極に交互に矩形電圧を印加することで放電回数を制御し，階調表現を行う。

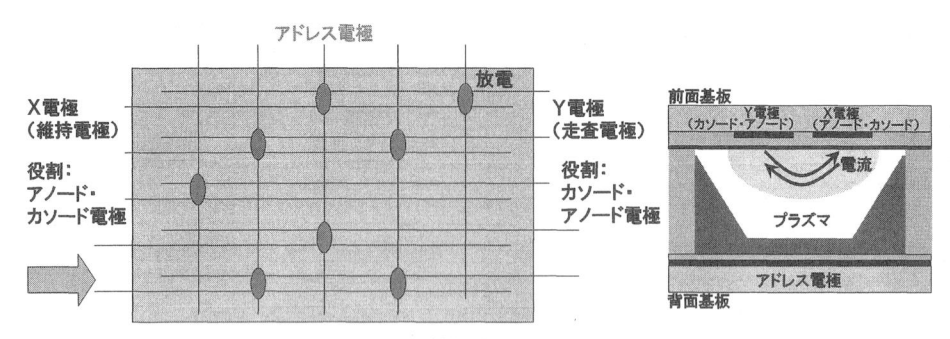

図16 維持放電期間の概略

一般にプラズマ生成電極（特にカソード電極）はイオン粒子によるスパッタにより大きくダメージを受ける。3電極面放電パネル構造では，スパッタに弱い蛍光体面での放電を壁電荷蓄積時（アドレス放電時）のみに制限し，回数を極力少なくしている。圧倒的に放電回数が多い維持放電は，イオンパッタに強い MgO 被膜電極間で発生させている（図16）。

文　　献

1) 八田吉典，気体放電，近代科学社（1960）
2) 赤崎正則，村岡克紀，渡辺征夫，蛯原健治，プラズマ工学の基礎，産業図書（1984）
3) 菅井秀郎，プラズマエレクトロニクス，オーム社（2000）
4) 内池平樹，御子柴茂生，プラズマディスプレイのすべて，工業調査会（1997）
5) 御子柴茂生，プラズマディスプレイ最新技術，ED リサーチ社（1996）
6) 村上宏，篠田傳，和邇浩一，大画面壁掛けテレビ −プラズマディスプレイ−，コロナ社（2002）
7) 内田龍男，内池平樹 監修，フラットパネルディスプレイ大事典，工業調査会（2001）
8) （株）PDP 開発センター 編，とことんやさしいプラズマディスプレイの本，日刊工業新聞社（2006）
9) 篠田傳，「AC 型カラーディスプレイの進展」，プラズマ核融合学会誌，**74**，p.109（1998）
10) 鈴木敬三，「交流（AC）型プラズマディスプレイの放電特性と技術開発」，J. Plasma Fusion Res., **79**, 326（2003）
11) 篠田傳，「カラープラズマディスプレイ」，応用物理，**68**，p.275（1999）
12) 篠田傳，吉川和生，金沢義一，鈴木正人，「AC 型 PDP の高階調化の基礎検討」，テレビ学技法 EID91-97，p.13（1992）
13) T. Shinoda and A. Niinuma, "Logically addressable surface discharge ac plasma display panels with a new write electrode", SID84 Digest, 172（1984）

第1章　総　　論

14) T. Shinoda *et al.*, "Development panel structure for a high-resolution 21-in-diagonal full-color surface-discharge plasma display panel", *IEEE Trans. on Electron Devices,* **47**, 177 (2000)
15) 布村恵史,「カラーPDP-概要と最新動向-」, IDW '05 チュートリアルテキスト, SID 日本支部 (2005)
16) 志賀智一,「放電発光原理からテレビ表示まで」, 第1回 SID 日本支部サマーセミナーテキスト, SID 日本支部 (2005)
17) 秋山利幸,「カラーPDP の概要と最新動向」, IDW '06 チュートリアルテキスト, SID 日本支部 (2006)
18) 御子柴茂生,「PDP の駆動と原理」, 第2回 SID 日本支部サマーセミナーテキスト, SID 日本支部 (2006)

4　3電極 PDP の駆動技術

内田儀一郎*

4.1　AC 型 3 電極面放電 PDP の概要

　PDP 構造には大別して対向放電型と面放電型があり，また放電駆動方式として，直流（DC）駆動と交流（AC）駆動の二つの駆動方式がある[1〜5]。古くからさまざまグループで研究が進められてきたが，1984 年，篠田氏らにより提案された AC 型 3 電極型面放電を用いた PDP が，現在，広く実用化されている[6]。図 1 にこの放電形式の標準的なパネル構造を示す。画像表示を行うメインの放電は，前面板の同一平面に形成された一対の表示電極で形成される。そのため背面板に塗布された蛍光体へのイオンスパッタの影響は大きく低減され，パネルの長寿命化が実現した。また，背面板に新たにアドレス電極を設け（3 電極構造），ドットの発光，非発光の選択をアドレス-Y 電極間の対向放電で制御している。このような第三の電極を背面板側に設置することで，表示電極を同一面に平行に配置することが可能となり，電界集中による誘電体や電極の破損等の問題が大きく回避された[4, 7]。また，蛍光体を背面板に塗布する反射型構造を採用し，パネルの高輝度化を実現している。

　3 電極面放電 PDP の駆動方式として，アドレス・表示期間分離型サブフィールド法（ADS 駆動方式）が新たに提案された[8]。ADS 駆動方式では，アドレス電極を用いたアドレス放電期間で全セルの点灯，非点灯をまず選択し，その後，表示電極を用いた維持放電期間で全セルの表示を行う。このようにアドレス期間と維持期間を時間的に完全に分離して駆動することにより，1 フィールド内の無駄な時間が大幅に短縮された。そのため，長めのパルス幅の電圧で安定した放電（壁電荷）を確保でき，広い動作マージンでの PDP の駆動が可能となった。この新たなパネル構造と駆動技術を用い 256 階調，1670 万色のフルカラー表示が実現された。

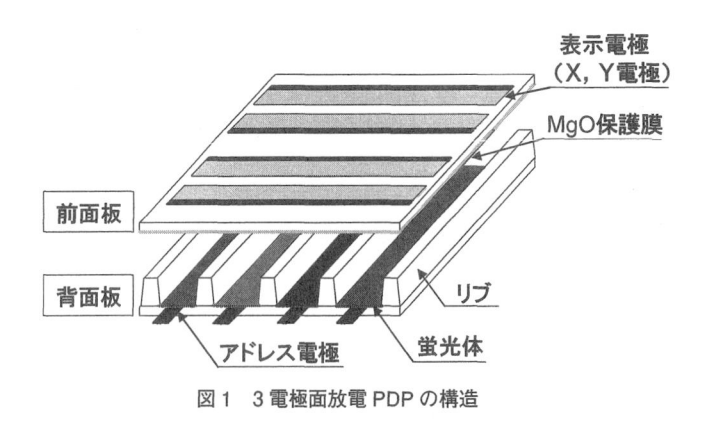

図 1　3 電極面放電 PDP の構造

---

*　Giichiro Uchida　広島大学　大学院先端物質科学研究科　寄附講座助教

第 1 章 総　　論

4.2　AC 型 PDP 動作解析の基礎
4.2.1　2 電極放電のモデル化と壁電圧伝達曲線による解析[9〜12]

　AC 型 PDP は，図 2 に示すように，誘電体で覆われた一対の導体（金属電極）間に電圧 V_A を外部から印加して，放電を発生させている。しかしながら実際の放電空間には，誘電体表面の壁電荷量 σ により大きく変化したギャップ間電圧 V_{gap} が印加されており，この V_{gap} が放電開始電圧（放電しきい値）に達した時，初めて放電が発生する。このためギャップ間電圧 V_{gap} は極めて重要な値である。ここでは，ギャップ間電圧 V_{gap} と壁電荷量 σ，並びに外部印加電圧 V_A との関係を明らかにする。

　図 2 の E_1, E_3 は誘電体中の電界強度，E_2 はギャップ間の空間電界強度を表し，また，ε_0 と ε_1 は，真空中の誘電率と誘電体の誘電率をそれぞれ表している。誘電体に面密度 $+\sigma$，$-\sigma$ の真電荷がある場合，電界の境界条件は以下のように表される。

$$\varepsilon_0 E_2 - \varepsilon_1 E_3 = +\sigma$$
$$\varepsilon_1 E_1 - \varepsilon_0 E_2 = -\sigma \qquad\qquad 式（1）$$

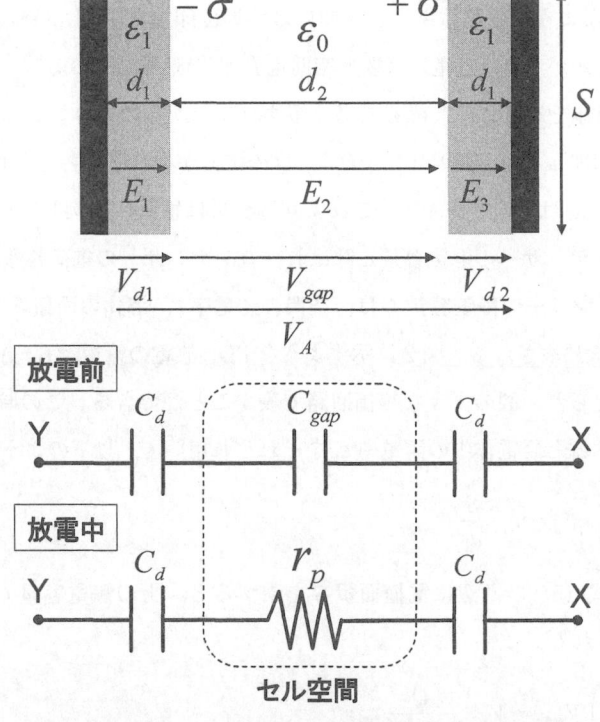

図 2　簡略化した AC 型 PDP の電極構造とその等価回路

また電界強度はギャップ間電圧 V_{gap} と誘電体中で降下する電圧 V_{d1}, V_{d2} を用いて，それぞれ以下のように表される。

$$E_1 = \frac{V_{d1}}{d_1}, \quad E_2 = \frac{V_{\text{gap}}}{d_2}, \quad E_3 = \frac{V_{d2}}{d_1} \qquad \text{式 (2)}$$

ここで，d_1, d_2 はギャップ間の距離と誘電体の厚さをそれぞれ表している。式（1）に式（2）の電界式をそれぞれ代入して和をとると，式（3）のようにギャップ間電圧 V_{gap} と壁電荷 σ の関係式が得られる。

$$2\varepsilon_0 \frac{V_{\text{gap}}}{d_2} = \varepsilon_1 \frac{V_{d1}+V_{d2}}{d_1} + 2\sigma \qquad \text{式 (3)}$$

さらに式（4）の電圧に関する関係式を用いると，ギャップ間電圧 V_{gap} は外部印加電圧 V_A と壁電荷量 σ を用いて式（5）のように表される。

$$V_A = V_{\text{gap}} + V_{d1} + V_{d2} \qquad \text{式 (4)}$$

$$V_{\text{gap}} = \left(\frac{1}{2\frac{\varepsilon_0}{d_2}+\frac{\varepsilon_1}{d_1}}\right)\left(\frac{\varepsilon_1}{d_1}V_A + 2\sigma\right) \qquad \text{式 (5)}$$

式（5）から明らかなように誘電体ギャップ間には，外部印加電圧 V_A に壁電荷 σ が重畳されたギャップ間電圧 V_{gap} がかかり，放電に必要な空間電界 E_2 を形成している。

一般に，2つの導体を対置して電荷 Q を蓄えるようにしたものをコンデンサーと呼んでいる。電極間に電圧 V を印加した時，両導体に $+Q$, $-Q$ の電荷がそれぞれ蓄えられるとすると，その蓄積電荷量 Q の大きさは CV と表され，これより電荷量は電圧に比例して増大していく。この比例定数 C は，コンデンサーの静電容量と呼ばれ，コンデンサーの電荷蓄積能力を表している。平行平板型のコンデンサーの静電容量 C は，空間の誘電率 ε，導体の面積 S，導体間の距離 d を用いて，$\varepsilon S/d$ と一般に表される。図2に示すようなPDP放電の電極対も，平行平板コンデンサーの直列接続と考えられ，図のような等価回路で表すことができる。この時，PDPセルの静電容量は真空の誘電率 ε_0 と誘電体中の誘電率 ε_1 をそれぞれ用いて，以下のように表される。

$$C_{\text{gap}} = \varepsilon_0 \frac{S}{d_2}, \quad C_d = \varepsilon_1 \frac{S}{d_1} \qquad \text{式 (6)}$$

先ほど導出した式（5）の両辺に電極面積 S を乗ずると，上の静電容量 C_{gap}, C_d を用いて式（7）のように変形される。

$$\left(\frac{C_d/2 + C_{\text{gap}}}{C_{\text{gap}}/2}\right) V_{\text{gap}} = V_A + \frac{Q}{C_d/2} \qquad \text{式 (7)}$$

第1章 総　論

ここで Q は $S\sigma$ であり，誘電体表面に帯電している全壁電荷量を表している。式（7）の静電容量 C_d, C_{gap} はパネル構造で一意的に決まる定数である。そこで式を簡略化するために，ギャップ間電圧 V_{gap} に比例する電圧としてセル電圧 V_c を，また壁電荷 Q に比例する電圧として壁電圧 V_W を，静電容量 C を含んだ形で新たに以下のように定義する。

$$V_c = \frac{C_d/2 + C_{\text{gap}}}{C_d/2} V_{\text{gap}}, \quad V_W = \frac{Q}{C_d/2} \qquad 式（8）$$

この結果，式（9）に示すように，ギャップ間に関するセル電圧 V_C は，外部印加電圧 V_A と壁電圧 V_W の単純な和で表される。一般に放電が発生すると，電極間はプラズマ荷電粒子により電気的に短絡される。そのため PDP 放電の等価回路は，図2のように，誘電体間を抵抗で短絡した回路へと変化する。このように放電前後で大きく変化する PDP セルの複雑な電圧状態は，簡略化されたセル電圧 V_C と壁電圧 V_W を用いることで，比較的容易に解析が可能となっている。

$$V_C = V_A + V_W \qquad 式（9）$$

　　V_C（セル電圧）：ギャップ間電圧 V_{gap} に比例する電圧
　　V_A（外部加電圧）：外部から PDP セルに印加する電圧
　　V_W（壁電圧）：壁電荷蓄積量 Q に比例する電圧

図3に印加電圧 V_A に対するセル電圧 V_C と壁電圧 V_W の変化の様子を示す。ここで放電前の壁電荷量を0と仮定しているため（壁電圧 $V_W = 0$），初期のセル電圧 V_C は印加電圧 V_A と等しくなっている。放電が発生すると図のように正の電圧が印加された X 電極側に電子が，また Y 電極側に正イオンが，セル電圧 V_C を打ち消すように移動していく。その結果，図3の点線で示すように壁電圧 V_W は，印加電圧 V_A と反対の極性の方向に変化していく。そのため放電後のセル電圧 V_C は，壁電圧の減少分だけ低下し，放電維持電圧を下回り放電は自然消滅する。このように AC 型 PDP 放電は誘電体への電荷蓄積のためパルス的な放電となる。

放電直前のセル電圧 V_{C1}（図3①）を X 軸に，放電前後での壁電荷の変化量 ΔV_{W1}（図3②）を Y 軸にプロットしたグラフを図4に示す。ここで壁電荷変化量 ΔV_{W1} は符号を反転してプロットしている。グラフより壁電荷の変化量 ΔV_{W1} は印加電圧に正比例（傾き1）して増大していく。また，壁電荷の変化量は放電の大きさにほぼ比例しており，この曲線は，放電空間に印加されるセル電圧と，その結果発生する放電の大きさとの関係を同時に表している。このような曲線を壁電圧伝達曲線と呼んでいる。

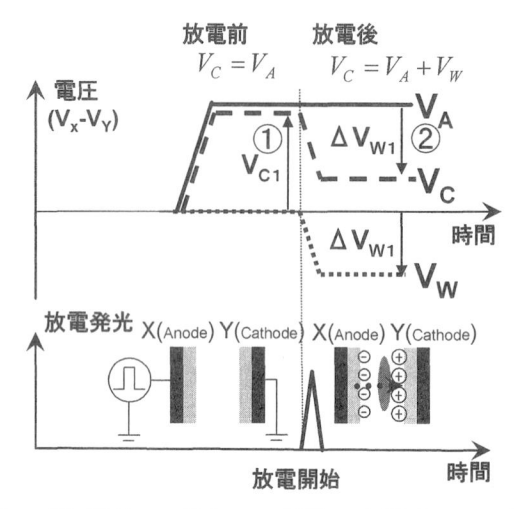

図3 印加電圧 V_A に対するセル電圧 V_C と壁電圧 V_W の変化

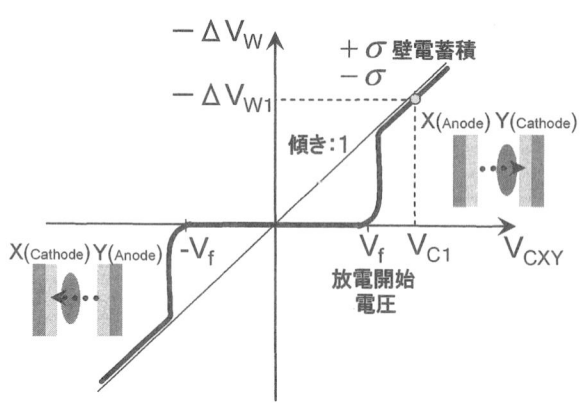

図4 壁電圧伝達曲線

4.2.2 鈍波を用いた放電（壁電圧）の制御 [13, 14]

印加電圧 V_A の電圧立ち上がり時間による壁電荷の制御技術が報告されている。図5 (a) は，電圧の立ち上がりが急峻な場合で，放電は電圧立ち上がり後に発生している。一方，図5 (b) は，立ち上がりが十分に緩やかな場合で，放電は電圧立ち上がりの途中で発生している。図5 (a) の場合，放電発生と共に，壁電荷蓄積のため壁電圧 V_W は急激に減少し，それに伴いセル電圧 V_C も大幅に低減する。そのため放電を維持するための空間電界が急激に低下し，放電は瞬時に消滅する（パルス放電）。図 (b) の円内に示すように，電圧立ち上がり時の放電においても放電は壁電荷蓄積のため瞬時に消滅する（③）。しかしながら，それと同じ時間スケールで印加電圧 V_A が増大し続けるため（④），セル電圧は再び放電開始電圧 V_f を超え，放電が

第1章 総　論

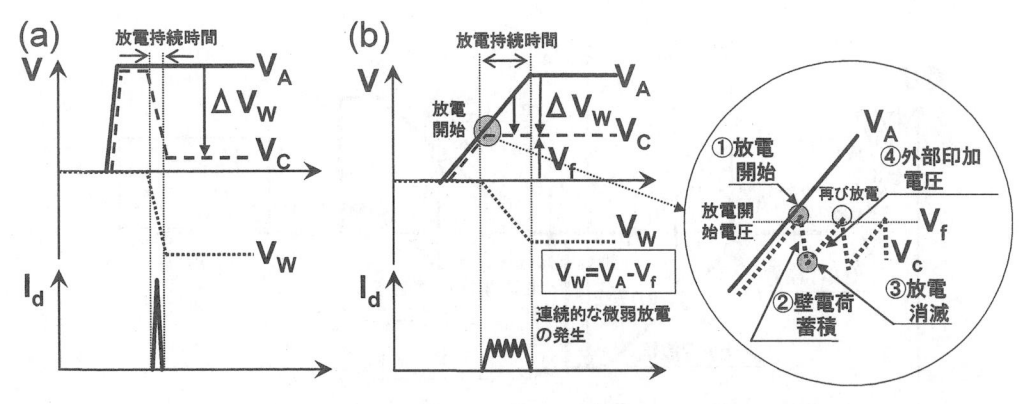

図5　鈍波を用いた微弱放電の発生による壁電圧（セル電圧）の制御

再度発生する。このように放電の発生と消滅を繰り返しながら進展していく。この過程で、放電ごとに印加電圧 V_A の増加分に対応した壁電荷が誘電体に逐一蓄積され、その結果、図（b）の破線で示したセル電圧 V_C は、常に放電しきい値 V_f 周辺に保たれる。このように放電しきい値 V_f 近傍で連続的に微弱放電を発生させ、壁電圧 V_W を外部印加電圧 V_A により自由に設定することができる。

図6に示すように壁電圧 V_W の符号を反転させた関数 $-V_W$ を外部印加電圧 V_A に併せてプロットすると、視覚的にセル電圧 V_C を把握することができ大変便利である。点線で示した $-V_W$ から実線 V_A に向かう矢印（電圧差）がセル電圧 V_{CXY} の大きさとなる。ここでは、異なる壁電圧 V_{W1}, V_{W2} をそれぞれ持つセル1とセル2を仮定し、鈍波を用いた壁電圧のリセット方法について解説する。図6に壁電圧の時間変化の様子を示す。負の傾きを持つ鈍波 V_A を印加すると、より大きく負に帯電したセル1で、最初に微弱放電が発生する（時刻 t_1）。これ以後、セル1の壁電圧は連続的な微弱放電による壁電荷蓄積のため、外部印加電圧と同じ傾きで変化していく。続いて時刻 t_2 でセル2でも微弱放電が発生し、セル1と同様に、壁電圧は外部電圧と同じ傾きで変化し始める。このように、図の矢印で示したセル電圧の大きさが、放電しきい値 $|V_f|$ に到達した時、おのおののセルで微弱放電が発生し、その後、壁電圧 V_W は、外部印加電圧 V_A と同じ傾きで変化していく。このような微弱放電による壁電荷蓄積の特性を利用し、それぞれの壁電圧 V_{W1}, V_{W2} を、最終的に $V_{A1}-V_f$ の同一値に揃えることができる。ここで V_{A1} は鈍波の最終到達電位を表している。また、この時のセル電圧の変化の様子を図7に示す。それぞれのセル電圧は、鈍波印加後（t_5）、放電しきい値 V_f 近傍に設定される。

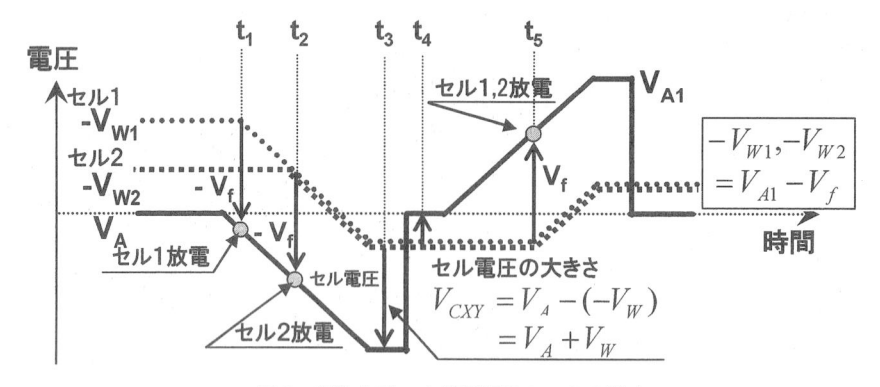

図6　鈍波を用いた壁電圧リセットの概略

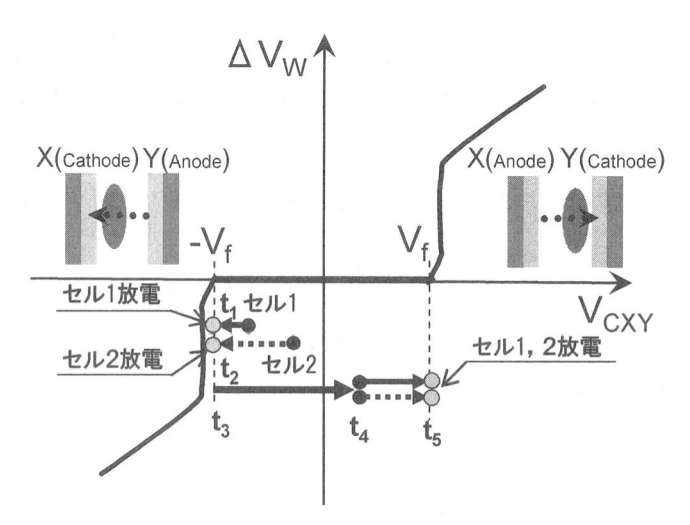

図7　鈍波印加時のセル電圧の変化

　鈍波を利用することで，図8に示すような異なる放電開始電圧 V_{f1}, V_{f2} を持つセル1とセル2の放電の大きさを揃えることもできる。図9に示すような鈍波 V_A を印加すると，おのおののセル電圧は，前項で示したように，それぞれの放電しきい値 V_{f1}, V_{f2} 近傍へと移動する（図8②③参照）。この状態で同じ極性のパルス電圧 V_S を印加すると，各セルには放電しきい値に等しいセル電圧 V_{f1}, V_{f2} を基準にして V_S が重畳されるため，図8に示すような同じ強度の放電が発生する。このように鈍波を用い，各セルの放電のバラツキを補正することができる。

第1章 総　論

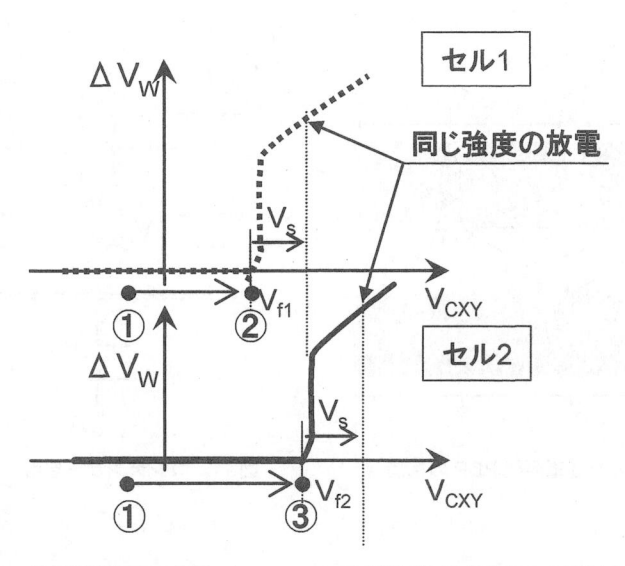

図8　放電開始電圧の異なるセル1，2の壁電圧伝達曲線とセル電圧の変化

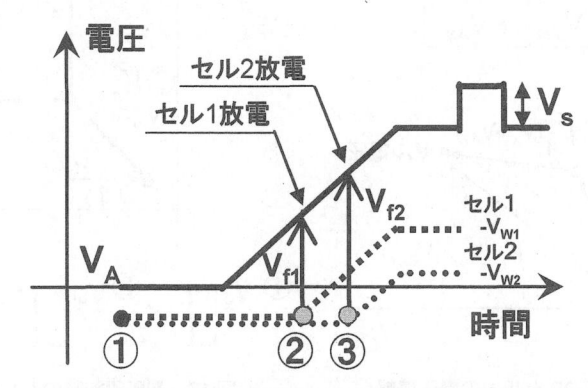

図9　鈍波印加による壁電圧の変化

4.3　AC型3電極面放電PDPの動作解析

4.3.1　3電極放電のモデル化と V_t 閉曲線による解析 [15〜19]

　現在，広く実用化されている3電極型面放電の電極構造の簡略図を図10に示す。各電極間の情報は2電極と同様に，電極間距離 d，電極面積 S，誘電率 ε，壁電荷量 σ で表されるため，図11に示すように，コンデンサーを用いた等価回路でモデル化することができる。3電極構造の場合，Y電極を基準として，Y電極とX電極間のセル電圧 V_{CXY} とY電極とアドレス電極間のセル電圧 V_{CAY} の二つのセル電圧が定義できるが，それぞれのセル電圧は2電極構造と同様に，壁電圧と外部印加電圧の和で表わされる。図12に示すように，X軸にX-Y電極間に関する電圧値を，またY軸にアドレス-Y電極間の電圧値をプロットすると，3電極間に関する6つの電圧値

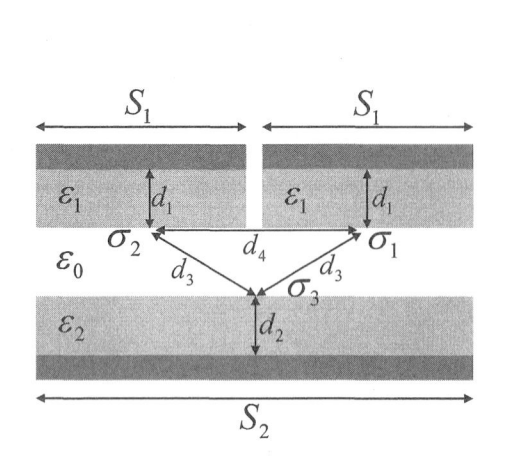

図10　簡略化した3電極型PDPの構造

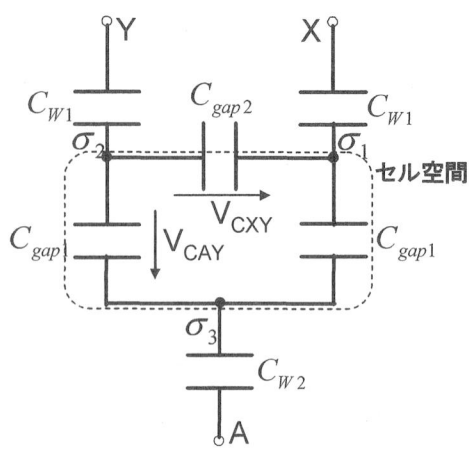

図11　コンデンサーを用いた等価回路

$V_{CXY} = V_{WXY} + V_{XY}$
$V_{CAY} = V_{WAY} + V_{AY}$

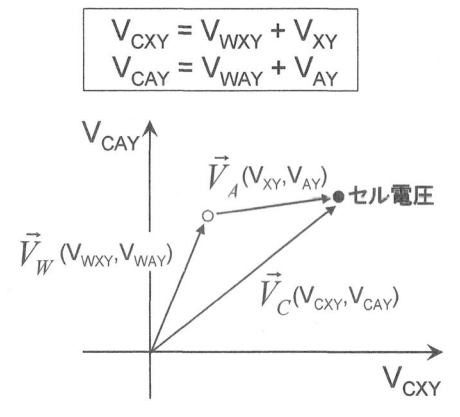

図12　3電極PDPセル内の電圧情報

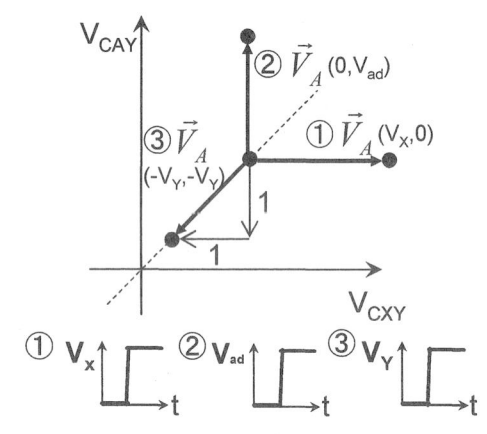

図13　電圧印加時のセル電圧の変化

は，外部印加電圧ベクトル V_A (V_{XY}, V_{AY})，壁電圧ベクトル V_W (V_{WXY}, V_{XAY})，セル電圧ベクトル V_C (V_{CXY}, V_{CAY}) の3つのベクトルを用いて，二次元的に表される。図13に外部印加電圧をそれぞれの電極に印加した時のセル電圧の変化の様子を示す。基準電極であるY電極に電圧を印加した時（③），セル電圧は傾き1でグラフ上を変化する。

3電極PDPセルの様々な放電の様子は，セル電圧ベクトル V_C の大きさと方向によって一意的に表される。セル電圧ベクトルの大きさが放電しきい値以上になると放電が開始し，壁電圧が急激に変化するのだが，図14に示すようにこの壁電圧変化量 ΔV_W を先ほどのグラフ（図12）のZ軸にさらにプロットする。ここで一つのセル電圧ベクトルに対し，X-Y電極間の壁電圧変化量 ΔV_{WXY} とアドレス-Y電極間の壁電圧変化量 ΔV_{WAY} がそれぞれ定義できる。この量は前項で

第1章 総　論

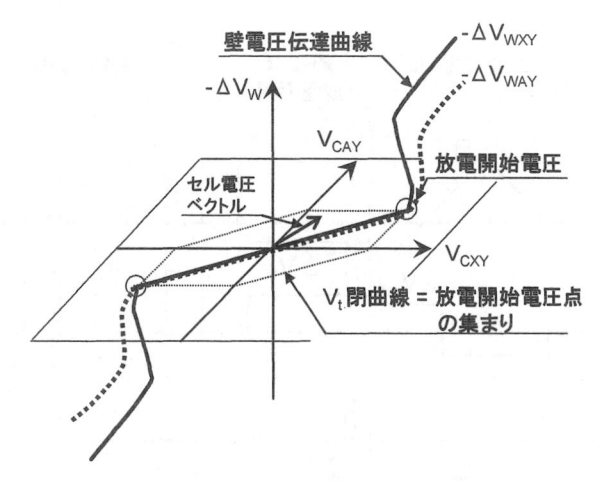

図14　壁電圧伝達関数と V_t 閉曲線

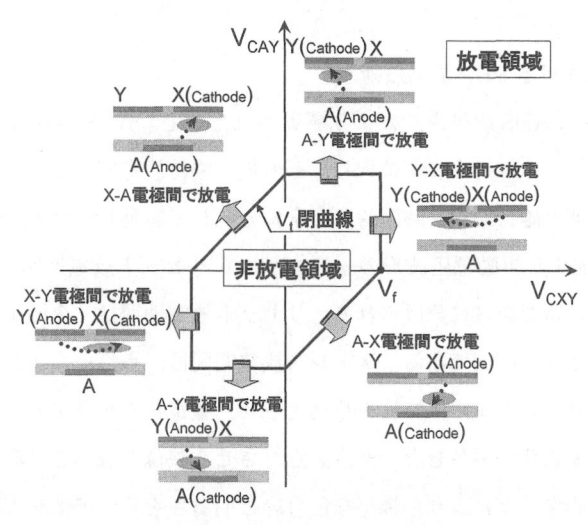

図15　V_t 閉曲線と各放電の様子

示したように放電の大きさに比例している。また，放電しきい値点を XY 平面にプロットした曲線を，V_t 閉曲線と呼んでいる。図15に示すように，この曲線の内側は非放電領域，外側は放電領域となり，この曲線からセル内で発生する全ての電極間での放電しきい値が，放電に関わらない電極の電圧の影響をも考慮し，一目で理解できる。現在，崎田氏らにより提案されたこの V_t 閉曲線は，3電極セルのデバイス評価に必要不可欠な解析手法となっている。また，V_t 閉曲線は，測定前の壁電圧量に応じてシフトして観測されるため，壁電圧の測定法としても広く利用されている。

図16 駆動電圧波形例

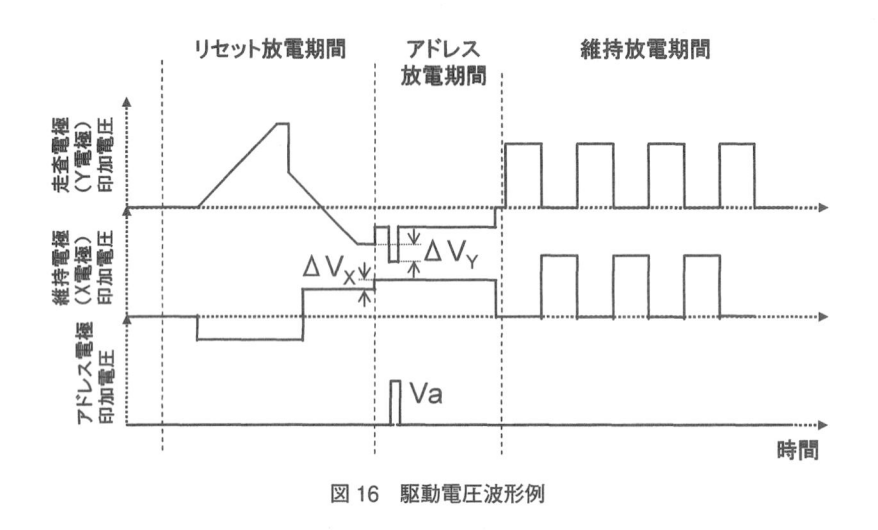

4.3.2 各駆動期間における PDP 駆動技術[20, 21]

　AC 型 3 電極 PDP は ADS 駆動方式により駆動されている。ADS 駆動方式では，アドレス放電期間で全セルの点灯，非点灯をまず選択し，その後，維持放電期間で全セルの表示を行う。このようにアドレス期間と維持期間を時間的に完全に分離して駆動している点が大きな特徴である。図 16 に各電極に印加する駆動電圧波形の一例を示す。リセット放電期間，アドレス放電期間，維持放電期間の 3 つの時間領域に分けられる。リセット放電期間は，全セルの蓄積壁電荷をリセットする放電を発生させる期間である。アドレス放電期間は，点灯セルと非点灯セルを選択する期間であり，点灯させたいセルのみで放電を発生させ，壁電荷を蓄積する。維持放電期間においては，選択された（壁電荷が蓄積した）セルを点灯させ，映像を表示させる放電を駆動する。この 3 つの期間を繰り返すことにより，様々な色合いと明るさを持つ映像を表示している。以下に各放電期間における PDP の動作例を示す。

　リセット放電期間において，前フィールドで選択された点灯セルと非点灯セルの壁電圧状態をすべてリセットし，各セルのセル電圧をおのおのの放電しきい値付近に設定する。前項で示したように，鈍波により微弱放電を連続的に発生させて壁電圧（セル電圧）を制御するのだが，3 電極構造においては，X-Y 電極間とアドレス-Y 電極間の 2 つの壁電圧 V_{WXY}，V_{WAY} を考慮する必要がある。図 17 に鈍波を印加した時の壁電圧の変化の様子を示す（図 (a) X-Y 電極間，図 (b) アドレス-Y 電極間）。ここで，セル 1 とセル 2 の放電開始電圧は同じものとする。Y 電極印加電圧を増大させていくと（V_{XY}，V_{AY} を減少させていくと），それぞれのセルの X-Y 電極間で微弱放電が発生し（図 (a) ②），最初の鈍波（鈍波 1）で X-Y 電極間の壁電圧は同じ値に揃えられる（図 (a) ③）。この放電は X-Y 電極間で発生しているため，アドレス-Y 電極間の壁

第1章 総　論

電圧の変化は非常に緩やかであり，その値は依然として異なっている（図 (b) ③）。次の鈍波（鈍波 2）を印加すると，X-Y 電極間に加えアドレス-Y 電極間でも放電が発生し（図 (b) ⑥），アドレス-Y 電極間の壁電圧も同じ値に揃えられる。この時の各セルの壁電圧は，最後の鈍波の最終到達電位により設定できる。書き込みアドレス方式（アドレス放電したセルが点灯）の場合は，維持放電期間で点灯しないようゼロ付近の壁電圧に，また消去アドレス方式（アドレス放電したセルが消灯）の場合には，維持放電期間で点灯するのに必要な壁電圧になるよう設定される。このようにして，前のフィールで設定された異なる壁電圧値は，X-Y 電極間，並びにアドレス-Y 電極間の微弱放電により全てリセットされる。

図 18 に，同様な鈍波を印加した時のセル電圧ベクトルの変化の様子を V_t 閉曲線に併せて示す。ここで，セル 1 とセル 2 の放電開始電圧は異なっているものとする（V_t 閉曲線が異なっている）。最初の鈍波で各セルのセル電圧はおのおのの X-Y 電極間の放電しきい値 $-V_{fXY}$ 近傍に揃えられる

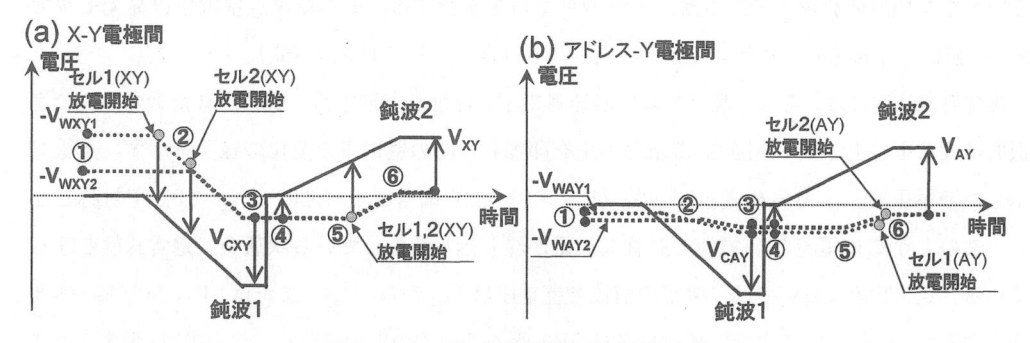

図 17　リセット放電期間の壁電圧の変化

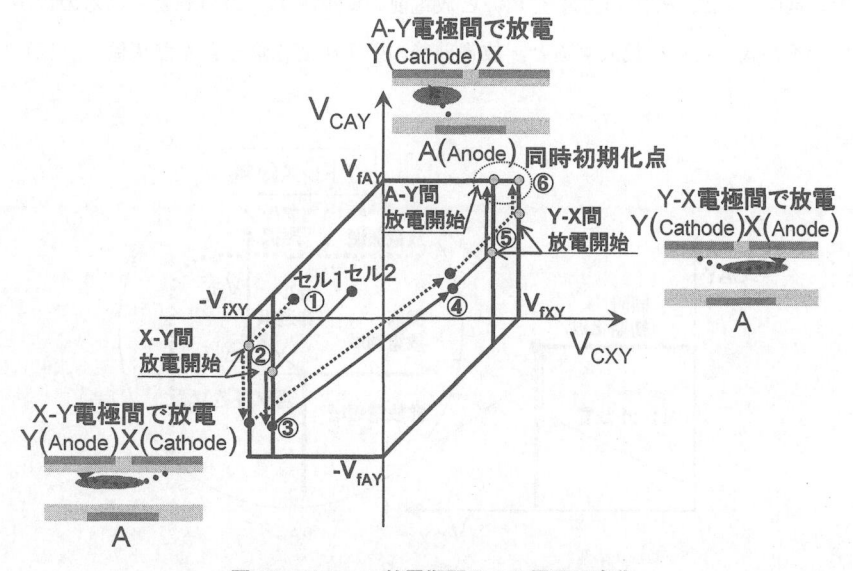

図 18　リセット放電期間のセル電圧の変化

（③）。次の鈍波では，X-Y電極間の放電に加え（⑤），アドレス電極とY電極間でも放電を発生させ（⑥），X-Y間，アドレス-Y間同時に壁電圧を変化させながら，セル電圧をそれぞれの同時初期化点に移動させる。同時初期化点に到達した時の各セルのセル電圧は，X-Y電極間およびアドレス-Y電極間の放電しきい値 V_{fXY}，V_{fAY} の少し手前（アドレス放電直前の状態）に設定される。このようにして，次に印加される矩形電圧に対し同じ大きさの放電が得られるように，セル間の放電しきい値のバラツキはリセット期間で補正される。

図16に示すようにアドレス期間においては，Y電極印加電圧をパネルの行毎にスキャンし，そのタイミングに合わせて，点灯させたいセルのアドレス電極にのみ電圧 V_a を印加し，壁電荷を蓄積させる。図19に示すように，先に示したリセット放電期間で全セルのセル電圧は同時初期化点に移動しているのだが，さらにアドレス期間で，発光セルに ΔV_X, ΔV_Y, V_a と大きな電圧を，非発光セルに ΔV_X, ΔV_Y と小さな電圧を選択的に印加する。このようにして，発光セルのみで大きな強度の放電を発生させ，大量の壁電荷を蓄積する。その結果，壁電圧は発光セルで V_{W1} の値に，非発光セルでゼロ付近に設定される（書き込みアドレス方式）。

維持放電期間においては，全セルに同じ矩形電圧を印加し，壁電荷が蓄積されたセルのみで選択的に放電を発生させる。図20に矩形電圧を印加した時の壁電圧の変化の様子を示す。点線で示した壁電圧波形はX電極電圧印加時（$V_{XY} > 0$）とY電極電圧印加時（$V_{XY} < 0$）で対称となる。このようにX電極とY電極で対称な放電が繰り返し発生している状態を，定常状態と呼んでいる。定常状態においては，放電の前後で壁電圧は V_{W1} から $-V_{W1}$，または $-V_{W1}$ から V_{W1} へと変化するため，壁電圧変化量 $|\Delta V_{W1}|$ は常に $2V_{W1}$ となる（図の円内参照）。式（10）に示すように，放電前のセル電圧 V_{C1} は，外部印加電圧 V_{XY1} と放電前の壁電圧 V_{W1} の和で表されるのだが，ここに定常状態の条件式（11）を代入すると，放電前後の壁電圧変化量を含んだ関係式（12）に変形される。

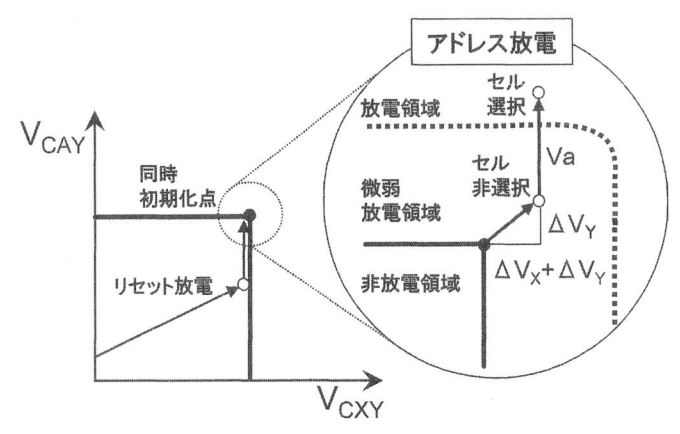

図19 アドレス放電期間のセル電圧の変化

第1章 総　論

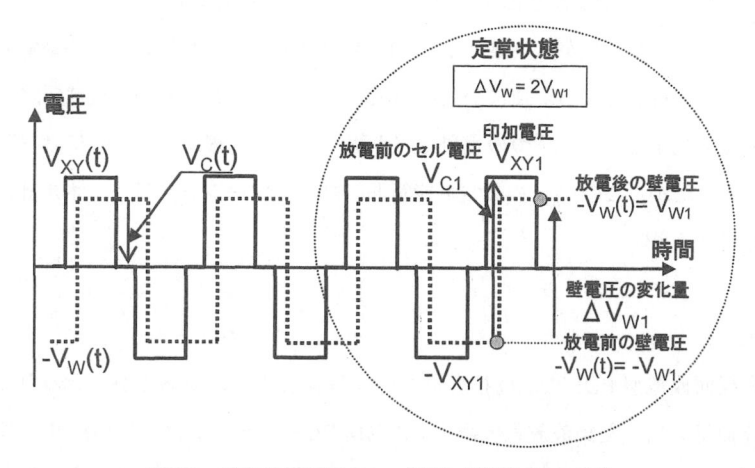

図20　維持放電期間のセル電圧（壁電圧）の変化

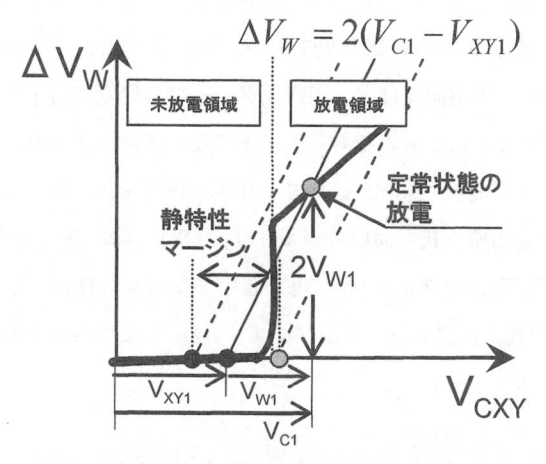

図21　定常状態を満たす放電条件と静特性マージン

$V_{C1} = V_{XY1} + V_{W1}$ 　　　　　　　　　　　　　　　　　　　　　　　式（10）

$\Delta V_{W1} = 2V_{W1}$ 　　　　　　　　　　　　　　　　　　　　　　　　　式（11）

$\Delta V_{W1} = 2(V_{C1} - V_{XY1})$ 　　　　　　　　　　　　　　　　　　　　式（12）

式（12）を実際の放電から得られる壁電圧伝達曲線に併せてプロットする（図21）。グラフの実線に示すように，式（12）は座標（V_{XY1}, 0）を通る傾き2の直線である。直線と放電領域における壁電圧伝達曲線との交点で定常状態の放電が駆動されているのだが，この直線から，放電前のセル電圧 V_{C1} の内訳が解析できる。実線においては，外部印加電圧（V_{XY1}, 0）が未放電領域に設定されており，壁電圧 V_{W1} が重畳されて初めて放電が発生している。このように外部印加電圧 V_{XY1} を未放電領域に設定することにより，アドレス期間で選択される壁電荷 V_{W1} のあり，なしで

放電と未放電の二つの状態を作り出すことができる。グラフの破線に示すように外部印加電圧 V_{XY1} を増大させていくと，やがて座標（V_{XY1}, 0）も放電領域に入り，このため壁電荷のあり，なしではセル選択が不可能となる。逆に，V_{XY1} を減少させていくと，やがて放電領域での交点がなくなり，放電は消滅する。この2つの境界線（点線）の間に直線が入るように外部印加電圧 V_{XY1} の値を設定するのだが，この V_{XY1} の設定可能範囲（静特性マージン）は，パネル評価において極めて重要な値である[11]。

4.4 おわりに

本文は3電極面放電型PDPの駆動技術について解説したものであるが，その中心となっている壁電圧伝達曲線を用いた鈍波放電の解析，3電極PDPのモデル化，3電極PDP鈍波リセット放電の解析は，富士通研究所PDPグループにより発表されたものである。同グループによる解析手法の確立により3電極PDPデバイスの定量的な動作解析が可能になったと認識している。特に崎田氏らによって提案された V_t 閉曲線を用いた解析は，現在，標準的な手法として広く認知され，利用されている。本解説文は主に同研究グループの発表資料を参考に，初心者でも容易に理解できるよう筆者がまとめたものである。正確でない箇所も多々あることかと思うが，入門書として参考程度に扱って頂き，原著を通してより深い理解を得て頂きたい。最後に，参考文献を快くご紹介下さった崎田康一氏（同研究グループ，（現）（株）日立製作所），難解な箇所をご説明頂いた粟本健司氏（同研究グループ，（現）篠田プラズマ（株）），また，執筆の機会を与えて下さった篠田傳氏（（現）広島大学，篠田プラズマ（株））にこの場をかり深く感謝致します。

文　　献

1) 御子柴茂生，プラズマディスプレイ最新技術，EDリサーチ社（1996）
2) 内池平樹，御子柴茂生，プラズマディスプレイのすべて，工業調査会（1997）
3) 内田龍男，内池平樹 監修，フラットパネルディスプレイ大事典，工業調査会（2001）
4) 村上宏，篠田傳，和邇浩一，大画面壁掛けテレビ-プラズマディスプレイ-，コロナ社（2002）
5) （株）PDP開発センター 編，とことんやさしいプラズマディスプレイの本，日刊工業新聞社（2006）
6) T. Shinoda and A. Niinuma, "Logically Addressable Surface Discharge AC Plasma Display Panels with a New Write Electrode", SID84 DIGEST, 172 (1984)
7) 篠田傳,「面放電型カラープラズマディスプレイの実用化研究」，博士学位論文，東北大学

第1章 総　論

(2000)

8) 篠田傳，吉川和生，金沢義一，鈴木正人，「AC型PDPの高階調化の基礎検討」，テレビ学技法 EID91-97, p.13 (1992)

9) 後藤憲一，山崎修一郎，詳解　電磁気学演習，共立出版 (1970)

10) Roger L. Johnson, Donald L. Bitzer, and Gene Slottow, "The Device Characteristics of the Plasma Display Element", *IEEE Transactions on Electron Devices*, vol. ED-18, No. 9, 642 (1971)

11) Larry Francis Weber, "Discharge Dynamics of the AC Plasma Display Panel", thesis, University of Illinois (1975)

12) 崎田康一，橋本康宣，「壁電圧伝達曲線を用いたAC型PDPの特性評価」，FUJITSU, **49**, 3, p.203 (1998)

13) 橋本, 特開平11-352924（特願平10-157107）

14) K. Sakita, K. Takayama, K. Awamoto, and Y. Hashimoto, "Analysis of a weak Discharge of Ramp-Wave Driving to Control Wall Voltage and Luminance in AC-PDPs", SID00 DIGEST, 110 (2000)

15) 崎田康一, "New Model for Driving Waveform Analysis in Three-electrode Surface-discharge AC-PDPs (1) -Model and Wall Voltage Measurement", 電子情報通信学会春大会（草津）C-9-4, 2001年3月

16) K. Sakita, K. Takayama, K. Awamoto, and Y. Hashimoto, "High-speed Address Driving Waveform Analysis Using Wall Voltage Transfer Function for Three Terminals and Vt Close Curve in Three-Electrode Surface-Discharge AC-PDPs", SID01 DIGEST, 1022 (2001)

17) 崎田康一，「やさしいPDP動作状態の新解析法（微小しきい値閉曲線［V_t閉曲線］を利用して）」，第3回PDP夏の学校（静岡富士フォーラム）発表資料, 2001年

18) 崎田康一，「PDP駆動技術」，第2回次世代ディスプレイシンポジウム（東京大学）発表資料，2005年

19) 崎田康一，「V_t閉曲線を使ったPDPの駆動技術」，第3回PDPフォーラム（東京大学）発表資料，2006年

20) K. Sakita, K. Takayama, K. Awamoto, and Y. Hashimoto, "Analysis of Cell Operation at Address Period Using Wall Voltage Transfer Function in Three-electrode Surface-Discharge AC-PDPs", IDW '01, 841 (2001)

21) K. Sakita, K. Takayama, K. Awamoto, and Y. Hashimoto, "Ramp Setup Design Technique in Three-electrode Surface-discharge AC-PDPs", SID02 DIGEST, 948 (2002)

第2章　PDP用部材・材料とPDP作製プロセス

1　PDP作製プロセス

打土井正孝*

1.1　はじめに—パネル作製プロセスの概要

　PDPのパネルは2枚のガラス基板（一般建材用のソーダライムガラスに近い組成のアルカリガラスで熱変形温度を高めた，高歪点ガラス）を重ねた間の空間に，低融点ガラスなどを用いてリブや誘電体，各種配線などの構造を形成し，周囲をシールガラスで気密に貼り合わせ，放電ガス（XeとNeやHeの混合ガスが一般的）を封入している。完成後は，図1に示すように，引き出し配線用の端子がふちに付いたガラス板の形態となる。液晶パネルと似た形態ではあるが，作製プロセスには大きな違いがある。液晶パネルの作製プロセスで，CDVやスパッタ成膜と言う半導体プロセスが繰り返し用いられるのに対して，ガラスペースト（粉体ガラス，バインダー樹脂，有機溶剤を混練した混合物，リブなどではセラミック粒子を骨材として混ぜることや，配線材料として銀などの金属粒子を主成分とした導電材料ペーストもある。焼成により焼結され構造材となる。）の印刷，焼成という焼き物プロセスが繰り返し用いられる点で大きく異なっている。液晶では半導体工業と同様に，シランガスのCVDや金属の薄膜スパッタによる成膜プロセスが重要なのに対して，ガラスや金属の焼成，焼結が重要なプロセスとなる。環境的には，シランガスなど扱いの難しいプロセスを使わない代わりに，ガラスの焼成，焼結という500度を越える，高温処理が多用され，熱エネルギーの使用量が多いと言う面がある。

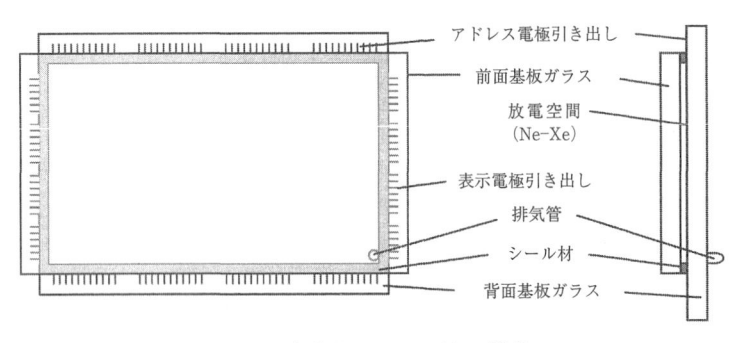

図1　一般的なPDPのパネル構造

*　Masataka Uchidoi　パイオニア（株）　PDPパネル開発統括部

第2章 PDP用部材・材料とPDP作製プロセス

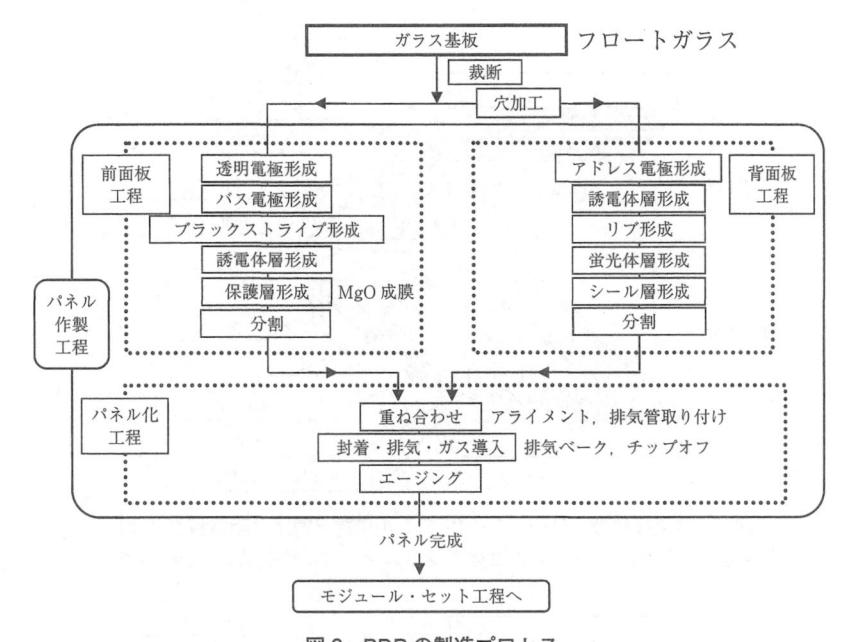

図2 PDPの製造プロセス
パネル作製工程では，前面板，背面板を別々に作り，最後に一体化してパネルができる。

プロセスの精細度と言う面では，液晶ではTFTの性能確保のため半導体レベルの高精度が要求されるのに比べ，サブピクセル（画素の構成要素でRGB3色の発光単位。PDPでは放電セルにあたる。）の形状精度が出せればよく，1桁から2桁精度要求が低い。

PDPのパネル製作プロセスは，図2に示すように，前面板工程，背面板工程，パネル化工程の3つに分けられる。前面板工程では，透明電極，バス電極，ブラックストライプ，誘電体層，保護層（MgO）が作られ，背面板工程では，アドレス電極，背面誘電体層，リブ，蛍光体層，貼り合わせのためのシール層が作られる。前面板と背面板は別々に製作し，パネル化工程では，位置合わせし貼り合わされる。貼り合わされたパネルは，内部を真空排気した後，放電ガスを排気管から導入，排気管を封止して作製される。排気管封止後にはパネル全体を放電させるエージングが行われ放電特性を安定化させパネル完成となる。

PDPは，性能向上とともに図3，図4に示すようにパネル内部のセル構造を大きく変化させ，今後も新たな構造の登場が考えられる。また材料，プロセスの進歩も早く，工程全体の流れは同様だが，個々の加工に用いられる材料，プロセスは，パネルメーカーで異なることが多く，確定したものにはなっていない。

以下に，各工程を製品の流れに沿って説明するとともに，焼成を例として，プロセスにおける課題を述べる。

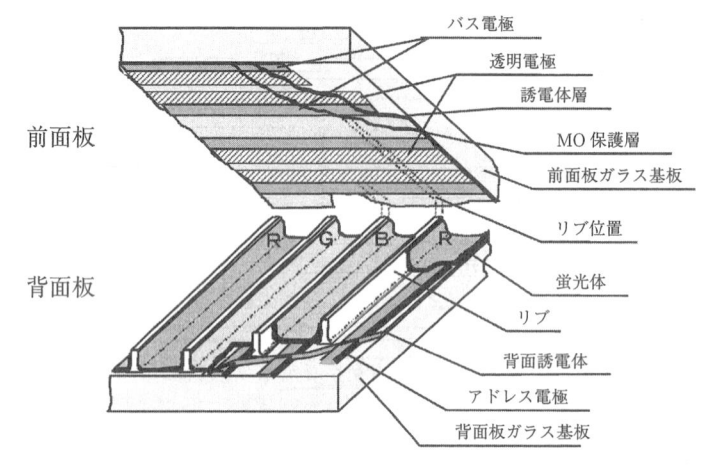

図3 開発当初の一般的 AC PDP のセル構造（連続透明電極タイプ）
電極やリブが連続で，重ね合わせのアライメントが不要な構造。作りやすい。

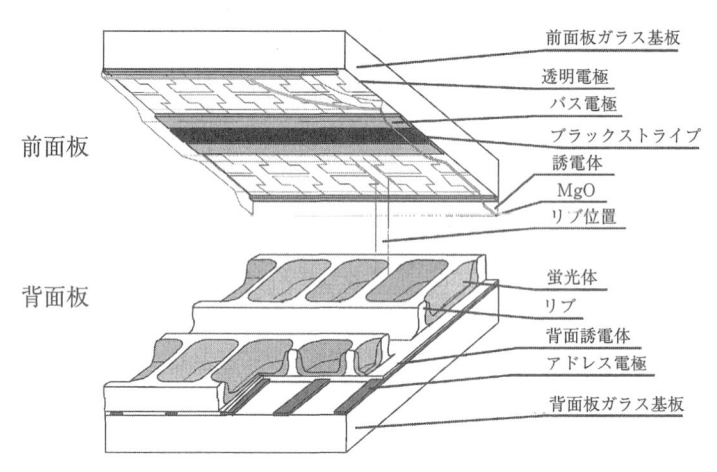

図4 最近のセル構造の例（パイオニアの「T & Waffle 構造」）
発光効率，画質向上のため電極やリブを放電セルごとに分割。
微細加工精度，重ね合わせのアライメントの精度向上で実現した。

1.2 各工程のフロー

　図5，図6，図8に前面板工程，図7，図9，図12に背面板工程，図14にパネル化工程の具体的なフローを，上から下への流れとして図示した。図中で右側に分岐し並行に書かれたプロセスは，左側のプロセスの代わりに用いられるプロセスを示す。同様に右側に分岐しているが，左側にプロセスの存在しないものは，検査など必要に応じて組み込まれるプロセスを示している。検査やリペアなどをどの工程で行うかは，パネルメーカーの思想や，工程の安定性で変わるため，図では1例として示している。さらに，検査やリペアに伴う洗浄や乾燥など網羅し切れていない

第 2 章　PDP 用部材・材料と PDP 作製プロセス

プロセスも存在する。

1.2.1　透明電極形成（図 5）

　透明電極は，一般的には真空プロセスで ITO（Indium Tin Oxide）を成膜し，湿式のフォトリソによってパターニングされる。マスク用のレジストには DFR（ドライフィルムレジスト）が用いられることが多い。精度的には DFR で十分で，生産量が多くなった場合，コスト面から液体レジストも検討される。酸化錫（ネサ膜）も用いられている。酸化錫膜はエッチングによるパターニングが困難なので，パターニングしたレジスト付きの基板に酸化錫を蒸着成膜し，最後に不要部分をレジストごと剥離するリフトオフが用いられる。

　透明電極は前面板の最初の工程で，その後の電極や誘電体の焼成に晒されることになり，加熱による抵抗値の上昇や着色，誘電体などのガラス層への溶出に耐えることが必要とされ，成膜時の膜質制御や組み合わせる誘電体材料などの選択が必要となっている。酸化錫膜は化学的に安定

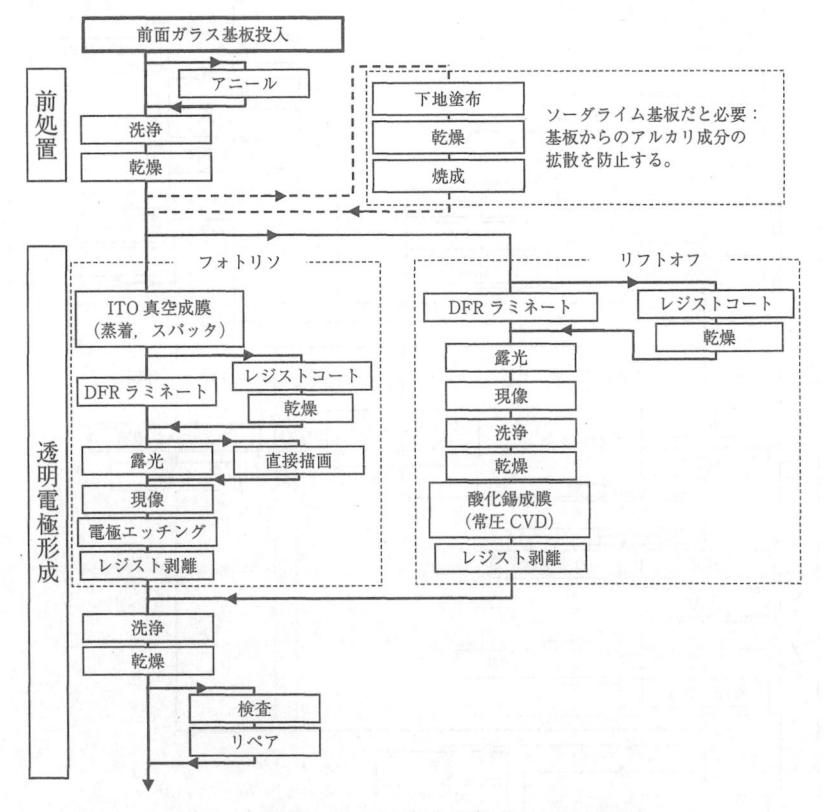

図 5　前面板工程（1）：アニールから透明電極形成

アニールレスへの移行が見られる。
透明電極は ITO が主流，研究段階では透明電極を用いないものも検討されている。
（注）　右側に分岐させたプロセスは，左のプロセスの代わりに用いられるプロセスや，検査など
　　　必要に応じて組み込まれるプロセスを示している。

なためリフトオフ以外の部分では取り扱いが楽になる。

　FPD（Flat Panel Display）の生産拡大以外にも，透明電極の需要は増加しており，近い将来，主要原材料のIn（インジウム）の不足が予測されている（Inは亜鉛鉱山などの副生産物で，供給不足が起きた場合，簡単には解決できない）。ITO以外の透明導電膜の開発が，いろいろな用途に向けて行われているが，PDPでは酸化錫膜のほか，透明電極を用いない構造も研究されている。

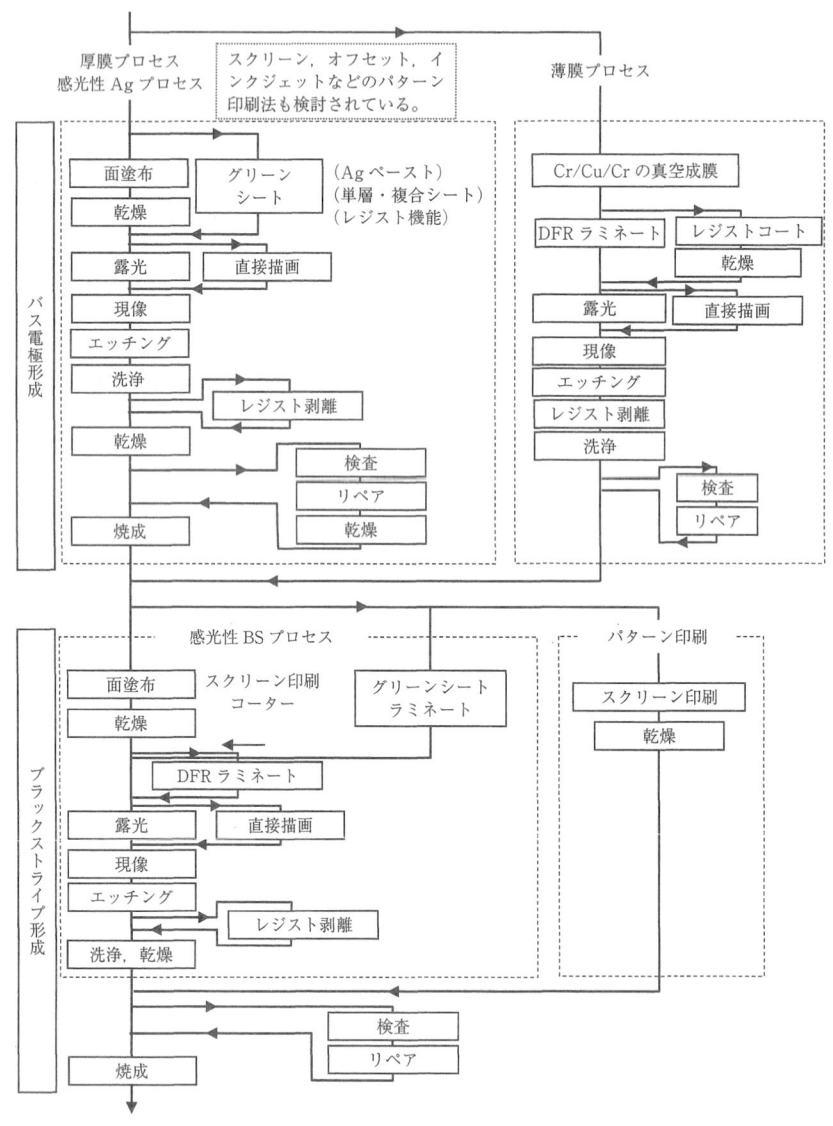

図6　前面板工程（2）：バス電極，ブラックストライプ（BS）形成
　厚膜法は，感光性プロセスから，スクリーンやオフセットなどの印刷法への移行が見られる
　焼成は，工程ごとではなくいくつかの工程でまとめて行う一括焼成が主流になってきている。

第 2 章　PDP 用部材・材料と PDP 作製プロセス

1.2.2　金属電極形成（バス電極，アドレス電極）（図 6，図 7）

　バスやアドレスの金属電極には，感光性銀の厚膜プロセスによる銀配線と，薄膜プロセスによる銅配線やアルミ配線が用いられる。厚膜プロセスでは，開発当初は銀ペーストを用いたスクリーン印刷（パターン印刷）も用いられていたが，パネル精細度が VGA から XGA へ推移するのに伴って，精度を上げ易いフォトリソが主流となっている。今後の低コスト化には，材料歩留まりの向上が必要で，オフセット印刷や，インクジェット印刷などのエッチングによらず直接パターンを形成する方法が検討されている。

　感光性銀では，感光性銀ペーストと，感光性銀のグリーンシートのいずれかが用いられている。ペーストの塗布には，べたスクリーンを用いたスクリーン印刷とダイコーターでの塗布が用いられる。グリーンシートを用いた方法は，フィルムのラミネートだけと言う工程の簡単さが，歩留

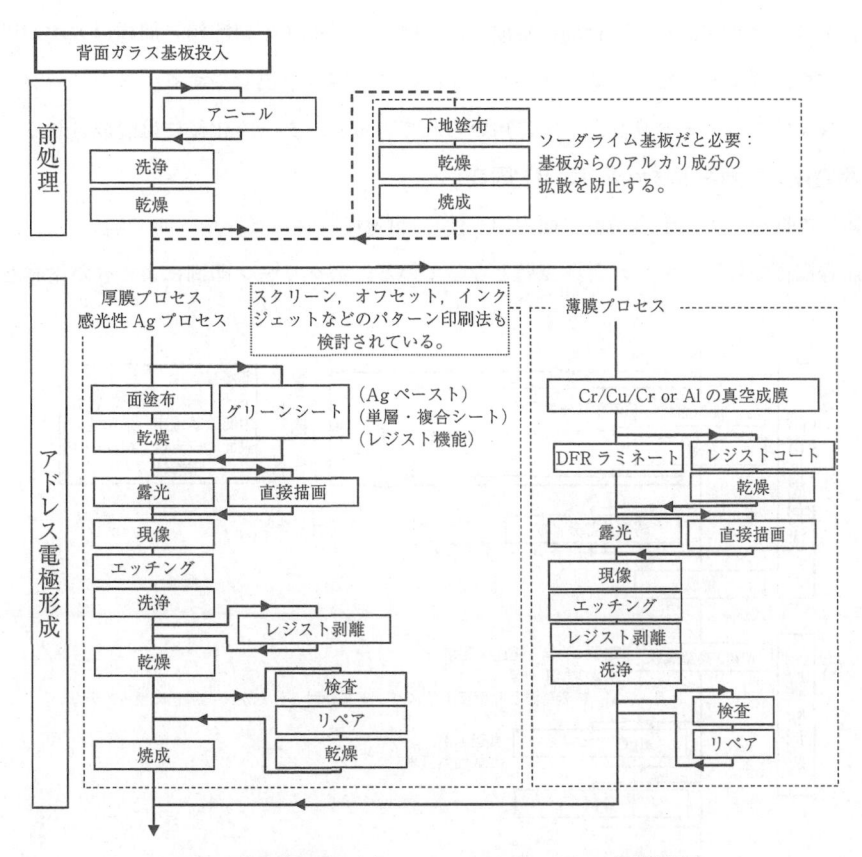

図 7　背面板工程（1）：アニールからアドレス電極形成

アニールレスへの移行が見られる。
当初 XGA 以上の高精細化が難しいと言われていた，感光性 Ag も高精細対応可能となった。
　（注）　右側に分岐させたプロセスは，左のプロセスの代わりに用いられるプロセスや，検査など行われる場合と行われない場合があるプロセスを示している。

まり向上に大きな役割を果たしたが,難点としてセパレーターフィルムが使い捨てとなりコスト高となる場合がある。感光性銀のプロセスでは,塗布膜をフォトリソでパターニングした後,最後に焼成が行われる。感光性銀の焼成ではエッジカール(配線パターンのサイドが感光性樹脂の焼成収縮でめくれ上る現象)の問題があり,材料組成はもちろんのこと,露光,現像,焼成プロセスでカールの起きにくい条件検討が行われる。

薄膜プロセスを用いた方法では,銅とアルミが用いられるが,導電率の関係からアルミの使用はアドレス電極に向いている。どちらも真空成膜,フォトリソの組み合わせで作製される。PDPの工程では,電極形成以降の工程で焼成プロセスが入るため,ガラス基板への高い密着力と電極の酸化防止が必要となり,銅電極では下地と表面にクロム(Cr)層が形成される。アルミは銅に比べ焼成に強くクロムを用いない方法もある。

1.2.3 ブラックストライプ形成(図6)

ブラックストライプはバス電極間に形成され,厚膜プロセスの銀配線と同様の方法が用いられる。バス電極がガイドとなるため,スクリーン印刷でも精度が出しやすく,スクリーン印刷,感光性ペーストによるフォトリソが,主に用いられている。パターン化後には焼成される。

1.2.4 誘電体,背面誘電体形成(図8,図9)

誘電体のプロセスでは厚み精度(面内均一性),耐電圧特性(ピンホールの無いこと),光透過率(背面誘電体では反射率)が重要課題となっている。スクリーン印刷によるべた塗布と,膜厚

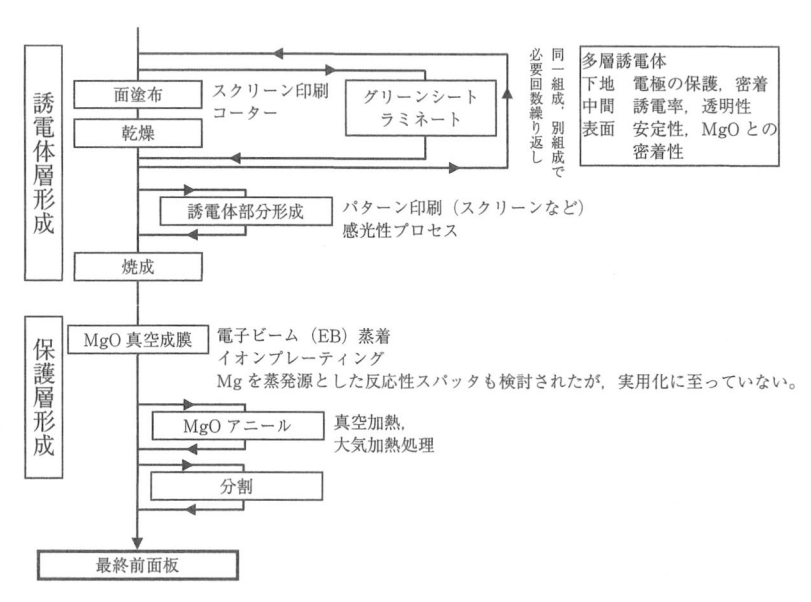

図8 前面板工程(3):誘電体,保護層(MgO)形成

誘電体は,コーターによる一層塗布と膜厚精度に優れるグリーンシートが主流。
MgOの成膜は,MgOを蒸発源とした電子ビーム蒸着かイオンプレーティングが用いられる。

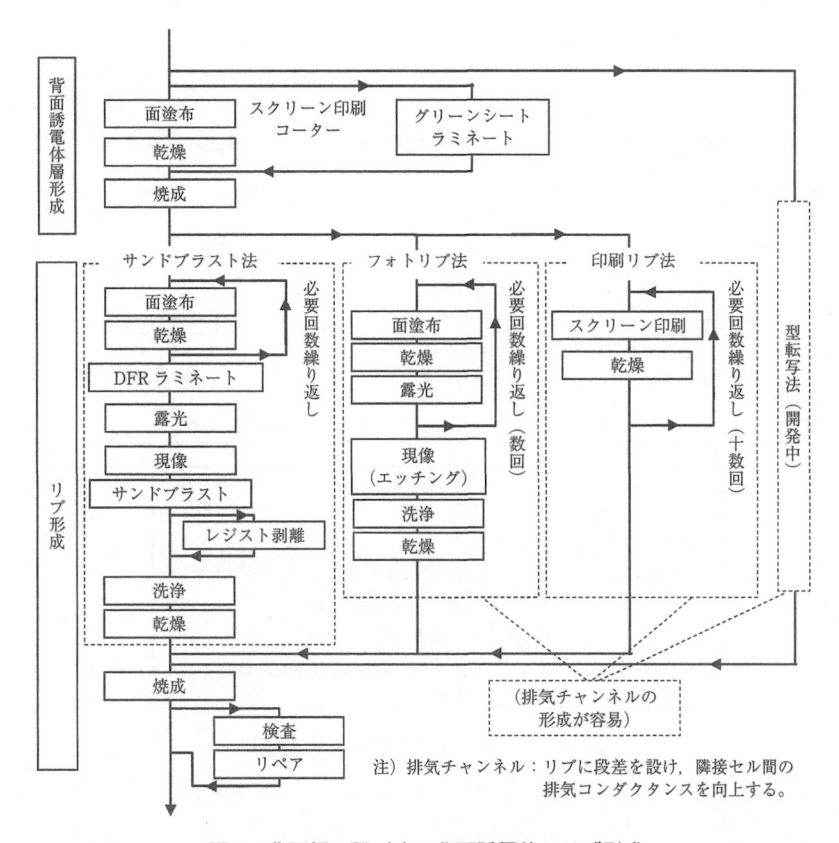

第 2 章　PDP 用部材・材料と PDP 作製プロセス

図 9　背面板工程 (2)：背面誘電体，リブ形成

印刷リブは最近はほとんど用いられていない。
現在はサンドブラスト，フォトリブが主流だが，型転写の実用化が待たれている。

精度の高いダイコーター塗布やグリーンシートのラミネートが用いられている。前面板に排気チャンネルなどの構造を設けるために，パターン印刷やフォトリソで誘電体に段差をつけることも一部で行われている。焼成は，平坦性を重視して充分高温で行われる場合と，誘電体ガラスの軟化点付近で行われる場合（軟化点焼成）がある。高温の場合，バス電極などの構造が下地にあっても誘電体表面は平坦化しやすい。軟化点焼成では表面に下地構造の影響を受けた凹凸が残りやすいが排気チャンネルなどの構造も保持される。ガラス粉体の焼成では，焼成温度上昇に伴い，内包泡の集合，成長により光線透過率が向上する（軟化点焼成）が，それを越えると気泡が巨大化するとともにピンホールの確率が増す。さらに高温では，流動性が高くなり気泡が抜ける。

1.2.5　リブ形成（図 9）

リブの形成は，サンドブラスト法と感光性リブプロセスのいずれかが用いられている。

サンドブラストでは，図 10 に示すようにスクリーン印刷やコーター塗布で，所定の膜厚（乾燥後で 200 μmt～300 μmt）にリブペーストを塗布したあと，レジストを塗布，露光，現像し残

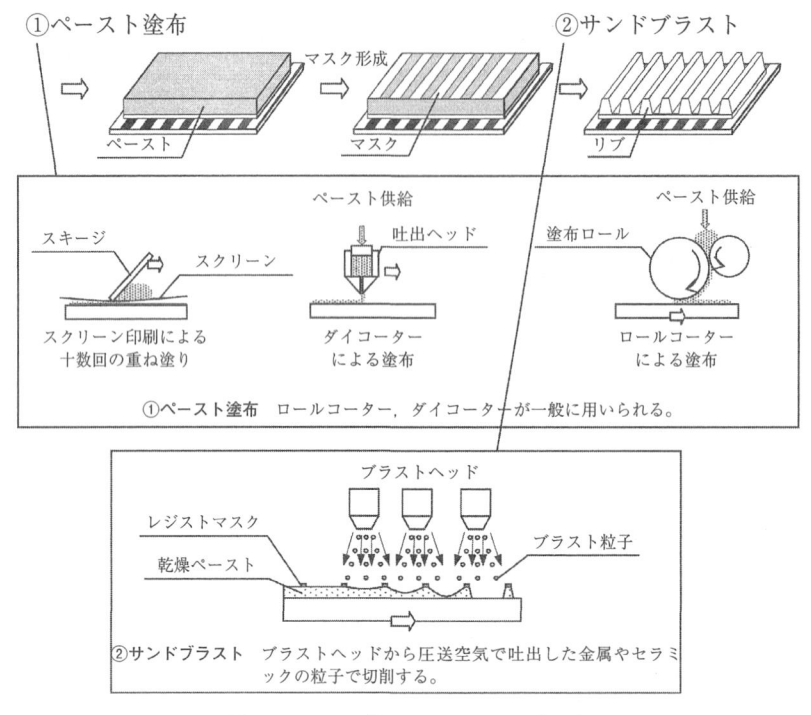

図10 サンドブラストによるリブ形成

したレジストをマスクとして，サンドブラストにより不要ペーストを切削しリブ形状を作る。感光性リブは，リブペースト自体に感光性を持たせ，図11に示すように所定の膜厚（乾燥後で200 μmt～300 μmt）にリブペーストを塗布したあと，リブとして残す部分を露光硬化して，不要部分をエッチング（水洗）してリブ形状を作る。所定膜厚での露光が難しいと，塗布と露光を数回繰り返す。また，繰り返し途中で露光マスクを換えることでリブ頂の排気チャンネルなど別構造を付加することができる。どちらの方法も最後に焼成しリブを形成する。

サンドブラストや感光性リブプロセスは，どちらも材料歩留まりは良くなく，材料効率の高い型転写の実用化が待たれている。型転写には，リブ形状の母型にリブペーストを刷り込んでから基板に転写するタイプと，基板にペーストを塗布乾燥してから母型を押し当て転写させるものがある。また，背面誘電体の同時形成も検討されている。型転写で問題になるのは，機械精度や型の寿命はもちろんのこと，型への材料ペーストの充填や離型の問題がある。このため，シリコーン樹脂など柔軟材料で作った方の使用やロール転写，型内でペーストをUV硬化させ形状保持，離型を容易にすることなどが検討されている。

第2章　PDP用部材・材料とPDP作製プロセス

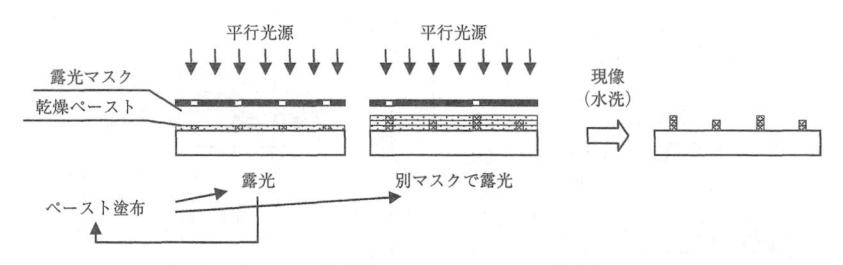

図11　感光性ペーストによるリブ形成

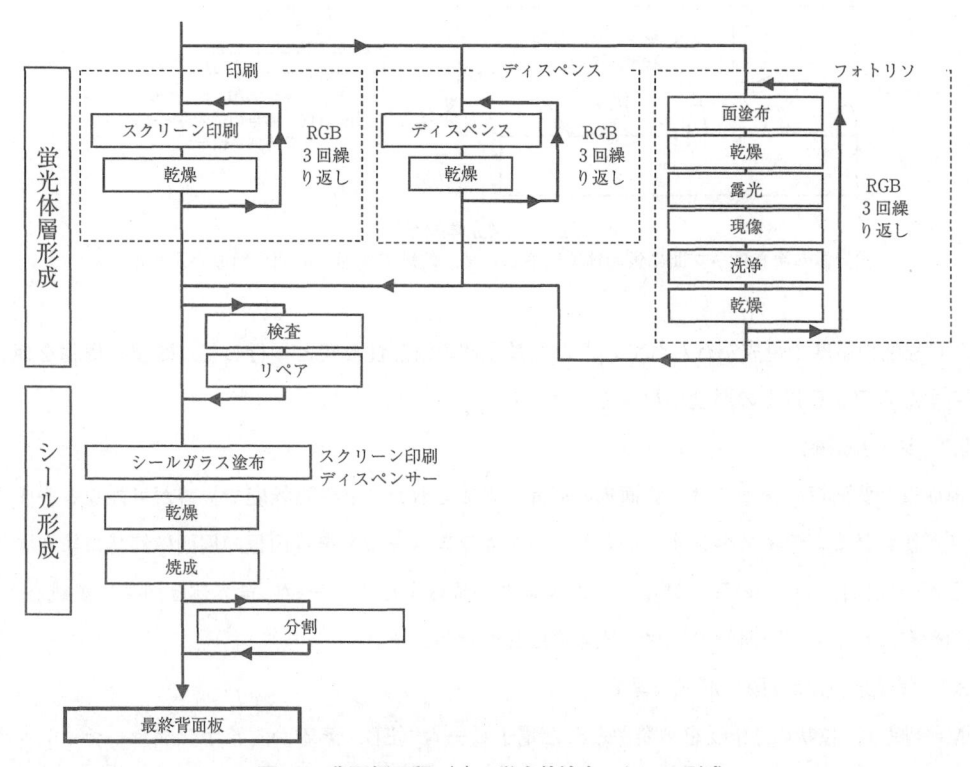

図12　背面板工程（3）：蛍光体塗布，シール形成

蛍光体は，スクリーン印刷とディスペンス法が主に用いられている。高精細化に伴うスクリーン印刷の精度限界が危惧されていたが，実際にはFull HDパネルでも実用されている。
唯一高精細化対応ができると考えられていた，フォトリソによる方法は，蛍光体焼成の難しさ，焼成時の輝度劣化などが解決できず本格的な実用化はされていない。
蛍光体の焼成，シールフリットの仮焼成は，一般に同時に行われる。

1.2.6　蛍光体形成（図12）

蛍光体はスクリーン印刷，ディスペンサーによる滴下で形成される。どちらの方法においても，図13に示すようにリブ間の隙間に蛍光体ペーストを充填し，乾燥過程でリブ壁と底に蛍光体膜を残すことで塗布形状をコントロールしている。最後に焼成され溶剤や有機バインダー樹脂の気化，焼き飛ばしが行われる。蛍光体の中には，熱劣化を起こすものがあり，当初は400℃から

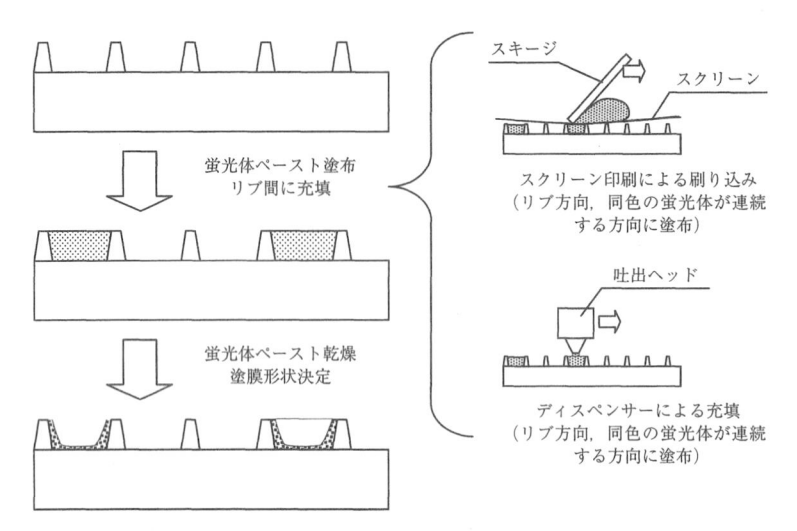

図13 蛍光体塗布
蛍光体の塗布はリブ間に蛍光体を充填した後，乾燥で壁面，底面の膜厚が決まる。

450℃程度の温度で焼成が行われていたが，蛍光体の耐熱性改善と平行して，残留有機物を極力減らすため500℃以上の温度が用いられている。

1.2.7 シール形成

前面板と背面板の接着には，背面板の周囲に形成された，400℃程度で接着が可能なシールガラスが使われる。ディスペンサーによりシールガラスペーストを背面板の周囲に筋状に塗布することが一般に行われている。封着時のガス発生を減らすため，一般に蛍光体と同時に焼成され，溶剤や有機バインダー樹脂の気化，焼き飛ばしが行われる。

1.2.8 保護層（MgO膜）形成（図8）

MgO膜は，粒状のMgOを蒸発源とした電子ビーム（EB）蒸着か，イオンプレーティングが用いられる。MgOは成膜条件によって組成や結晶性が変わり，イオン衝撃による2次電子放出係数（γ）や駆動時の放電に対する耐スパッタ性が変化する。最近では2次電子放出の時間遅れ現象（エキサイルエミッションとして研究されている，時定数が数マイクロ秒以上の電子放出現象[1]）が高速駆動や高コントラストの重要な要素になることも明確になってきた。MgOの真空成膜では，酸素不足が起きるので，酸素導入が行われる。また，前述のようなMgOの各種特性向上の目的で，成膜速度，基板温度，酸素分圧のコントロール，水素や水の導入とそれらの分圧コントロール，蒸着源へのSiなどの添加とこれら混合酸化物における成膜組成の安定化など，制御すべき項目が非常に多くなっている。

蒸発温度が低く，低エネルギーでMgOを高速成膜できるとされる，金属Mgを用いた反応性スパッタは一時期検討されたが，膜質制御に課題を残し一般化していない。

第 2 章　PDP 用部材・材料と PDP 作製プロセス

保護層の MgO 膜の上に，別の電子放出材料の層を部分的に設け，放電特性を改善した構造が実用化されているが，この層の形成方法は明らかにされていない[2]。

1.2.9　排気ベーク（図 14）

排気ベークでは，図 15 に示すように，前面板と背面板を貼り合わせ排気管を取り付けたパネルを，真空排気台にセットし排気管から内部を真空排気しながら，400 ℃程度の温度に数時間以上保持することで，内部の有機残渣，水分，炭酸ガスなどを涸化する。その後真空に保ったまま室温まで冷却され放電ガスが充填される。貼り合わせと排気ベークを連続で行うこともある。当

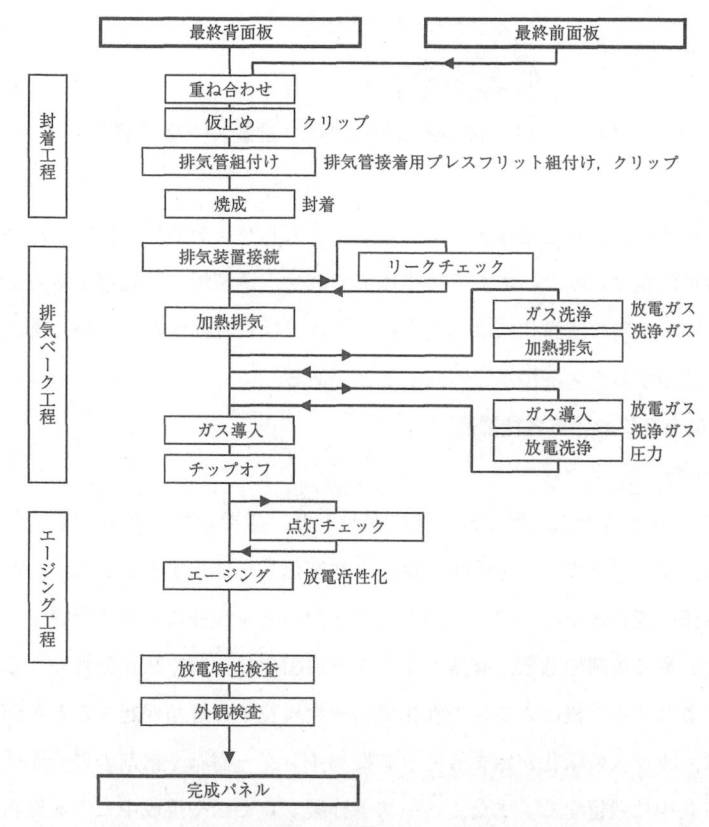

図 14　パネル化工程：封着，排気ベーク，エージング

封着，排気ベーク工程は，封着と排気を連続で行う場合と，焼成炉で封着したパネルを，排気台に載せ変えて排気を別工程で行うものとがある。生産量の増加に対しては，バッチプロセスから，連続プロセスへ切り替わっている。パネルの排気は数十時間かかっており，パネル製造プロセスの中では，エージング工程と並び，長時間プロセスとなっている。そのため，パネル内のガス洗浄や，放電洗浄を行い時間短縮を目指す場合がある。

MgO 蒸着後の大気開放でのガス吸着に着目して，MgO 蒸着以降を真空中の連続プロセスにする試みもある。

エージングでは，パネルを駆動回路に接続し実際に駆動することで，放電特性を安定化させている。エージング条件はパネルの駆動特性にも影響するため，単なる慣らし駆動ではなく，重要なパネル作製プロセスと位置づけられている。

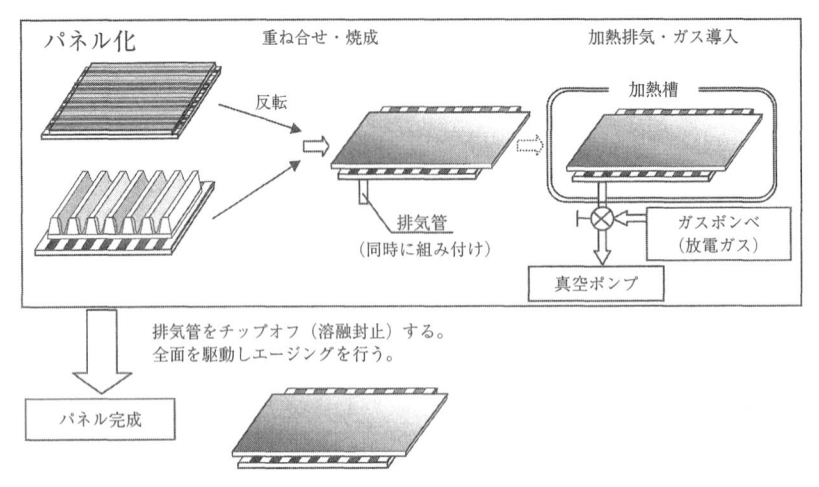

図15 パネル化工程(貼り合わせ,排気ベーク)の例

初は数枚単位で真空排気装置を組み込んだ加熱炉に投入しバッチ処理されていたが,最近では真空排気装置を台車に組み込み,パネルを数枚単位で載せ,連続炉で熱処理する方法が一般的になってきている。パネル内の清浄化には,真空排気だけでは長時間かかるため,排気途中に放電ガスなどで内部を洗浄するガス洗浄が行われることがある。

1.2.10 焼成プロセスにおける各種課題

(1) 焼成の役割

PDPのパネルプロセスでは,繰り返し焼成が行われ,重要なプロセス要素となっている。焼成の主な役割は,フリットガラスを軟化,焼結,緻密化し一体化することだが,溶剤の気化,有機バインダー樹脂の焼き飛ばしの状況も出来上がったパネル性能に大きく影響する。焼成プロセスでは,昇温とともに溶剤の蒸散,有機バインダー樹脂の熱分解や酸化分解によるガス化(脱バインダー)が起こり,その後にガラスの軟化焼結や金属粒子の焼結が起きることが,理想的とされる。実際には,ガラスの軟化が始まっても有機バインダー樹脂や溶剤の残分が残ることが多く,ある程度はガラス中に残留する。また,ペースト作製プロセスや焼成中に,有機物や分解で生じた炭酸ガスや水分がガラス成分と反応することもあり,実際にはかなりの有機成分がパネル材料内に残留する。これらを低減するには,焼成中に充分な空気補給(酸素供給)を行うとともに,ガラスの軟化点以下で,有機物を焼き飛ばすバーンアウトを,焼成温度プロファイルに充分な時間持たせることが重要とされている。蛍光体の中には酸素雰囲気での熱劣化が大きいものや,有機バインダー樹脂の中には酸化分解でなく熱分解のみのほうが分解性に優れるものがあり,真空中や減圧下,窒素雰囲気での焼成が好ましいとされるものがあるが,PDPに用いられる低融点ガラス材料は反応性が高く,熱分解だけではガラスと反応した有機成分を取りきれない場合が多

第 2 章 PDP 用部材・材料と PDP 作製プロセス

い。反応によって取り込まれた有機成分の分解を促進する意味も含め，充分な酸素供給の下で焼成するほうが良さそうである。

(2) 焼成の繰り返し

プロセス中で焼成を何度も繰り返すと，すでに焼成された部材の再流動の問題がある。極端な場合，後から形成する部材と融合してしまう。このため，原則的には，プロセスが進むにつれて，焼成温度を下げるようにプロセス設計される。とくに貼り合わせ以降のパネル化工程では，前面板や背面板の構造物に変形が起きないよう，それ以前の焼成に比べ充分低い温度での処理が望ましい。従来使われていた鉛ガラス系のフリットガラスでは，軟化温度範囲が広く設計でき，各プロセスでの温度設定を充分なマージンを持って設計できていた。最近無鉛ガラスの導入が始まったが，使用可能な組成では軟化点が高く，軟化温度範囲も狭いことから，プロセス条件の設定は非常に限定されたものになっている。

(3) 同時焼成

プロセス中で焼成を何度も繰り返すことは，生産にかかわるエネルギー消費を大きくしているので，いくつかの焼成プロセスを同時に行う一括焼成も行われている。当初から行われていたものには蛍光体とシールの同時焼成があるが，バス電極とブラックストライプや背面誘電体とリブなどの同時焼成が，検討されている。

(4) ガラスの変形

焼成に伴う問題の一つとして，ガラス基板の変形の問題がある。ガラス基板の変形

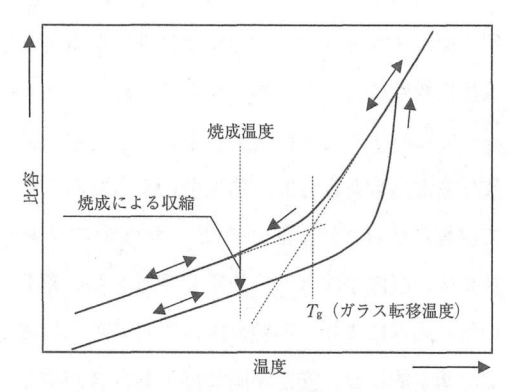

図 16　基板ガラスの T_g と焼成における体積収縮
基板の T_g に近い焼成では，ガラスの物性として体積収縮（比容の減少）が起きる。
この収縮は T_g 以上の温度で回復する。

図 17　焼成での変形
焼成温度が基板ガラスの歪点を超えると，冷却過程での温度分布が基板の変形を起こす。代表的なものには，扇型変形がある。

は，図16に示すガラス転移点近傍での体積収縮に起因するものと，図17に示す焼成炉の冷却過程での温度分布に起因するものがあり，後者のほうが大きな変形を起こす。変形は最初の焼成時に大きく，2回目以降の焼成では変形は小さくなり，あらかじめ基板を熱アニーリングすることで改善される。焼成炉内の温度分布の低減，より低い温度での焼成，高歪点ガラスの使用，基板ガラスのアニーリングなどで変形が改善される。高歪点ガラスは焼成変形が小さいことに加え，変形量の再現性が良いことが特徴で，あらかじめ変形量をマスク等で修正し最初の焼成をアニーリングと兼ねることも行われる。ただし，高歪点ガラスでも，ガラスのフロートラインの違いや生産条件の違いで変形量が変化するので，ガラス基板の製造時に必要な管理を行わなければならない。高歪点ガラスを使わない場合，アニーリングが非常に重要となる，一般のソーダライムガラスでは，フロートラインの管理が高歪点ガラスほど厳密ではないためガラスロットごとに変形量が変わることが多く，アニーリングにより特性を均一化する必要がある。

(5) アウトガス（パネル内環境）

PDPはガス放電を用いているが，ガス放電の安定化，特性向上には，パネル内放電空間の残留不純ガス管理（パネル内環境管理）が重要となる。焼成で残った有機残留物や炭酸ガス，水分は放電特性に大きな影響を与えるため，パネル作製の最終工程で排気ベークが行われる。排気ベークではパネル内表面の吸着ガスが熱脱離し排気されるとともに，リブなどの構造材料中の有機残分や水分もある程度，熱拡散によってパネル内表面を通して排出される。パネルの駆動において放電にさらされる部分では，MgOのスパッタによる酸素の放出やそれぞれの構造材からの不純ガスの脱離が起きる。放電に寄与しない部分ではガス吸着やスパッタされたMgOの再付着時の取り込みにより，不純ガスは吸着され，放電空間の不純ガスの脱離と吸着のバランスが存在する。基本的には，安定駆動には不純ガスが少ないことが求められる。不純ガスの低減には，排気ベークはもちろん，焼成時の残留有機物などの低減が必要とされる。焼成温度を充分高く取ることで，有機物を十分分解するとともに，排気ベークの温度での材料中からのガス放出を少なくすることもできる。

文　　　献

(注) 参考文献には，MgOのエキサイルエミッションに関連する文献の一部だけを掲載した。
1) H.Tolner, "The Physics and Processing of the PDP Protective Layer", IDW '06, pp.333-336 (2006)

第 2 章　PDP 用部材・材料と PDP 作製プロセス

2) M.Amatsuchi, A. Hirota, H. Lin, T. Naoi, E. Otani, H. Taniguchi, K. Amemiya, "Discharge Time Lag Shortening by New Protective Layer in AC PDP", IDW '05, pp.435–438（2005）

2 PDP材料に関するシミュレーション

遠藤　明[*1]，大沼宏彰[*2]，菊地宏美[*3]，坪井秀行[*4]，古山通久[*5]，畠山　望[*6]，高羽洋充[*7]，久保百司[*8]，Del Carpio Carlos A.[*9]，梶山博司[*10]，篠田　傳[*11]，宮本　明[*12]

2.1 はじめに

　プラズマディスプレイ（Plasma Display Panels：PDP）は液晶ディスプレイと比較して，画面の大型化が容易，自発光による優れた色再現性，優れた動画解像度など多くの利点を有しており，現在世界に向けて本格的な普及段階に入っている。今後のプラズマディスプレイにおいて達成すべき課題は，さらなる長寿命化，低消費電力化，高発光効率化である。ここで，PDPの寿命を左右するのはMgO保護膜の耐久性である。MgO保護膜はPDP動作時の帯電やXeプラズマなどによるスパッタリングで破壊され膜厚が徐々に減少していく。このような破壊プロセスの解明はより高い耐久性を有する保護膜の設計上非常に重要である。また，PDPの低消費電力化には，放電電圧を下げることが必須であり，これにはMgO保護膜からの二次電子放出能の向上が求められる。MgO保護膜の二次電子放出能を向上させるために，これまで実験的には不純物の導入などが検討されてきたが[1〜5]，高い二次電子放出能を有するMgO保護膜の設計指針を得るには，MgO保護膜への不純物導入が電子状態，二次電子放出能に与える影響を電子・原子レベルで解明する必要がある。しかし，耐電場性，耐スパッタ性，二次電子放出能に優れる保護膜材料の設計指針を得ることを目的に，電子・原子レベルでMgO保護膜の構造破壊プロセスや二次電子放出能を解明した研究例は皆無である。

　一方，PDPにおける高発光効率化には，駆動方式の改良もさることながら蛍光体材料の発展が大きく寄与してきた。しかし，PDP用蛍光体のうち青色蛍光体の性能低下が最も著しく，現

---

　*1〜*9，*12　東北大学　大学院工学研究科
　*8　科学技術振興機構さきがけ
　*10，*11　広島大学　大学院先端物質科学研究科
　*12　東北大学　未来科学技術共同研究センター

　*1　Akira Endou　准教授；*2　Hiroaki Onuma　博士前期課程；*3　Hiromi Kikuchi　技術補佐員；*4　Hideyuki Tsuboi　准教授；*5　Michihisa Koyama　助教；*6　Nozomu Hatakeyama　准教授；*7　Hiromitsu Takaba　准教授；*8　Momoji Kubo　准教授；*9　Carlos A. Del Carpio　准教授；*10　Hiroshi Kajiyama　教授；*11　Tsutae Shinoda　教授；*12　Akira Miyamoto　教授

第2章 PDP用部材・材料とPDP作製プロセス

在青色蛍光体の劣化防止が最重要課題となっている。青色蛍光体 $BaMgAl_{10}O_{17}$：Eu^{2+}（BAM：Eu^{2+}）の発光は発光中心である Eu^{2+} への真空紫外光（VUV）照射による電子励起に由来する。この VUV 照射が長時間続くことにより蛍光体が劣化していく。また，蛍光体材料作製時の熱プロセスによっても発光効率低下と発光色のレッドシフトが起こる[6]。これまで，発光効率低下を低減するための実験研究が精力的に行われてきたが，BAM：Eu^{2+} の発光効率や発光色のレッドシフトの原因を電子・原子レベルで解明した研究例は皆無であった。

今後，MgO 保護膜，希土類蛍光体など PDP 材料の研究開発効率の向上がより一層求められる。そこで，PDP 材料の物性・特徴を電子・原子レベルで解明し，より優れた性能を示す PDP 材料を理論的に設計する新たなアプローチが必要である。この意味において，理論化学・計算化学の果たす役割は極めて重要である。本稿では，筆者らが開発した Tight-binding 量子分子動力学シミュレータ[7～9]，非平衡分子動力学シミュレータ[10]，動的モンテカルロシミュレータを用いて，PDP 用 MgO 保護膜の電子状態解析[11]，帯電・スパッタリングによる構造破壊プロセスの原子レベルでの解明[12]，BAM：Eu^{2+} 青色蛍光体材料の大規模モデルによる電子状態解析[13] を行った研究成果を紹介する。

2.2 MgO 保護膜の電子状態と二次電子放出能[11]

前述のように PDP 用 MgO 保護膜における二次電子放出能の向上は，放電電圧の低下による PDP の低消費電力化に繋がるため非常に重要な技術課題である。これまで，様々な調製条件で作製された MgO 保護膜の二次電子放出係数の測定や分光学的実験を用いた電子状態解析が進められてきた。また保護膜材料への不純物導入による二次電子放出能の向上などが報告されている。さらに最近では，MgO 保護膜の電子状態解析に保護膜表面の電気伝導率測定を応用するといった新しい試みも報告されている[14]。しかし，MgO 保護膜における不純物や欠損が保護膜の電子状態や二次電子放出能へどのような影響を与えているかについては依然議論が続いている。

一方，材料の電子状態に関する知見を得るための計算化学的手法として第一原理計算が広く使用されているが，計算コストが高いという欠点がある。これに対して，筆者らが独自に開発した Tight-binding 量子分子動力学シミュレータは従来の第一原理的手法と比較して 5000 倍の高速化に成功しており，より現実的な大規模モデルを利用した電子状態解析が可能になっている。また，従来の Tight-binding 近似と異なり計算に必要なパラメータの導出を第一原理的に行うことで高精度な計算が可能となっている。本項では筆者らの Tight-binding 量子分子動力学シミュレータを活用し，MgO 保護膜および不純物を導入した MgO 保護膜の電子状態を解析した結果を紹介する。

図1に，筆者らの Tight-binding 量子分子動力学シミュレータで得た MgO 保護膜のバルク結

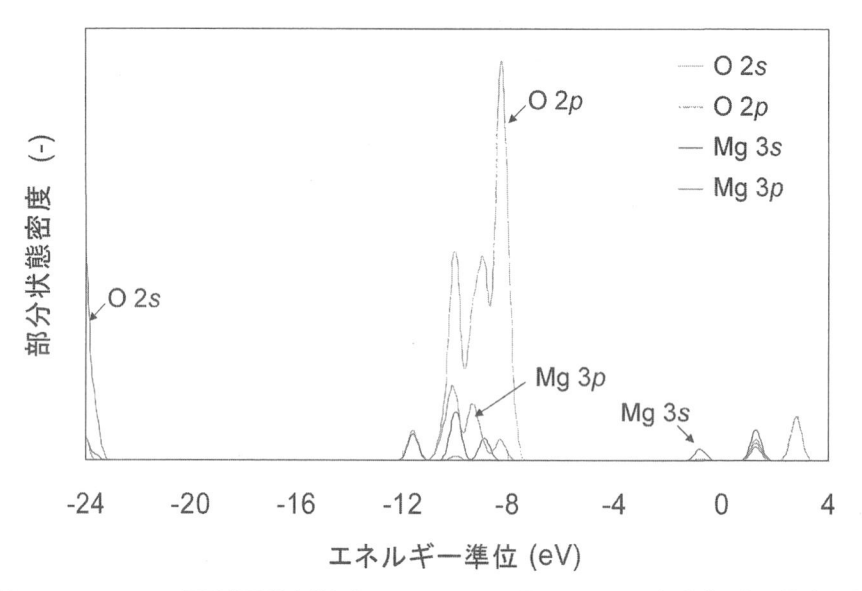

図1 Tight-binding量子分子動力学シミュレータにより得られたMgO保護膜の部分状態密度

晶の部分状態密度を示す。横軸は真空準位を基準としたエネルギー準位を表す。図より，価電子帯上端が酸素の$2p$軌道から，伝導帯下端がMgの$3s$軌道から構成されていることが理解される。バンドギャップは7.44 eVとなった。この値は実験結果と定量的に一致し，本シミュレータが電子状態解析において高い信頼性を有することを示している。次に，このMgO保護膜モデルに不純物としてAlをドープしたモデルについて部分状態密度を解析した（図2）。図2から，Alの導入により-1.17 eVに不純物準位が現れていることがわかる。この不純物準位はAlの$3s$軌道とMgの$3s$軌道より構成される占有軌道であり，価電子帯上端とのギャップは6.86 eVであった。このことはAlをドープしたMgOの方がドープしていないMgOよりも二次電子放出が起こりやすいことを示唆している。最近，水素雰囲気下でのMgOおよびAlドープMgOの二次電子放出係数の実験測定により，AlドープMgOの方が高い二次電子放出能を示すことが報告されており[15]，筆者らの理論計算結果はこの実験結果を定性的に再現している。

2.3 帯電によるMgO保護膜の破壊プロセス[12]

前述のように，MgO保護膜のさらなる耐久性向上はPDPの長寿命化に必須の課題である。MgO保護膜は，動作時の帯電やスパッタリングにより破壊され膜厚が減少する。そのため，PDPのさらなる長寿命化にはMgO保護膜の破壊メカニズムを解明し，より耐久性に優れる保護膜の設計指針を得ることが不可欠である。しかし実験的手法のみでは動作環境における保護膜の破壊メカニズムを解明することは困難であり，計算化学的手法の活用が期待される。

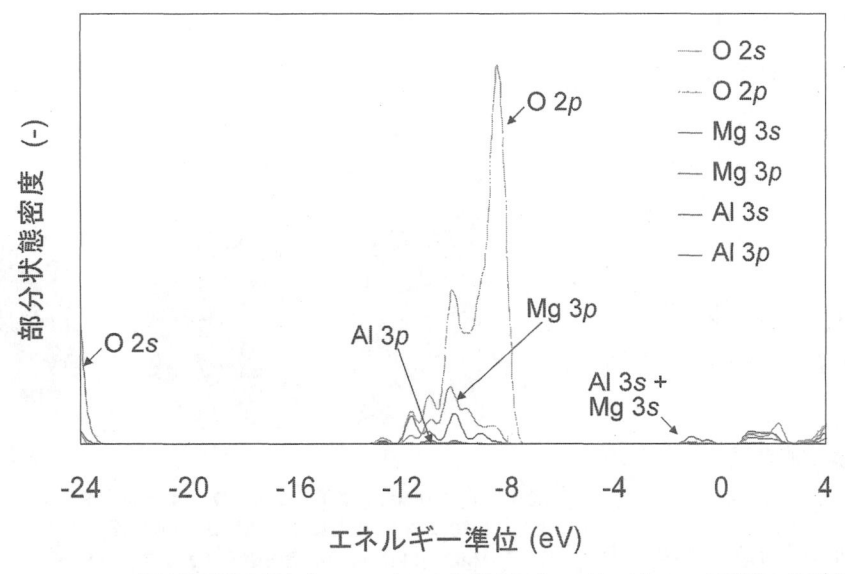

第 2 章　PDP 用部材・材料と PDP 作製プロセス

図 2　Tight-binding 量子分子動力学シミュレータにより得られた Al ドープ MgO 保護膜の部分状態密度

そこで筆者らは，2.2 項で紹介した Tight-binding 量子分子動力学シミュレータに電場の効果を考慮する機能を新たに導入し，電場印加時の構造破壊ダイナミクスの検討を可能とした。MgO (001) 面に電場を印加した時のダイナミクスを検討した結果を図 3 に示す。この図は左側から 0.15, 0.20, 0.30 V/Å の電場下で構造破壊過程をシミュレーションしたスナップショットとなっている。電場は保護膜表面に対して垂直方向に印加した。図 3 より，0.15 V/Å の電場下では保護膜表面構造に歪みが生じ，0.20 V/Å では表面からの酸素原子の蒸発，そして 0.30 V/Å では MgO クラスターが蒸発している様子がわかる。つまり，MgO 表面に印加した電場が強くなると原子やクラスターの蒸発が起こり，保護膜表面が著しく破壊されることが明らかになった。次に，耐電場性に対する MgO 表面の面指数の影響を明らかにするため，同様に MgO

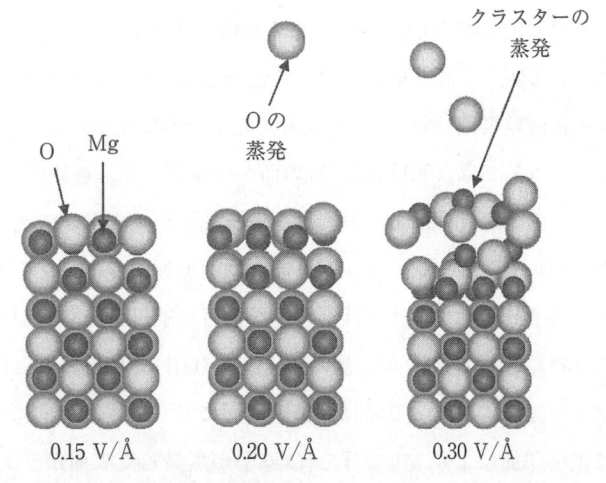

図 3　Tight-binding 量子分子動力学シミュレータにより得られた 0.15 V/Å, 0.20 V/Å, 0.30 V/Å の電場による MgO 保護膜 (001) 面の構造破壊のスナップショット

(011)面，MgO (111) 面の電場印加時における構造破壊過程のシミュレーションを行った。図4にはMgO (001) 面，(011) 面，(111) 面に0.20 V/Åの電場を印加したときの2000ステップ後の最終構造を示す。図より，MgO (001) 面とMgO (011) 面では表面構造の破壊と酸素原子の蒸発が見られるのに対し，MgO (111) 面では構造の破壊がまったく起こっていないことが

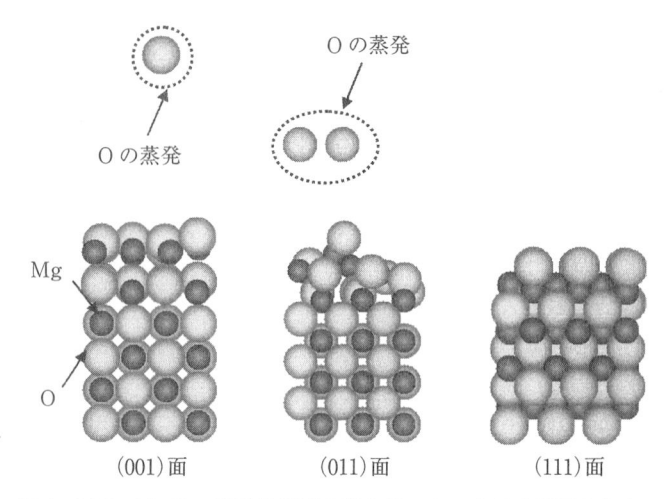

図4 Tight-binding 量子分子動力学シミュレータにより得られた 0.20 V/Å の電場による MgO (001) 面，MgO (011) 面，MgO (111) 面の構造破壊のスナップショット

わかる。つまり，MgO (001), (011), (111) 面の中では，(111) 面が最も耐電場性に優れることが理論的に明らかにされた。一般的に MgO は (001) 面が熱的に最も安定であることが知られているが，本計算結果は従来の常識とは異なる。つまり前記の結果は，熱のような方向性のない構造破壊要因に対しては (001) 面が最も安定であるが，電場のように方向性のある構造破壊要因に対しては (001) 面以外の面が最安定となる可能性を示すものである。

さらに，著者らはより現実的な大規模モデルを用いて電場印加時の構造破壊現象をより大規模なモデルでシミュレーション可能な動的モンテカルロシミュレータを開発した。本シミュレータでは量子分子動力学法では不可能な数万原子以上の計算が可能になっている。本シミュレータにより得た電場 0.1 V/Å 印加時の MgO (001), (011), (111) 面の構造破壊シミュレーションの結果を図5に示す。電場は保護膜表面に対して垂直方向に印加した。図から，MgO (001) 面では電場印加により Mg 原子と O 原子が蒸発して表面がランダムに構造破壊を起こしている様子が理解される。一方，(001) 面におけるランダムな構造破壊とは異なり，(011) 面では表面の構造破壊により [111] 配向性を示し {001} ファセットで囲まれたナノドット構造が形成される興味深い現象が観察された。また (111) 面についても，(011) 面の場合と同様にナノドット構造が自発的に形成される様子が観察された。次に，保護膜表面の破壊プロセスをより定量的に議論するため，表面より蒸発した原子数をカウントし各モデルの表面積で割った蒸発指数を定義した。この指数が低いほど電場印加に対して安定である。その結果，(001), (011), (111) 面それぞれに対する蒸発指数は 2.425, 2.405, 0.663 であった。これらの結果は MgO (111) 面が電場に対して最も安定であることを示している。これは図4で示した Tight-binding 量子分子動力学法の

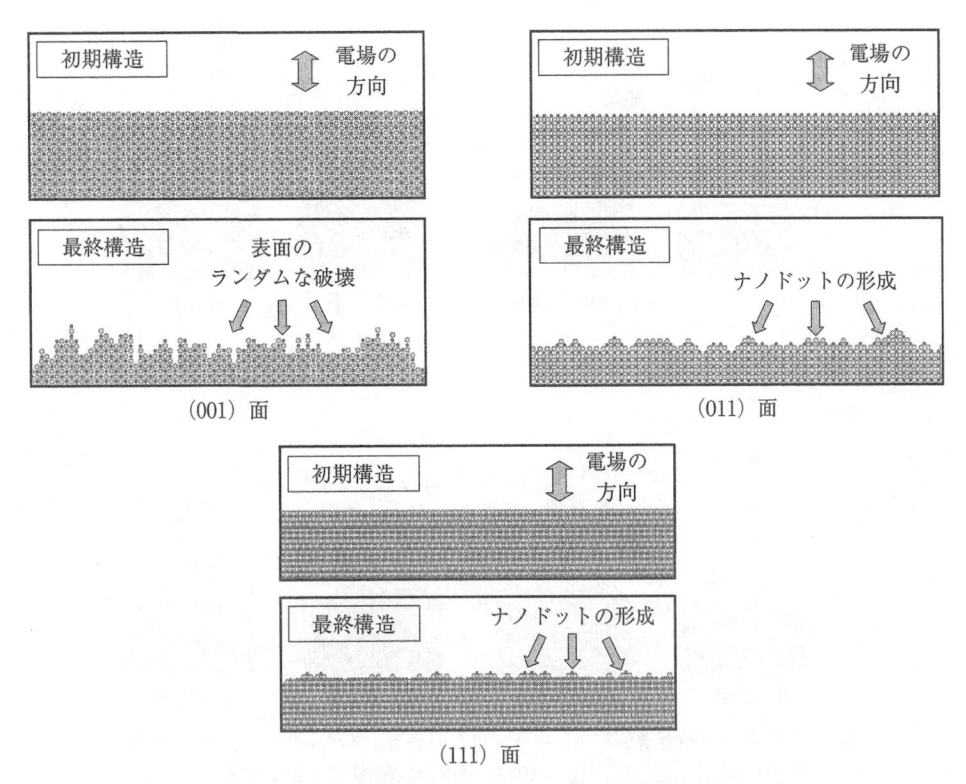

第 2 章　PDP 用部材・材料と PDP 作製プロセス

図 5　動的モンテカルロシミュレータにより得られた 0.1 V/Å の電場による MgO（001）面，MgO（011）面，MgO（111）面の構造破壊の様子

結果と一致する。また詳細な解析より，{001} ファセットで囲まれたナノドット構造の形成が (111) 面が最安定となる理由のひとつであることも明らかにされた。

以上，筆者らの開発した Tight-binding 量子分子動力学シミュレータと動的モンテカルロシミュレータにより，[111] 配向性を有し {001} ファセットで囲まれたナノドット構造が耐電場性に最も優れる MgO 保護膜として理論的に提言された。

2.4　スパッタリングによる MgO 保護膜の破壊プロセス[12]

さらに筆者らは，独自に開発した非平衡分子動力学シミュレータを活用して，MgO 保護膜のスパッタリングによる構造破壊ダイナミクスについても検討を行った。具体的には，MgO (001)，MgO (011)，MgO (111) 面に対して Xe を様々な角度から照射して，そのスパッタリングによる破壊プロセスを検討した[12]。

例として，図 6 (a) には MgO (001) 面に Xe を入射角 45 度で衝突させたときのダイナミクスを示す。Xe が MgO 表面に衝突したのち，構造が激しく破壊される様子が観察された。さらに興味深いことに，構造破壊後 10 ピコ秒という非常に短い時間の間に，構造破壊された MgO

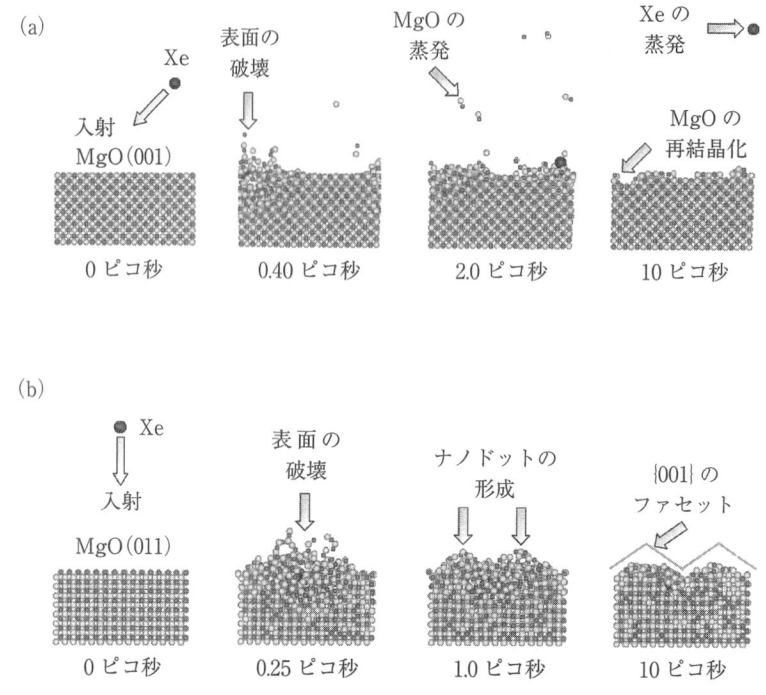

図6 非平衡分子動力学シミュレータで得られたXeスパッタリングによる(a) MgO (001) 面, (b) MgO (011) 面の構造破壊ダイナミクス

(001) 面の再結晶化が進む様子が明らかとなった。この結果は，MgO保護膜のスパッタリング現象を解明する上で，構造破壊プロセスの解明に加え再結晶化プロセスの検討が重要であることを示している。次に，MgO (011) 面にXeを入射角90度で衝突させたときのダイナミクスを図6 (b) に示す。その結果，MgO (001) 面の場合と同じく，構造破壊後10ピコ秒という非常に短い時間で再結晶化が進む様子が明らかにされた。しかし，ランダムに構造破壊が進むMgO (001) 面の場合とは異なり，再結晶化の過程において {001} ファセットを有するナノドット構造が形成される興味深い現象が観察された。また同様にMgO (111) 面においても，構造破壊後の再結晶化プロセスにおいて，{001} ファセットを有するナノドット構造が形成される現象が観察された。

また実験的には，PDPセル内に存在する水やCO_2がMgO保護膜の劣化特性に大きな影響を与えることが知られている。そこで，MgO保護膜表面に吸着した水分子がXeスパッタリングによる構造破壊プロセスに与える影響についても検討した。図7には水分子が吸着したMgO (001) 面に対してXe原子を入射角90度で衝突させた場合の結果を示す。図より，この場合にもMgO構造の破壊後，速やかに再結晶化が起こる様子が理解できる。しかし，この場合には清浄なMgO (001) 面の場合とは異なり，表面の一部分がアモルファス化して完全な再結晶化が

第 2 章　PDP 用部材・材料と PDP 作製プロセス

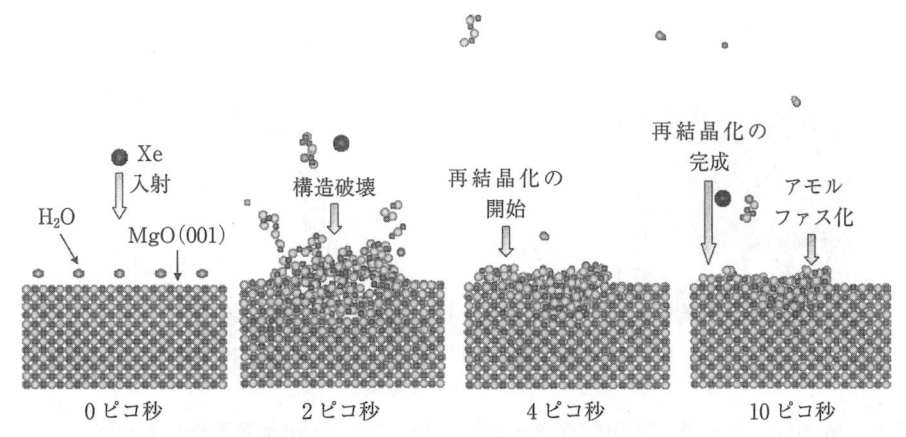

図 7　非平衡分子動力学シミュレータで得られた Xe スパッタリングによる水が吸着した MgO（001）面の構造破壊ダイナミクス

実現できていないことが理解された。つまり，水分子の吸着は MgO 保護膜の再結晶化を阻害し，保護膜の劣化を促進させることが明らかとなった。また，上記アモルファス化の原因は再結晶化過程において水分子の水素原子が MgO 内に侵入し，これが周囲の構造や電荷バランスをくずすことにあることも詳細な解析により明らかにされた。

以上のように，筆者らが開発した非平衡分子動力学シミュレータを活用することで，Xe スパッタリングによる MgO 保護膜の構造破壊プロセスを明らかにすることに成功した。特に，表面上に吸着した水分子が MgO 保護膜を劣化させる要因として，再結晶化プロセスの阻害が重要であるというまったく新しい知見を得ることができた。

2.5　PDP 用青色蛍光体の電子状態シミュレーション[13]

PDP 性能向上のため，蛍光体のさらなる高発光効率化が求められている。PDP 用の青色蛍光体 $BaMgAl_{10}O_{17}:Eu^{2+}$（$BAM:Eu^{2+}$）の青色発光は，Xe プラズマによる真空紫外光（VUV）によって Eu^{2+} の $4f$ 電子が空軌道である $5d$ 軌道に励起され，それが $4f$ 軌道に再び戻るときに発する光である。しかし，$BAM:Eu^{2+}$ は調製過程における熱処理や VUV 照射によりダメージを受け，発光効率の低下と発光色のレッドシフトが起こるため，$BAM:Eu^{2+}$ の結晶構造と発光の関係を量子論的に解明することが強く求められている。$BAM:Eu^{2+}$ の結晶構造におけるダメージの有無が発光特性に及ぼす影響を検討するには母体材料全体を考慮する必要があるが，そのような大規模系への第一原理計算の適用は，計算コストの観点から極めて困難である。さらに，希土類元素の特徴である f 軌道は 7 重縮退しているため第一原理計算における収束性は極めて悪く効率の良い計算を行うことが困難であった。そこで筆者らは，希土類の電子状態計算をより効率

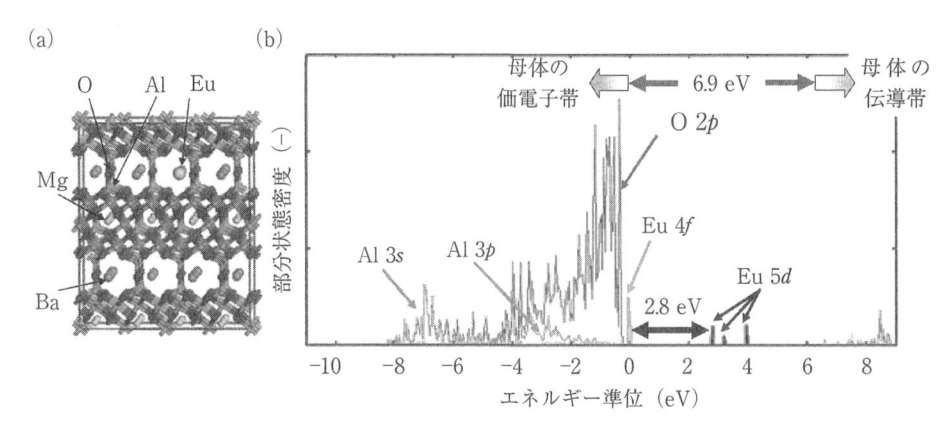

図8 (a) BAM：Eu^{2+}青色蛍光体の計算モデルと (b) Tight-binding量子分子動力学シミュレータにより得られた部分状態密度

的に行うため，4f軌道由来の分子軌道の占有電子数を一定にする新規アルゴリズムを考案し，Tight-binding量子分子動力学シミュレータに実装することでBAM：Eu^{2+}蛍光体の大規模電子状態計算を可能とした。

Eu^{2+}の基底状態における電子配置は$(4f)^7$であることから，電子状態計算においてEu^{2+}の4f軌道の寄与が大きい7個の分子軌道における占有電子数が常に1となる拘束条件を付与するアルゴリズムを開発した。これを用いてBAM：Eu^{2+}の464原子モデル（図8 (a)）の電子状態計算を行った。図8 (b) にはBAM：Eu^{2+}の464原子モデルについてTight-binding量子分子動力学シミュレータで計算した部分状態密度を示す。横軸はEuの4f軌道のエネルギー準位を0 eVとして表したエネルギー準位を表す。この図から，Euの4f軌道と5d軌道のエネルギー差が2.8 eV，母体であるBAMの伝導帯下端と価電子帯上端のエネルギー差が6.9 eVであることがわかり，実験値を定量的に再現することに成功した。また，開発した新規アルゴリズムを実装することにより電子状態計算の収束性が著しく改善された。

次に，BAM：Eu^{2+}蛍光体における酸素欠損が発光色に与える影響を検討するため，Tight-binding量子分子動力学シミュレータを用いて，464原子より構成されるBAM：Eu^{2+}のモデル（図8 (a)）ならびに酸素が1個欠損したモデルについて電子状態計算を行った。得られた部分状態密度を図9 (a) に示す。図9 (a) の横軸は図8と同様にEuの4f軌道の準位を0 eVとしたときのエネルギー準位である。図より，酸素欠損の導入により，Euの5d軌道が酸素欠損のない場合と比較してより低エネルギー側にシフトしていることがわかる。これは，酸素欠損の存在により発光色がレッドシフトすることを示している。また，図9 (a) より，Euの4f軌道より約1 eVほど高エネルギー側とEuの5d軌道より約2 eVほど高エネルギー側に酸素欠損に基づく欠損準位が形成していることがわかる。さらに，波動関数の空間分布を解析した図9 (b)

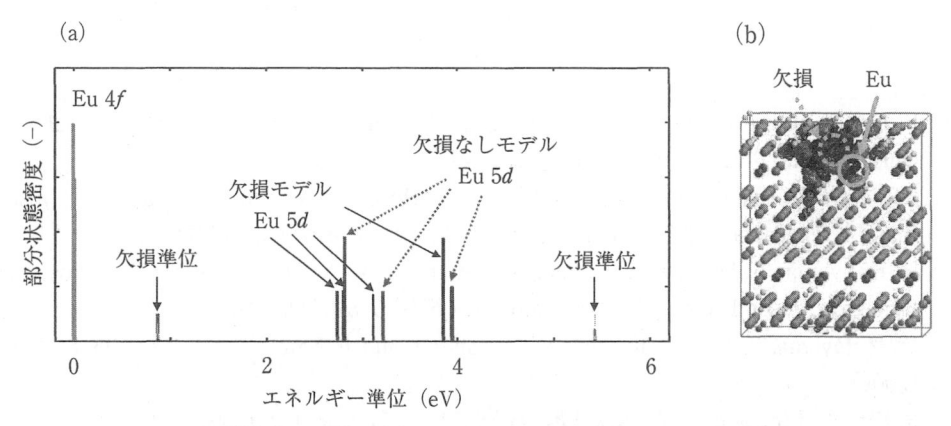

図9 (a) Tight-binding量子分子動力学シミュレータにより得られた酸素欠損を有するBAM：Eu^{2+}大規模モデルの部分状態密度と (b) 波動関数の空間分布

より，酸素欠損のごく近傍のAl^{3+}の3s, 3p軌道とO^{2-}の2p軌道より構成される分子軌道が広がっている様子も理解された。これらの結果は，酸素欠損由来の欠損準位が励起電子およびホールのトラップとして作用する可能性を示唆している。上記の知見は，筆者らが開発した大規模系の電子状態計算を効率的に行えるTight-binding量子分子動力学シミュレータによりはじめて得られたものである。現在，酸素欠損のみならずカチオン欠損，結晶構造の乱れなどを考慮したモデルの電子状態計算も進めている。

2.6 おわりに

PDPの一層の高効率化・低消費電力化の実現のため，MgO保護膜，希土類蛍光体のさらなる性能向上が求められている。また，PDP材料の研究開発効率のさらなる向上もPDPの発展に必要不可欠である。これら目的の達成のため，計算化学を活用したPDP材料設計のための基盤技術の構築と応用がますます重要になりつつある。本稿では，筆者らが独自に開発してきた量子分子動力学シミュレータ，非平衡分子動力学シミュレータ，モンテカルロ法シミュレータのPDP材料への応用例を紹介した。計算化学に立脚した理論設計への期待がPDP分野においても高まる中で，電子・原子レベルの物性予測とプロセス解析，およびそれらに基づくより優れた性能を示すPDP材料の設計を，実験研究者との緊密な議論を重ねることで実現し，この分野の発展に貢献していきたいと考えている。

文　　献

1) K. Uetani, H. Kajiyama, A. Kato, A. Takagi, I. Tokomoto, Y. Koizumi, K. Nose, Y. Ihara, K. Onisawa, and T. Minemura, *Mater. Trans.*, **42**, 411–413 (2001).
2) K. Uetani, H. Kajiyama, A. Kato, A. Takagi, T. Hori, I. Tokomoto, Y. Koizumi, K. Nose, Y. Ihara, K. Onisawa, and T. Minemura, *Mater. Trans.*, **42**, 870–873 (2001).
3) H. Kajiyama, T. Miyake, A. Hidaka, A. Imamura, M. Kubo, K. Sasata, T. Yokosuka, T. Kusagaya, A. Endou, and A. Miyamoto, *Proc. SID 03*, 892–895 (2003).
4) Y. Motoyama, Y. Hirano, K. Ishii, Y. Murakami, and F. Sato, *J. Appl. Phys.*, **95**, 8419–8424 (2004).
5) R. Kim, Y. Kim, and J.-W. Park, *Thin Solid Films*, **376**, 183–187 (2000).
6) S. Zhang, T. Kono, A. Ito, T. Yasaka, and H. Uchiike, *J. Lumin.*, **106**, 39–46 (2004).
7) M. Elanany, P. Selvam, T. Yokosuka, S. Takami, M. Kubo, A. Imamura, and A. Miyamoto, *J. Phys. Chem. B*, **107**, 1518–1524 (2003).
8) T. Yokosuka, K. Sasata, H. Kurokawa, S. Takami, M. Kubo, A. Imamura, Y. Kitahara, M. Kanoh, and A. Miyamoto, *Jpn. J. Appl. Phys.*, **42**, 1877–1881 (2003).
9) Y. Luo, Y. Ito, H.-F. Zhong, A. Endou, M. Kubo, S. Manogaran, A. Imamura, and A. Miyamoto, *Chem. Phys. Lett.*, **384**, 30–34 (2004).
10) P. Selvam, H. Tsuboi, M. Koyama, A. Endou, H. Takaba, M. Kubo, C. A. Del Carpio, and A. Miyamoto, *Rev. Chem. Eng.*, **22**, 377–470 (2006).
11) A. Miyamoto, H. Kikuchi, H. Onuma, H. Tsuboi, M. Koyama, N. Hatakeyama, A. Endou, H. Takaba, M. Kubo, and C. A. Del Carpio, *J. Soc. Inf. Disp.*, in press (2007).
12) 久保百司, 坪井秀行, 古山通久, 宮本　明, ナノ学会誌, **4**, 31–37 (2005).
13) H. Onuma, H. Tsuboi, M. Koyama, A. Endou, H. Takaba, M. Kubo, C. A. Del Carpio, P. Selvam, and A. Miyamoto, *Jpn. J. Appl. Phys.*, **46**, 2534–2541 (2007).
14) C. H. Ha, J. K. Kim, and K. W. Whang, *IMID/IDMC '06 Digest*, 130–133 (2006).
15) K.-H. Park and Y.-S. Kim, *IMID/IDMC '06 Digest*, 375–378 (2006).

3 PDP放電に関するシミュレーション

村上由紀夫[*]

3.1 はじめに

　プラズマディスプレイ（PDP）を始め最近頓に大型フラットパネルディスプレイが家庭に普及してきている。それらは開発当時，数万円/インチもするなど高価であったが，その時の目標1万円/インチは既に達成され，現在は5千円/インチに近づこうとしている。性能面についても，セルの欠陥やばらつきなどに起因して発生していた，常に点灯している明点や点灯しない暗点がほとんど無くなり，疑似輪郭なども改善されて高画質な映像が再現できるようになっている。

　PDPの消費電力は発光効率の向上により低減されてきているが，対角30インチクラスが一般的な画面サイズであるCRTに比べ，PDPは対角42～50インチクラスと大型であることから，それに伴い消費電力が増加している。そこで，環境問題などからディスプレイを大型化しても消費電力が増加しないように，さらに発光効率を高める必要がある。

　このようなことからPDPの課題である，さらなる発光効率の向上には，現状の微細セル内における放電と発光現象を明らかにし，それを基に発光効率向上のための指針を得るとともに，飛躍的な発光効率向上を可能とする放電形態を探索する必要がある。

　PDPのような微細セルに関するプラズマ診断についてはレーザー吸収顕微分光法により，真空紫外線（VUV：Vacuum Ultraviolet，以下紫外線と略す）の発光に関与する共鳴準位原子$Xe^*(1s_4)$（パッシェン記法を使用）や，分子線発光などに重要な役目を果たす準安定原子$Xe^*(1s_5)$の時空間分布が計測されている[1]。これらの励起原子は主に電子との衝突により生成されるが，その電子エネルギー分布が励起効率を支配するため，トムソン散乱法による電子エネルギー分布の測定に取り組まれている[2]。また，レーザーを用いたエバネッセント波分光法により，プラズマ内の誘電体表面近傍の準安定原子の密度測定なども行われている[3]。しかしこれらのプラズマ診断については，放電セルが数百ミクロンの微小サイズであることなどから，放電に影響を及ぼすことなく測定することは簡単ではない。

　一方，理論的なアプローチとして放電シミュレーションが行われている。放電シミュレーションは結果が現象を正しく再現しているかどうかの検証実験も必要であるが，一旦シミュレーションコードが確立されれば，パラメータの変更で多くの条件における結果を得ることができる。さらに高精度のシミュレーション技術の開発により，集積回路（IC）の設計など，回路における計算機援用設計（CAD：Computer Aided Design）のように，PDPでもその都度デバイスを作らなくても，計算によってその特性が得られ設計できれば非常に便利であることは容易に推察さ

---

[*] Yukio Murakami　日本放送協会　放送技術研究所　材料・デバイス　主任研究員

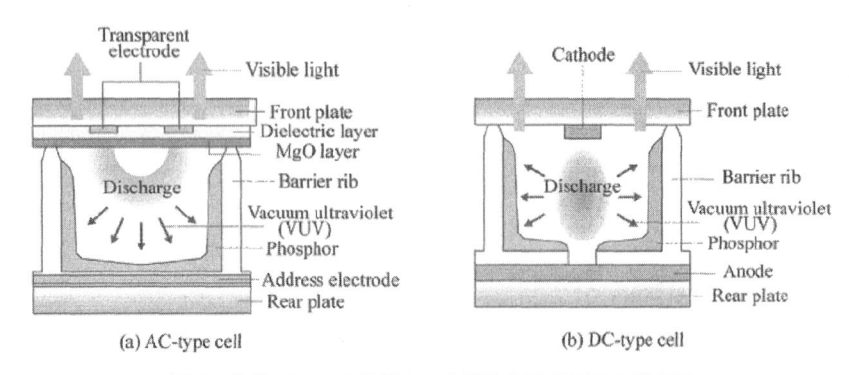

図1 カラーPDPの放電セルの構造と発光原理の模式図

れる。このような目的からコンピュータによる放電シミュレーションが行われている[4〜19]。

ここでは，PDPの構造や原理などに簡単に触れた後，二つの方式AC型とDC型セルを対象にした放電および紫外線発光に関するシミュレーションを中心に説明する。

3.2 PDPの原理と放電メカニズムの解明

3.2.1 セルの構造と原理

PDPの構造や原理などを説明する必要もないと思われるが簡単に触れておく。PDPのセルは図1に示すように，電極が誘電体層に覆われている（a）AC型と，電極が放電空間に露出している（b）DC型に大別される。いずれの場合でも発光原理は同じで，放電により発生した紫外線で蛍光体を励起して可視光を発生させる。パネルには，このような原理によって発光する数百ミクロン程度の大きさのセルが，縦横に数十万〜数百万個並べられ，それぞれのセルには赤，緑，青色に発光する蛍光体が一色ずつ塗布されている。

3.2.2 放電メカニズムの解明

筆者らは十数年前に，微細セルの放電発光メカニズムの解明から発光効率の向上を目指して，実験による基礎研究に加え，コンピュータによる放電発光シミュレーションの研究を開始した。その当時，文献の調査から始めているが，紫外線の発光を含めた放電シミュレーションの報告は見られなかった。その中で比較的我々の目的にあったIBMグループの論文[4]を参考に，He-Xe系ガスの放電過程における主な励起レベルを文献より探し出し，そのガスを対象とした計算のプロセスをブロックダイヤグラムにするなど，計算手法の指針を示し概要を報告した[20]。その中で，計算に必要な放電パラメータについて既知のものは文献を挙げ，He-Xe混合ガスにおける電子衝突電離係数や励起係数など，重要な放電パラメータで未知のものが多くあることを示した。この指針に基づき，DC型セルを対象とした一次元コードを構築するとともに，並行して行った実験結果と比較するなどして，シミュレーションに用いた放電モデルや解析手法の妥当性を調べ

第2章　PDP用部材・材料とPDP作製プロセス

た。その後，一次元コードを直交座標系二次元解析[12]に拡張し，さらに軸対称三次元解析[13]に発展させた。

一方，AC型セルについても解析を進め，DC型セルと発光効率の比較を行うなど，放電形式の違いによる放電特性について調べた[7]。AC型セルは，面放電構造が広く採用されていることから三次元コードを開発し，書き込み放電の解析[14]に加えて，書き込み放電から維持放電状態への進展過程の荷電粒子や励起粒子の振る舞いや，誘電体層の電荷分布などについて解析[15]を行っている。また，パネルの高精細化に向けて電子のエネルギー利用効率（紫外線発光に関与する励起粒子の生成数/セルの入力電力）の検討[17]なども進めその可能性を調べている。これらの放電シミュレーションについて計算手法や計算結果など概要を説明する。

3.3　DC型セルの放電シミュレーション
3.3.1　一次元シミュレーション
(1)　放電素過程モデル

PDPの封入ガスはHeやNeガスを母体とし，紫外線発光のためにXeガスを10％程度混合したものが一般的である。ここでは，実験で高い発光効率が得られているHe-Xe混合ガスを例に説明するが，HeをNeにすることでNe-Xe系ガスに変更することができる。

放電モデルには，電子，4種のイオン（He^+，He_2^+，Xe^+，Xe_2^+）と，PDPの放電に重要な7種の励起粒子（He^* triplet，He^* singlet，He_2^*，$Xe^*(1s_4)$，$Xe^*(1s_5)$，$Xe_2^*{}_U$，$Xe_2^*{}_{YZ}$）など計12種の粒子を扱う。この12種の粒子は，無数にあるエネルギー準位の中から，重要なものを選んだものである。また，ここに扱った分子種は，PDPのような数十kPa程度の高ガス圧力の放電では，その存在を考慮する必要がある。図2に，これら12種の粒子について，電子衝突に伴う電離と励起，電荷転移，ペニング電離，放射遷移および解離性再結合などの遷移過程を示す[5,6]。

(2)　基本方程式

PDPの放電シミュレーションには，ガス中の粒子の軌跡を一つ一つ追跡するモンテカルロシミュレーション（MCS）[21]などもあるが，一般に計算時間などを考慮し局所場近似モデル（LFA：Local Field Approximation）による流体解析が広く行われている。この局所場近似モデルは，電子衝突に伴う電離と励起係数，ドリフト速度などを，その場所の電界だけによって決定し，近傍の電界には影響されないと仮定している。

次にシミュレーションの基本となる粒子密度連続の式とポアソンの式，および，これらの式に与える境界条件について，陰極と陽極間をx軸にとる一次元解析の例を示す。

①粒子密度連続の式

粒子sの粒子密度連続の式は次式で表される。

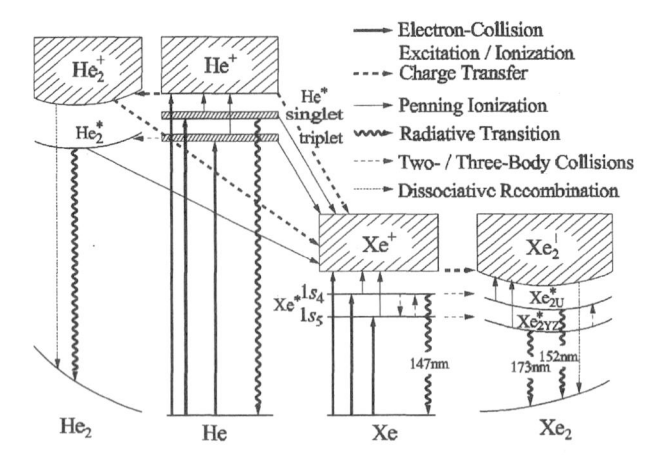

図2 He-Xe混合ガス中の主要エネルギー準位と衝突および放射過程

$$\frac{\partial N_s}{\partial t} + \frac{\partial \Phi_s}{\partial x} = G_s(x, t) - L_s(x, t) \tag{1}$$

ここで，N_s，Φ_sは，それぞれ，粒子sの密度，粒子束密度，またG_s，L_sは粒子sと他の粒子との反応による粒子sの生成および消滅項を示す。式（1）のΦ_sは，ドリフト速度v_sと拡散係数D_sを用いて次のように表される。

$$\Phi_s = v_s N_s - D_s \frac{\partial N_s}{\partial x} \tag{2}$$

式（1）で示した粒子密度連続の式は，電子，イオン，励起粒子について12種類（$s=1$〜12）が作られる。この式の中で，He*singlet，Xe*($1s_4$)などの共鳴準位の粒子については，共鳴放射の閉じ込め[22,23)]が含まれている。また一次元解析でもL_sの項に拡散係数から実効的な寿命として近似したセル隔壁での損失を含めるなど，精度の向上も目指している[12)]。

②ポアソンの式

電子，イオンが分布しているセル内の電界は次に示されるポアソンの式を積分することによって得られる。

$$\frac{\partial E(x, t)}{\partial x} = \frac{\rho(x, t)}{\varepsilon} \tag{3}$$

ここで，ρは極性を考慮した電荷密度で，その場所の電子とイオンの密度の総和，εはガスの誘電率である。この電界計算の積分定数の計算には，次に示す電極に印加される電圧V_gを境界条

第2章　PDP用部材・材料とPDP作製プロセス

件として与える必要がある。

③ 境界条件

陰極にイオン，準安定原子，光子が入射して生成される二次電子束密度 Φ_e は，次式で求められ式（1）の境界条件になる。

$$\Phi_e = \sum \gamma_i \Phi_i + \sum \gamma_m \Phi_m + \sum \gamma_p \Phi_p \tag{4}$$

ここで，Φ_i, Φ_m, Φ_p はそれぞれ，イオン束密度，準安定原子束密度，光子束密度を表す。また，γ_i, γ_m, γ_p はイオン，準安定原子，光子の二次電子放出係数である。

電極に加わる電圧 V_g は，次の外部回路方程式で計算される。

$$V_g(t) = -\int_0^d E(x,t)\,dx = V_a(t) - I_d(t)R \tag{5}$$

ここで，d は電極間距離，V_a は印加電圧，I_d は放電電流，R は電流制限抵抗の抵抗値である。また，式（5）の I_d は次式で計算される量である。

$$I_d(t) = \frac{Sq}{d} \int_0^d (v_e N_e - \sum v_i N_i)\,dx \tag{6}$$

ここで，v_e と v_i は電子とイオンのドリフト速度，N_e と N_i は電子とイオンの密度，q は素電荷，S は電極の面積である。

(3) スォームパラメータ

解析に必要な電子衝突に伴う電離と励起係数の中で，He-Xe 混合ガス中での He と Xe の電離係数，$Xe^*(1s_4)$ の励起係数は，定常タウンゼント法による測定とボルツマン解析から決定されたデータを使用している[24]。また，図2の二体三体衝突などの励起粒子間の反応や電荷転移，ペニング電離，放射遷移，解離性再結合などの反応速度係数についても報告されているデータを使用している[6]。これらのデータをまとめて表1に示す。

(4) 一次元シミュレーションの解析結果

前述した一次元手法と表2に示すDC型セルの典型的な条件での計算結果の中から，代表的な荷電粒子と励起粒子および電界の時空間分布を図3に示す[5,6]。図（a）と（b）に示されるように，電子はセル中央から陽極側に発生し，イオンは逆に陰極側に発生している。この空間電荷のため，図（f）に示される電界歪みが生じる。セル中央から陽極にかけて電子とイオンの密度が等しいプラズマ領域が現れる。次に，図（c）と（e）は，それぞれ 147 nm の紫外線を放射する共鳴準位原子 $Xe^*(1s_4)$ の密度分布，173 nm を中心とする紫外線を放射する分子 $Xe_2^*{}_{YZ}$ の密度分布である。また，図（d）に示される準安定原子 $Xe^*(1s_5)$ は減衰時定数が長く，DC型で走査線数が増加しても輝度が低下しないパルスメモリー駆動法[40]で重要な役目を果たしている。

表1 シミュレーションに用いた各種粒子の反応速度係数

Reactions	Rate constants	Reference
Two-and Three-body reactions		
$Xe^*_R + Xe \rightarrow Xe^*_M + Xe$	2.8×10^{-13} (cm^3/s)	25)
$Xe^*_M + Xe \rightarrow Xe^*_R + Xe$	1.5×10^{-15}	25)
$Xe^*_M + Xe \rightarrow Xe_2^*_Y$	3.0×10^{-15}	26)
$Xe_2^*_Y + Xe \rightarrow Xe_2^*_U + Xe$	6.6×10^{-15}	27)
$Xe_2^*_U + Xe \rightarrow Xe_2^*_Y + Xe$	1.3×10^{-13}	28)
$Xe^*_R + 2Xe \rightarrow Xe_2^*_U + Xe$	4.4×10^{-32} (cm^6/s)	25)
$Xe^*_M + 2Xe \rightarrow Xe_2^*_Y + Xe$	3.9×10^{-32}	25)
$He^* + 2He \rightarrow He_2^* + He$	2.0×10^{-34}	29)
$Xe^*_M + Xe + He \rightarrow Xe_2^*_Y + He$	2.6×10^{-32}	30)
Charge transfer		
$He^+ + Xe \rightarrow He + Xe^+$	1.0×10^{-11} (cm^3/s)	29)
$He_2^+ + Xe \rightarrow 2He + Xe^+$	5.9×10^{-10}	31)
$Xe^+ + 2Xe \rightarrow Xe_2^+ + Xe$	2.0×10^{-31} (cm^6/s)	32)
$He^+ + 2He \rightarrow He_2^+ + He$	6.3×10^{-32}	31)
$Xe^+ + Xe + He \rightarrow Xe_2^+ + He$	1.1×10^{-31}	33)
Penning ionization		
$He^*_M + Xe \rightarrow He + Xe^+ + e$	1.2×10^{-10} (cm^3/s)	29)
$He_2^* + Xe \rightarrow 2He + Xe^+ + e$	5.9×10^{-10}	29)
$He^*_M + He^*_M \rightarrow He^+ + He + e$	4.5×10^{-9}	34)
$Xe^*_M + Xe^*_M \rightarrow Xe^+ + Xe + e$	5.0×10^{-10}	35)
$Xe_2^* + Xe_2^* \rightarrow Xe_2^+ + 2Xe + e$	8.0×10^{-11}	36)
Radiative transition		
$Xe^*_R + Xe \rightarrow Xe + h\nu$	2.7×10^8 (1/s)	37)
$Xe_2^*_U + Xe \rightarrow 2Xe + h\nu$	1.8×10^8	25)
$Xe_2^*_Y \rightarrow 2Xe + h\nu$	1.0×10^7	25)
$He^*_R \rightarrow He + h\nu$	2.3×10^9	38)
$Xe_2^* + Xe \rightarrow 2He + h\nu$	3.6×10^8	29)
Dissociative recombination		
$Xe_2^+ + e \rightarrow 2Xe$	1.4×10^{-6} (cm^3/s)	39)
$He_2^+ + e \rightarrow 2He$	4.0×10^{-9}	39)

(注) Xe^*_R, Xe^*_M などの下付の $_R$, $_M$ は，それぞれ共鳴準位原子，準安定原子を表す．

この一次元シミュレーションは後述する実験との比較によって，放電モデルの妥当性を確認した後，計算時間が短い利点を生かして，放電開始電圧（パッシェン曲線）の計算[8]や二次電子の逆拡散[41]の影響を調べるなど，放電特性の解析[16]に利用している．

第2章　PDP用部材・材料とPDP作製プロセス

表2　計算条件

Gas composition	He-Xe (10%)
Gas pressure	40 kPa (300 Torr)
Cathode material	Ni
Electrode distance (d)	0.02 cm
Electrode size (S)	0.02×0.02 cm^2
Cell size	0.06×0.06 cm^2
Pulse voltage	170 V
period	4 μs
duration	1 μs
Bias voltage	150 V
Resistor (R)	1 MΩ

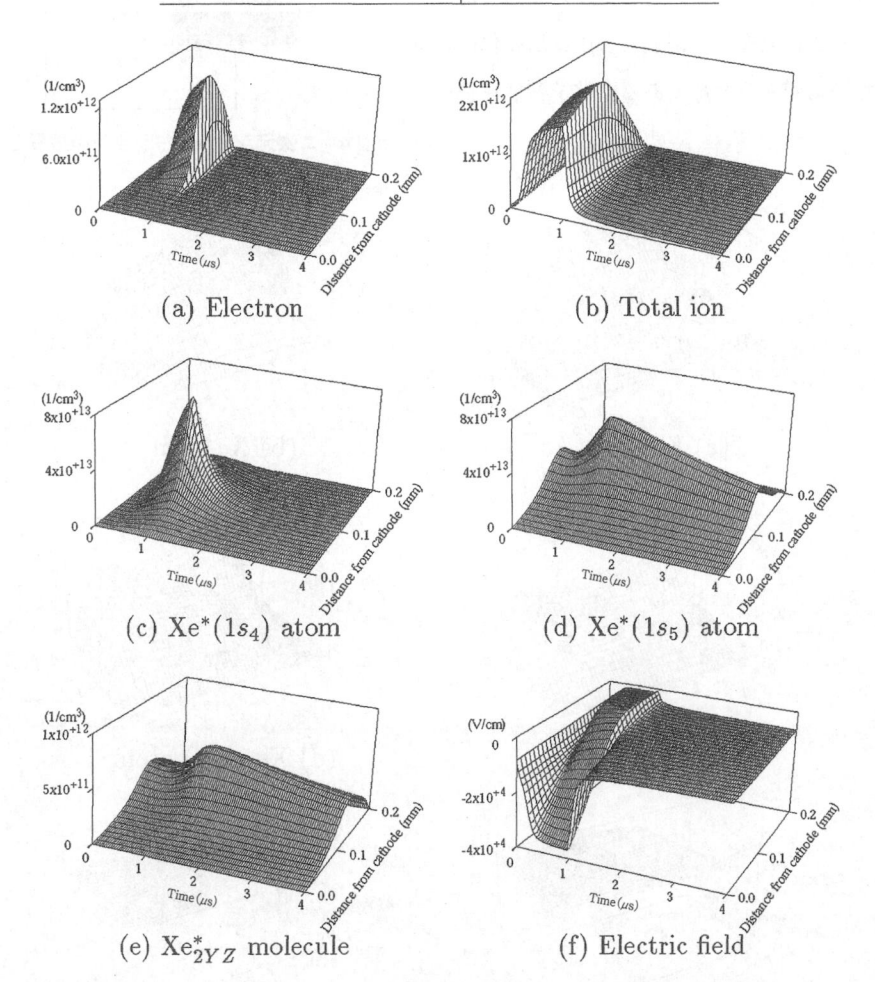

(a) Electron　　(b) Total ion

(c) Xe*($1s_4$) atom　　(d) Xe*($1s_5$) atom

(e) Xe$_{2YZ}^*$ molecule　　(f) Electric field

図3　一次元シミュレーションによる荷電粒子と励起粒子および電界の時空間分布の一例

3.3.2 二次元シミュレーション

　一次元解析ではセル壁の影響を正確に取り入れられないことに加えて，セル構造が一次元近似できない場合には多次元解析が要求される。筆者らによる直交座標系二次元解析[12]は，図4に示すセル構造を考え，陰極から陽極のx軸方向の一次元解析を基本として，陰極中央からセルの壁面に向かうy軸方向についても同様に拡張したものであり，一次元解析のように実際のセルの大きさとガス圧力で計算している。これは放電の反応過程の中には相似則に従わない物理量があるためである。粒子密度連続の式

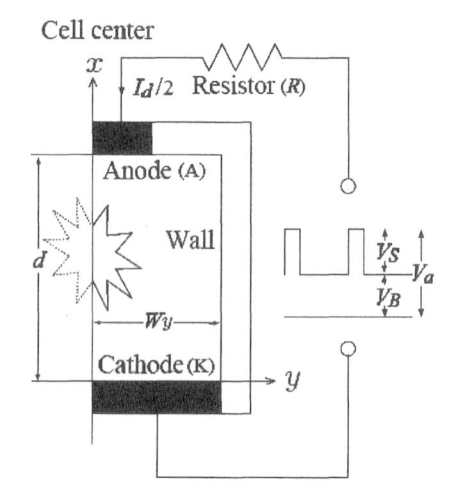

図4　二次元シミュレーションの放電セル構造

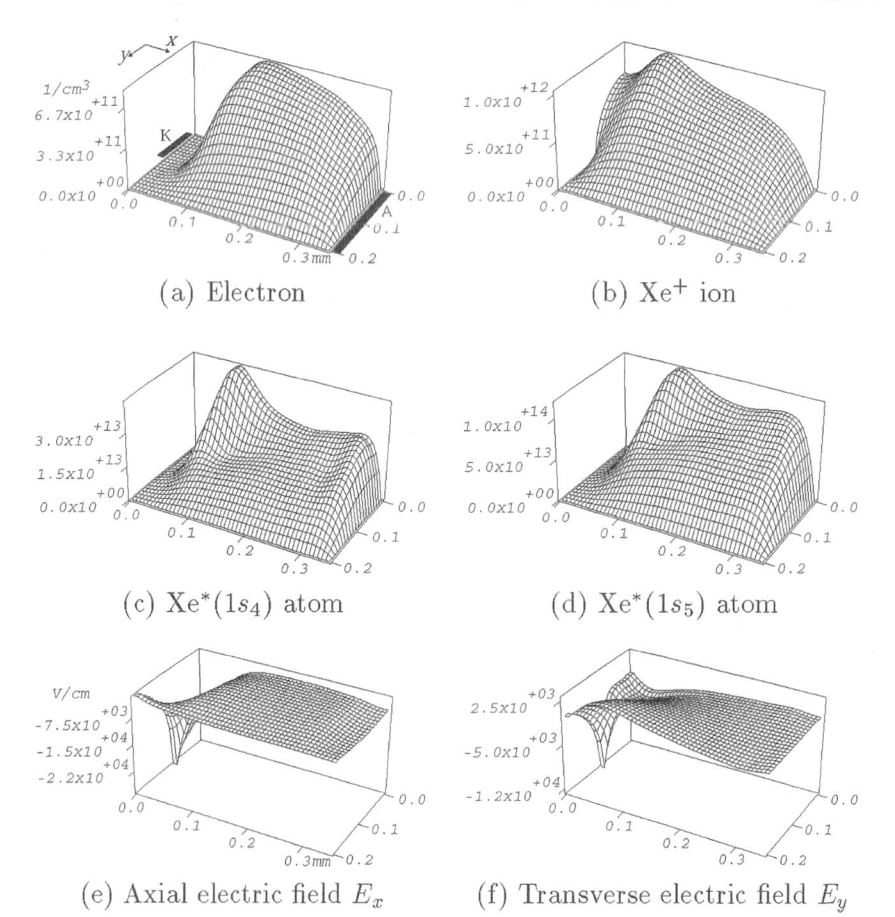

(a) Electron

(b) Xe$^+$ ion

(c) Xe*(1s_4) atom

(d) Xe*(1s_5) atom

(e) Axial electric field E_x

(f) Transverse electric field E_y

図5　二次元シミュレーションによる荷電粒子と励起粒子および電界の分布の一例

第2章　PDP用部材・材料とPDP作製プロセス

の時間進展は，x軸方向について陽的解法で計算した後，y軸方向についても同様に計算を行い，時間ステップΔtを進める方法で行っている。

二次元解析など多次元シミュレーションにおいては，計算時間の短縮や数値解析の安定化が重要な問題となる。これに関しては，電子とイオンや励起粒子の運動する速さの違いに着目して，それぞれの時間ステップの大きさを変えるなどの高速化手法を採用するが，二次元解析は一次元解析の数十倍の計算時間を要している。このコードを用い一次元解析と同様のガス組成などの条件で得られた計算結果の中から，荷電粒子と励起粒子および電界の分布を図5に示す[12]。図5は放電電流が最大時の粒子密度の分布で，セルは対称構造であるためにy軸方向はセルの半分の領域を表示している。

3.3.3　軸対称三次元シミュレーション

円筒座標系による軸対称三次元解析は，対象とするセル構造に制限があるが円筒形状セルの解析に適しており，二次元解析に近い計算時間とデータ量の取り扱いで計算が可能である。その上，セル壁全面の境界条件を与えることができるので，陽光柱の放電特性の解析などに適している。

図6に示すセル構造と座標を考え，角度θ方向に一様性を仮定して，セル壁面に蓄積する電荷を考慮した場合としない場合について計算を行った[13]。ここでは前者における荷電粒子，励起粒子と電界および等電位曲線の一例を図7に示す。この結果，セル壁面の電荷蓄積を考慮した場合，ⅰ）粒子密度のピークが陰極に近づく，ⅱ）径方向への密度分布の減衰が緩やかになる，ⅲ）粒子密度のピーク値が小さくなる，などセル壁面の影響が現れている。

3.3.4　放電シミュレーションの妥当性の検討

放電シミュレーションの構築には計算モデルなどの妥当性を確認するために，計算結果を実験と比較検討することが必要である。そのため，一次元コードの開発に並行して紫外線の発光波形の観測[5, 6]を行った。蛍光体を励起する147 nm，173 nm の紫外線は空気中では吸収されるので，分光器内を真空排気するとともに，パネルの前面にサファイア板を用いるなどして，紫外線の発光を直接観測した。その結果，147 nm，173 nm の紫外線の減衰時定数は，それぞれ1 μs，10 μs 程度となり同条件の計算結果と良く一致した。さらに，He-Xe 混合ガスの Xe 分圧を変化させて測定したところ，Xe 分圧の増加に伴って，147 nm の発光強度は減少し，173 nm の発光強度は増加するなど計算結果と定性的によく一致した。これは，放電シミュレーションに共鳴放射の閉じ込め[22, 23]を取

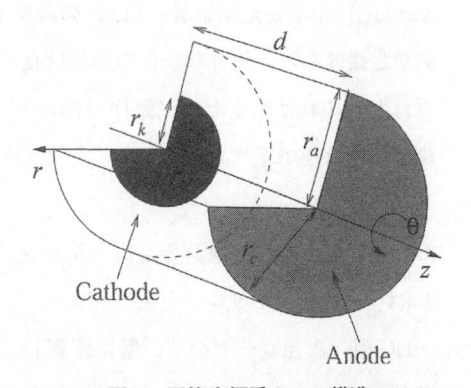

図6　円筒座標系のセル構造

(a) Electron

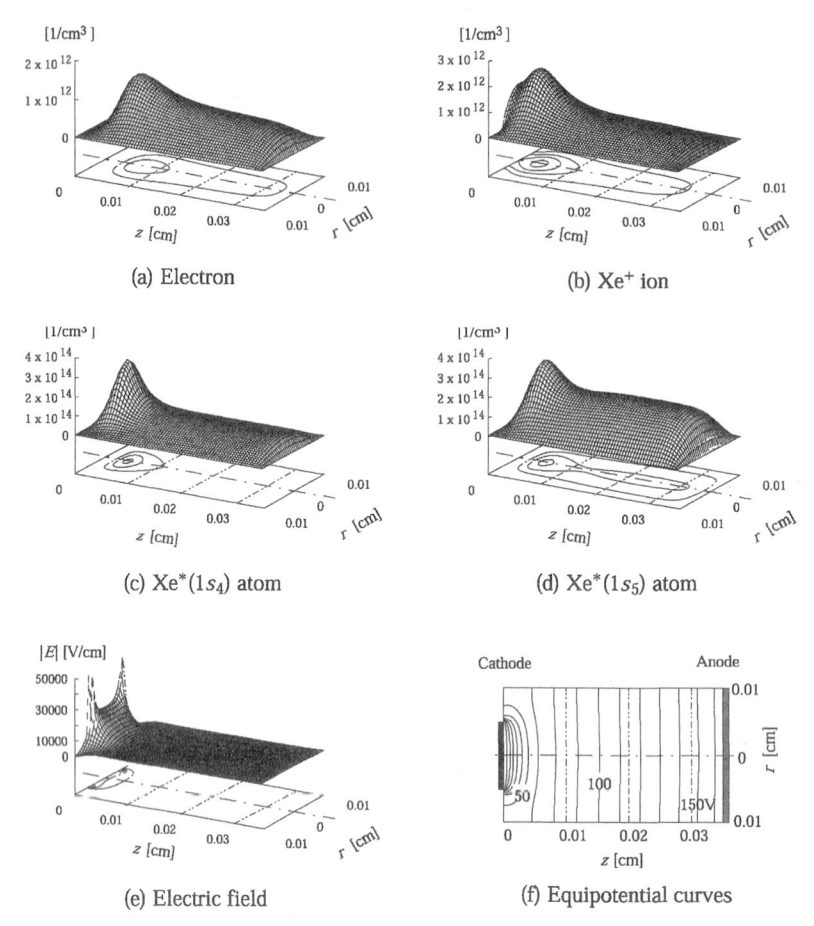

(b) Xe$^+$ ion

(c) Xe*(1s_4) atom

(d) Xe*(1s_5) atom

(e) Electric field

(f) Equipotential curves

図7 軸対象三次元シミュレーションによる荷電粒子と励起粒子および電界の時空間分布の一例

り入れているためである。

次に直交座標系二次元コードに発展させた段階での検証については，計算した共鳴準位原子 Xe*(1s_4) や準安定原子 Xe*(1s_5) の時空間分布を，レーザー吸収顕微分光法[1] により測定した結果と比較した。両者の分布の形状は良く一致しているが，密度の最大値は数倍異なる場合も見られた。これは測定セルが製作の都合上，三次元構造であることなどに起因している[12]。この測定原理は後で述べる。

3.4 AC型セルの放電シミュレーション
3.4.1 一次元シミュレーション

DC型一次元コードをAC型に変更し，放電シミュレーション[19] とパネル実験[42] によりAC型とDC型セルの発光効率の比較を行うなど，放電形式による発光効率について考察を行ってい

第2章 PDP用部材・材料とPDP作製プロセス

る。これには境界条件として与える式（5）で示される電極に加わる電圧 V_g の計算を次の式（5´）に変更すれば良い。

$$V_g(t) = -\int_0^d E(x,t)\,dx = V_a(t) - \frac{1}{C}\int_0^t I_d(t')\,dt' \tag{5´}$$

ここで，d は電極間電圧，V_a は印加電圧，I_d' は両電極上に形成した誘電体層に流入する放電電流の和，C は誘電体層の静電容量，R は電流制限抵抗の抵抗値である。計算結果など詳細については文献[19]に譲る。

3.4.2 三次元シミュレーション

現在広く用いられている面放電構造の AC 型セルの動作は，まず対向電極による書き込み放電により誘電体層に壁電荷を蓄積させた後，その電位と印加電圧により面電極間で維持放電を起こさせる。この書き込み放電と維持放電の詳細な解析にはセルの幅も考慮できる三次元解析が要求される。ここで，三次元シミュレーション[18]の基本となる，粒子密度連続の式，エネルギー保存式および電界に関するポアソンの式を示す。

(1) 三次元シミュレーションの基本方程式

①粒子密度連続の式

$$\frac{\partial n_s}{\partial t} + \nabla \cdot (n_s \vec{v}_s - D_s \nabla n_s) = S_s \tag{7}$$

ここで，n_s は粒子 s の密度，$\vec{v}_s$ はドリフト速度，D_s は拡散係数，S_s は粒子の生成項である。

②エネルギー保存式

電子温度は熱平衡状態において定義されるために，PDP 放電のような非平衡系では定義できないが，ここでは局所平衡状態（LTE：Local Thermodynamic Equilibrium）を仮定して，電子は局所的に熱平衡状態に近づき，エネルギー分布はマクスウェル分布に近いとした。その状態における全エネルギー保存式を式（8）に表す。

$$\frac{\partial u}{\partial t} + \nabla \cdot \left((u+p)\vec{V}_e - \lambda \nabla T_e\right) = W_L - W_E - W_I \tag{8}$$

ここで，u，$\vec{V}_e$，T_e はそれぞれ，電子の全エネルギー密度，移動速度，平均エネルギーを表す。また，p，λ，W_L，W_E，W_I はそれぞれ，ガス圧力，熱伝導率，ローレンツ力，弾性衝突，非弾性衝突によるエネルギーの変化を表す。

③ポアソンの式

$$\nabla \cdot \vec{E} = \frac{e}{\varepsilon}\left(-n_e + \sum_i n_i\right) \tag{9}$$

ここで，$\vec{E}$ は電界，e は素電荷，ε はガスの誘電率，また n_e は電子密度，n_i は4種のイオン密度である。

(2) 書き込み放電と維持放電に関する解析

前記のように電子のエネルギー保存式を連立させた熱流体三次元コードを開発し，書き込み放電における荷電粒子や励起粒子の振る舞いなどについて解析を進めた[14]。その後，コードを発展させ，書き込み放電を起こした後，維持放電へと放電が進展していく様子を連続して計算し，各粒子密度の変化をアニメーションにするなどして動作を解析している[15]。さらに，放電のメカニズムを詳細に調べるために様々なグラフを作成し分析を進めている。

その中で図8はNe-Xe混合ガスを用いた典型的なAC型セルの条件で計算した粒子密度最大時刻のセルの中心面（$Z=0$）での荷電粒子と励起粒子の分布の例であり，図9は，書き込み放電と維持放電時の等電位曲線である。

(3) 共鳴準位原子 Xe*($1s_4$) と電子エネルギーの進展イメージ

放電シミュレーションを用いるとさまざまな物理量が求められる中で，波長147 nmの紫外線を放射する Xe*($1s_4$) 原子の密度分布，およびセル中心断面領域の電子エネルギー分布の時間進展[43]を図10に合わせて示す。図10（1）のパルス電圧を印加して160 ns経過した状態ではセル内のエネルギーは高まってきており，（2）では陽極近傍に Xe*($1s_4$) 原子の密度が 10^{13} 個/cm³ の密度を超える領域が存在し，（3）と（4）ではその領域が拡大して，（5）で最大となり，（6）以降でその密度は減少に転じている。（9）の放電が終わりに近づいた頃には電子エネルギーは低くなっているのが確認できる。この図はアドレス電極に補助パルスを加えたときの計算結果であるために，Xe*($1s_4$) 原子の密度が 10^{13} 個/cm³ を超える領域は補助パルスを加えない通常の駆動条件よりも大きくなっている。

このように，セル内の電子エネルギーや紫外線放射に関係する励起粒子の分布を調べることで，PDPの高精細化の可能性や発光効率向上に向けた指針などを得ることができる。

(4) PDPの高精細化に向けた電子のエネルギー利用効率の検討

ここでは，PDPの高精細化に向けた電子のエネルギー利用効率の検討[17]について述べる。ここでの電子のエネルギー利用効率は，紫外線発光に関与する励起粒子の生成数をセルの入力電力で除したものとして定義している。放電シミュレーションで得られた例として，図11に電子がエネルギーを蓄えた状態（a）と，電離や励起などでエネルギーを失った状態（b）を示す。左

第 2 章　PDP 用部材・材料と PDP 作製プロセス

(a) Electron

(b) Xe$^+$ ion

(c) Xe*($1s_4$) atom

(d) Xe*($1s_5$) atom

図 8　三次元シミュレーションによる粒子の空間分布の一例

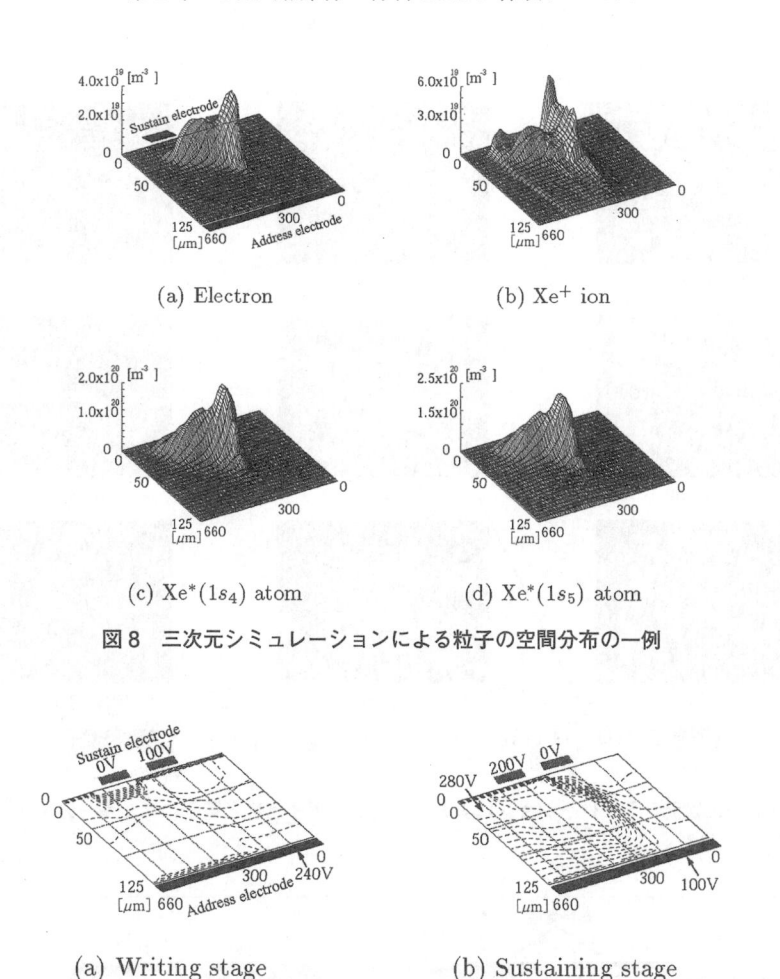

(a) Writing stage

(b) Sustaining stage

図 9　三次元シミュレーションによる等電位分布の一例

側の図は 50 インチワイド XGA のパネルに相当する画素ピッチが約 0.9 mm のセル，右側の図は画素ピッチ 0.3 mm の超高精細セルについて解析した結果である．ここに合わせて示した共鳴準位原子 Xe*($1s_4$) の分布（c）は，その密度が最大となる時間の分布である．

　この図は数値解析のためにセル内の空間を縦，横，高さ方向に分割し，その 1 つの微小領域での電子が電界から得たエネルギー，電離や励起などに費やしたエネルギーなどについてバランスを計算し，電子が有するエネルギーを表示したものである．これらの結果は三次元空間で時間変化を伴うが，セル側面方向から見た図（a）と（b）ではセルの隔壁間の微小領域のエネルギーを積算して表示している．また，セル前面方向から見た図（c）ではパネルの厚み方向の微小領域の密度を積算している．

　図（a）の右図はガス圧力を高めているために，超高精細セルで顕著となるセル壁面での粒子

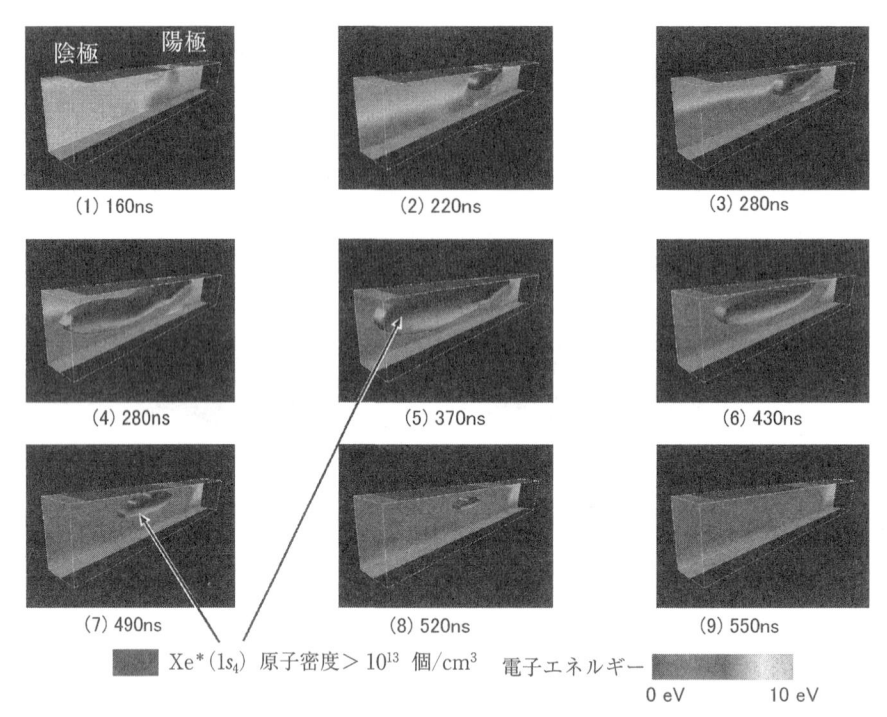

図10 三次元シミュレーションによるXe*(1s₄)原子密度と電子エネルギーのイメージ

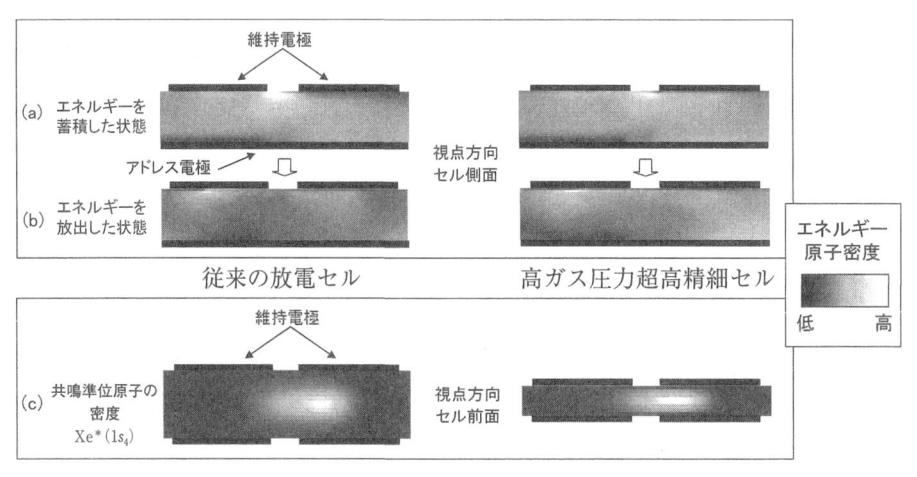

図11 放電セル内部の電子のエネルギー利用効率の計算例

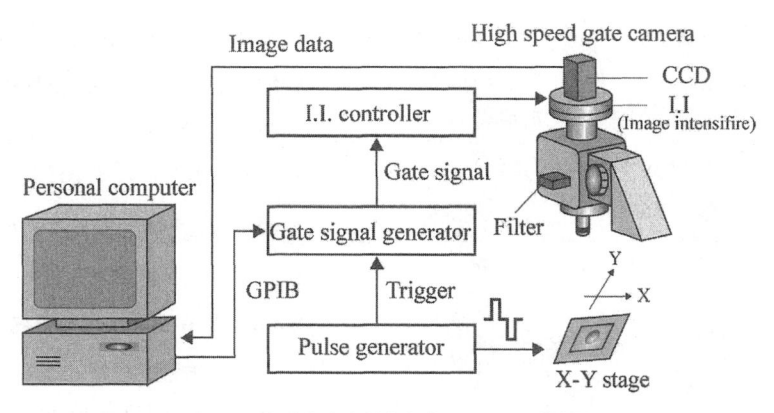

第 2 章　PDP 用部材・材料と PDP 作製プロセス

図 12　高感度高速現象解析カメラの系統図

の損失が軽減されて，左図と同様に電極間隙の近傍を中心として電子にエネルギーが蓄積されている。一方，図 (b) のエネルギーを放出した状態では，右図の高ガス圧超高精細セルの方は陰極側の部分で若干エネルギーの残留が見られるが，ほぼ同様にエネルギーが利用されていることが分かる。この結果は，超高精細セルでもガス圧力を高めることで通常セルと同様の発光効率が得られる可能性があることを意味している。この電子のエネルギーが，放電持続に必要な電離などに使用されるよりも，紫外線の放射に関係する粒子の生成に利用されることが発光効率を高める上で重要となるが，それら粒子数を計算することで，電子のエネルギーがどの反応に多く利用されているかが分析できる。

ここではガス圧力を高めた場合の電子のエネルギー利用効率の解析に留めたが，放電シミュレーションは，セルや電極の構造，駆動電圧波形をパラメータとして解析することが可能であり，高効率化など特性向上のための指針を得る手法として有効である。

3.4.3　放電シミュレーションの妥当性の検討

放電シミュレーションの検証や，放電メカニズムの解明に使用する目的で高感度な高速ゲートカメラ装置を構築し，AC 型対向放電セルの可視光から近赤外領域の発光を 5 ns 程度で時間分解している [42]。この装置の系統図を図 12 に示す。また，この装置を基本として面放電構造の AC 型セルの近赤外発光の観察も行われている [44]。

現在のプラズマ診断技術を適用しても，微細セル内のあらゆる物理量を測定することは難しいが，レーザー光の吸収を応用して，紫外線を放射する励起原子などの密度分布が測定できるようになっている。図 13 の原理で示すように，励起原子の密度が小さいときは，透過するレーザー光が強く，密度が大きい時は弱くなる。この現象を利用して，レーザー光をセル内で移動してその透過光の強度を調べることで，セル内の励起原子の密度分布が測定できる。このようにして測定した紫外線の放射に関係する励起原子密度の時空間分布の測定例 [45] を図 14 に示す。この図は，

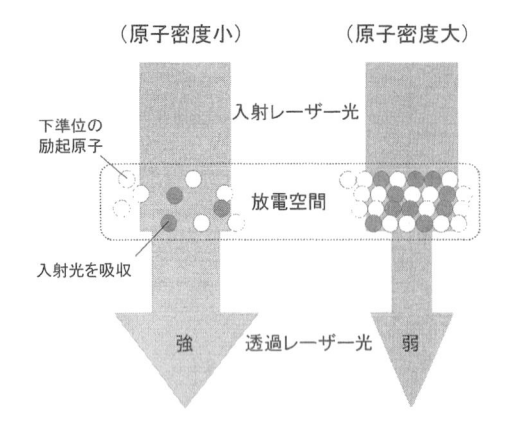

図13 レーザー吸収法による励起原子密度の測定原理

セルの中心部分を陰極から陽極に沿って密度測定しているが，横軸に時間変化も同時に表している。このような励起粒子の時空間分布をシミュレーション結果と比較することで，計算モデルの妥当性を確認することができる。

3.4.4 電子エネルギー分布のボルツマン方程式解析

パネルに残存する不純ガスや，蛍光体や隔壁などの材料から放出される不純ガスが放電特性に与える影響を調べるために，ボルツマン方程式を用いて電子エネルギー分布を解析[46]している。図15は封入ガス Ne-Xe に対して，酸素（O_2），水素（H_2）および二酸化炭素（CO_2）などの不純ガスが，混合率 $k = 0$, 0.001, 0.01, 0.1, 1.0 % で添加された場合，換算電界強度 $E/N = 1.2$ Td における電子エネルギー分布の計算例である。詳細は省略するが，例に示した不純ガスを混入させた低 E/N 領域の電子エネルギー分布関数は，程度に違いはあるものの，いずれの不純ガス種においても低エネルギー側にシフトしている。このように電子の平均エネルギーの低下や実効電離係数の低下が起こると，放電開始電圧の上昇あるいは放電形成の遅れなどが生じる可能性もあり興味深い。

3.5 おわりに

PDP の発光原理について簡単に述べ，これまで進めてきた DC 型と AC 型セルの一次元から三次元の放電シミュレーションの開発について説明するとともに，並行して行っている放電モデルの検証実験についても触れたが，紙面の制約から説明が行き届かなかった部分については文献

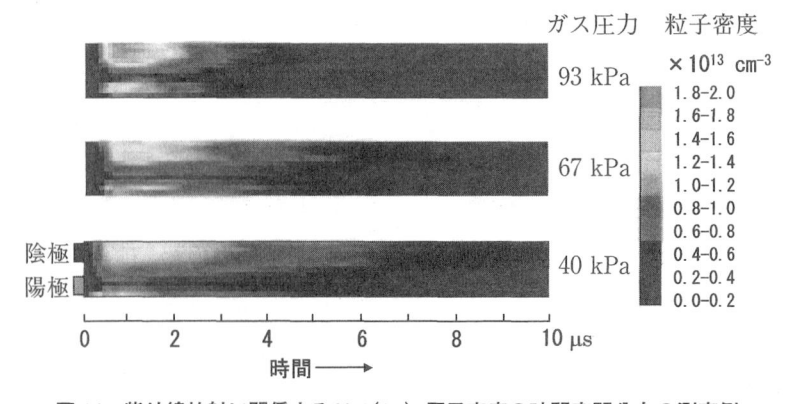

図14 紫外線放射に関係する Xe*($1s_5$) 原子密度の時間空間分布の測定例

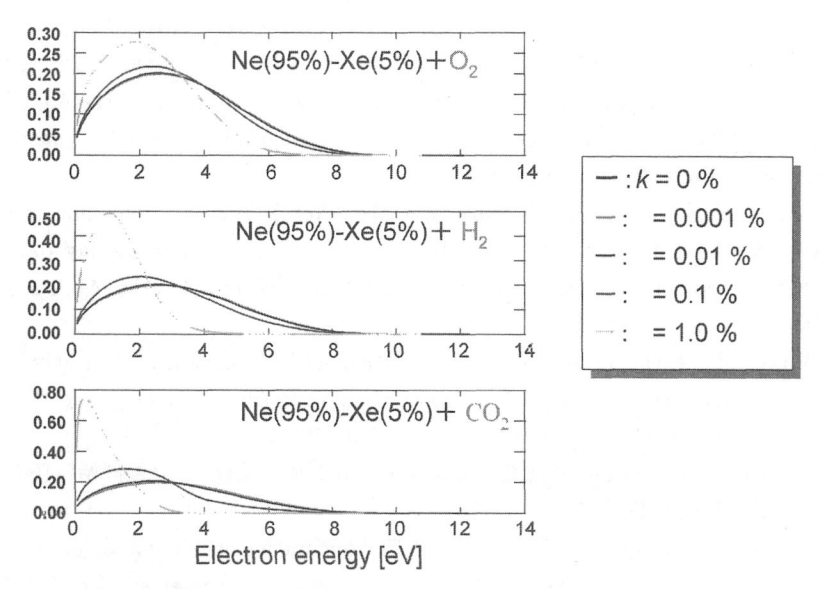

第 2 章　PDP 用部材・材料と PDP 作製プロセス

図 15　不純ガスが混入したときの電子エネルギー分布のボルツマン方程式による解析例
(E/N = 1.2 Td)

を参照していただきたい。

　ここで述べたように，多くの放電シミュレーションのコードを開発してきたが，要求される計算精度や計算時間などを考慮しつつ，使用するコードを選択している。これらのコードを用いて微細セルの詳細な放電発光メカニズムの解明を進めることで，発光効率向上などに関する指針を得ることや，AC 型や DC 型に属さない新しい高効率の放電形態の探索に期待ができる。

文　　　献

1) K. Tachibana, N. Kosugi and T. Sakai, "Spatio-temporal measurement of excited Xe ($1s_4$) atoms in a discharge cell of a plasma display panel by laser spectroscopic microscopy", *Appl. Phys. Lett.*, Vol.65, No.8, pp.935–937（1994）
2) S. Hassaballa, Y-K. Kim, Y. Yamagata, K. Uchino, H. Hatanaka, Y. M. Kim, S. E. Lee, S. H. Son and S. H. Jang, "Electron density and temperature profiles of striated plasma in an ac-plasma display panel like discharge", Proc. IDW '04, pp.863–866（2004）
3) 櫻井，霜村，杉本，高橋，村田，「バリアー放電プラズマの誘電体近傍のミクロ観察」，電学論 A, Vol.123, No. 2, pp.170–175（2004）
4) O. Sahni, C. Lanza and W. E. Howard, "One-dimensional numerical simulation of ac

discharges in a high-pressure mixture of Ne+0.1% Ar confined to a narrow gap between insulated metal electrodes", *J. Appl. Phys.*, Vol.49, No.4, pp.2365-2375 (1978)

5) Y. Murakami, K. Takahashi, H. Matsuzaki, T. Sakai, M. Takei, S. Hashiguchi and K. Tachibana, "Computer simulation of pulsed discharge for a color DC plasma display panel", Proc. Euro Display '93, pp.555-558 (1993)

6) K. Takahashi, S. Hashiguchi, Y. Murakami, M. Takei, K. Itoh, K. Tachibana and T. Sakai, "Investigation of discharge phenomena in a cell of color plasma display panel I. One-dimensional model and numerical method", *Jpn. J. Appl. Phys.*, Vol.35, No.1A, pp.251-258 (1996)

7) Y. Murakami, J. Koike, H. Murakami and K. Tachibana, "Basic study on $Xe^*(1s_4)$ atom and $Xe_2^*{}_Y$ molecule densities in AC- and DC-type PDP cells using one-dimensional computer simulation", Proc. IDW '97, pp.567-570 (1997)

8) 平野, 村上, 松崎, 「PDPの放電シミュレーションの一応用 〜放電開始電圧の検討〜」, 信学技報, EID 98-25, pp.19-24 (1998)

9) C. Punset, J.-P. Boeuf and L. C. Pitchford, "Two-dimensional simulation of an alternating current matrix plasma display cell : Cross-talk and other geometric effects", *J. Appl. Phys.*, Vol.83, No.4, pp.1884-1897 (1998)

10) Y. Ikeda, J. P. Verboncoeur, P. J. Christenson and C. K. Birdsall, "Global modeling of a dielectric barrier discharge in Ne-Xe mixtures for an alternating current plasma display panel", *J. Appl. Phys.*, Vol.86, No.5, pp.2431-2441 (1999)

11) S. Rauf and M. J. Kushner, "Dynamics of a coplanar-electrode plasma display panel cell. I. Basic operation", *J. Appl. Phys.*, Vol.85, No.7, pp.3460-3469 (1999)

12) Y. Murakami, H. Matsuzaki, H. Murakami and K. Tachibana, "A two-dimensional simulation of pulsed discharge for a color DC-type plasma display panel", *Jpn. J. Appl. Phys.*, Vol.39, No.2A, pp.590-597 (2000)

13) 平野, 村上, 松崎, 「円筒座標系PDPシミュレーションによるセル壁電荷効果の検討」, 信学技法, EID2000-197, pp. 45-50 (2000)

14) H. S. Jeong, Y. Murakami, M. Seki and H. Murakami, "Discharge characteristics with respect to width of address electrode using three-dimensional analysis", *IEEE Trans. Plasma Sci.*, Vol.29, No.3, pp.559-565 (2001)

15) Y. Hirano, Y. Murakami, Y. Takano and H. S. Jeong, "3-D computer simulation of spatio-temporal evolution of discharge from writing to sustaining stage in an AC-type PDP cell", Proc. Asia Display/IDW '01, pp.889-892 (2001)

16) 村上, 平野, 松崎, 「二次電子の逆拡散効果を考慮したPDPの放電シミュレーション」, 電学論 A, Vol.122, No.3, pp.295-301 (2002)

17) Y. Hirano, Y. Murakami, K. Ishii and K. Tachibana, "3-D simulation of sustain discharge with auxiliary pulse in an AC-PDP", Proc. IDW '03, pp.1061-1064 (2003)

18) Y. Hirano, K. Ishii, Y. Motoyama and Y. Murakami, "Analysis of the discharge and VUV radiation characteristics of an ultra-high-resolution PDP cell by 3-D computer simulation", Conference Record IDRC, pp.282-285 (2005)

19) 村上, 平野,「AC 型と DC 型 PDP 放電セルの発光効率の比較 I. 計算機シミュレーション」, 電学論 A, Vol.126, No.7, pp.647-653 (2006)
20) 松崎, 坂井, 村上 (宏), 北田, 高野,「カラーテレビ表示用放電型パネルにおける CAD のための基礎検討」, 信学技報, EID87-19, pp.19-24 (1987)
21) 電気学会技術報告 (II 部) 第 140 号, 気体放電シミュレーション技法, 気体放電シミュレーション技法調査専門委員会, 電気学会 (1982)
22) T. Holstein, "Imprisonment of resonance radiation in gases", *Phys. Rev.*, Vol.73, No.12, pp.1212-1233 (1947)
23) T. Holstein, "Imprisonment of resonance radiation in gases. II", *Phys. Rev.*, Vol.83, No.6, pp.1159-1168 (1951)
24) 高橋, 橘,「He-Xe 混合ガスにおける電子衝突電離係数および励起係数の測定と解析」, 電学論 A, Vol.111, No.3, pp.182-191 (1991).
25) P. K. Leichner, K. F. Palmer, J. D. Cook and M. Thienemen, "Two-and three-body collision coefficient for Xe ($^3P_1$) and Xe ($^3P_2$) atoms and radiative life time of the $Xe_2(1_u)$ molecule", *Phys. Rev. A*, Vol.13, No.5, pp.1787-1792 (1976)
26) W. Wime, "Decay of excited species in the after glow of a pulsed discharge in xenon", *J. Phys. B : Atom. Molec. Phys.*, Vol.7, pp.850-856 (1974)
27) P. Millet, A. Birot, H. Brunet, J. Galy, B. Pons-Germain and J. L. Teyssier, "Time resolved study of the uv and near uv continuum of xenon", *J. Chem. Phys.*, Vol.69, No.1, pp.92-97 (1978)
28) T. D. Bonifield, F. H. K. Rambow, G. K. Walters, M. V. McCusker, D. C. Lorents and R. A. Gutcheck, "Time resolved spectroscopy of xenon excimers excited by synchrotron radiation", *J. Chem. Phys.*, Vol.72, No.5, pp.2914-2924 (1980)
29) H. Hokazono, K. Midorikawa, M. Obara and T. Fujioka, "Theoretical analysis of a self-sustained discharge pumped XeCl laser", *J. Appl. Phys.*, Vol.56, No.3, pp.680-690 (1984)
30) J. K. Rice and A. W. Johnson, "Enhancement by helium and argon of the formation rate of the 1720-Å-radiating states of Xe_2^* excited by an E beam", *J. Chem. Phys.*, Vol.63, No.12, pp.5235-5237 (1975)
31) E. C. Beaty and P. L. Patterson, "Mobilities and reaction rates of ions in helium", *Phys. Rev.*, Vol.137, No.2A, pp.346-357 (1965)
32) A. P. Vitols and H. J. Oskam, "Reaction rate constant for $Xe^+ + 2Xe \rightarrow Xe_2^+ + Xe$", *Phys. Rev. A*, Vol.8, No.4, pp.1860-1863 (1973)
33) C. L. Chen, "Atomic processes in helium-krypton and helium-xenon mixtures", *Phys. Rev.*, Vol.131, No.6, pp.2550-2555 (1963)
34) A. W. Johnson and J. B. Gerard, "Ionizing collisions of two metastable helium atoms (2^3S)", *Phys. Rev. A*, Vol.7, pp.925-928 (1973)
35) L. A. Levin, S. E. Moody, E. L. Klosterman, R. E. Center and J. J. Ewing, "Kinetic model for long-pulse XeCl laser performance", *IEEE J. Quantum Electron.*, Vol.QE-12, No.12, pp.2282-2289 (1981)
36) E. Zamir, C. W. Werner, W. O. Lapatovich and V. George, "Temporal evolution of the

electron density in high-pressure electron-beam-excited xenon plasmas", *Appl. Phys. Lett.*, Vol.27, No.2, pp.56-58（1975）

37) G. Grosof and R. Targ, "Enhancement in mercury-krypton and xenon-krypton gaseous discharges", *Appl. Opt.*, Vol.2, No.3, pp.299-302（1963）
38) A. von Enge, Ionized Gases（Oxford Univ. London,）2nd ed., Chapter 5 p.140（1965）
39) H. J. Oskam and V. R. Mittelstadt, "Recombination coefficient of molecular rare-gas in He, Ar, Kr, and Xe from transport coefficients", *Phys. Rev.*, Vol.132, No.4, pp.1445-1454（1963）
40) H. Murakami and R. Toyonaga, "A pulse discharge panel display for producing a color TV picture with high luminance and luminous efficacy", *IEEE Trans. Electron Devices*, Vol.ED-29, No.6, pp.988-994（1982）
41) Y. Murakami, H. Matsuzaki, H. Murakami and N. Ikuta, "Effective secondary electron yield of a cathode for plasma display panel", *Jpn. J. Appl. Phys.*, Vol.40, No.5A, pp.3382-3388（2001）
42) 村上，平野，「AC型とDC型PDP放電セルの発光効率の比較 II. 実験」，電学論A，Vol.126, No.7, pp.654-660（2006）
43) 村上，橘，「プラズマディスプレイ（PDP）の放電シミュレーションによる励起原子Xe*（$1s_4$）の密度と電子のエネルギーT_eのイメージ」，O plus E, Vol.26, No.11, 新技術コミュニケーションズ，表紙（2004）
44) K. Hagiwara, M. Ushirozawa, H. S. Jeong, Y. Takano and M. Seki, "Side-view observations of IR emission from surface-discharge AC-PDP", Proc. IDW '99, pp.615-618（1999）
45) K. Ishii, Y. Hirano, Y. Murakami, M. Yoshinari, T. Ishibashi, T. Komaki, N. Kikuchi and I. Sumita, "Development of 0.3 mm pixel pitch high-resolution AC-PDP for Super Hi-Vision broadcasting system", Conference Record IDRC, pp.199-202（2006）
46) 平野，小田，村上，「PDP用Ne/Xe混合ガス系の電子輸送特性に対する不純ガスの影響」，信学技報，Vol.105, No.568, EID2005-77, pp.77-80（2006）

4 ガラス基板

前田　敬*

4.1 PDP用高歪点ガラス

　カラーPDPにおいて基板ガラスは，放電セルを積載する基体となる，重要な材料である。図1にカラーPDPの製造工程概略を示す。前面板，背面板にはそれぞれ放電セルを構成する材料が，成膜，印刷，パターニング，焼成などの工程を経て形成される。各メーカーが使用する材料にもよるが，これらの工程のうち特にメタル電極の焼成，誘電体層の焼成，隔壁の焼成では550℃～600℃の温度となることが一般的である。PDPの基板ガラスとして通常の窓ガラス（ソーダライムガラス）を用いると，連続焼成炉を基板ガラスが通過した際，前後に生じる温度差に起因する図2に示すような扇形の変形が生じ，安定した大型カラーPDPの生産が成り立たないと言う問題が生じた[1]。このため，大型カラーPDPの実用化に際しては，耐熱温度がソーダライムガラスよりも高い，専用の基板ガラスの開発が行われた。これらのガラスの熱膨張係数は，誘電体層や隔壁材料との膨張係数マッチングを取りやすくするため，ソーダライムガラスのそれと同等に設計されている。

　大型カラーPDP専用の基板ガラス開発に最初に成功したのは旭硝子であるが，表1にその基板ガラス「PD200」の特性を示す。PD200はソーダライムガラスと同様 SiO_2-Al_2O_3-R_2O-$R'O$（R_2O：アルカリ金属酸化物，$R'O$：アルカリ土類金属酸化物）系のガラスであり，酸化砒素や酸化鉛等，有害な元素は一切含まない，環境対応型のクリーンなガラスである。表中，歪点および徐冷

表1　PDP用基板ガラスの特性

	PD200	ソーダライムガラス
熱膨張係数（℃$^{-1}$）	83×10^{-7}	85×10^{-7}
歪点（℃）	570	511
徐冷点（℃）	620	554
軟化点（℃）	830	735
比重	2.77	2.49
ヤング率（kg/mm^2）	7.8×10^3	7.3×10^3
剛性率（kg/mm^2）	3.2×10^3	3.0×10^3
ポアソン比	0.21	0.21

---

* Kei Maeda　旭硝子（株）中央研究所　主幹研究員

点は，JIS に定められる方法で得られる特性点であり，それぞれ $10^{13.5}$ Pa・s，10^{12} Pa・s の粘度に相当する。PDP 用基板ガラスではこれらの特性点がソーダライムガラスに比較して，60〜70 ℃高く設定されている。このため PDP の製造工程においても熱変形を生じることがなく，安定したパネル生産を実現している。旭硝子の他にも国内ガラスメーカーからは PDP 用の基板ガラスとして，日本電気硝子の「PP8」[2]，日本板硝子の「バンテアン」[3]，セントラル硝子の「CP600V」[4] が発表されている。これらはいずれもソーダライムガラスと同等の熱膨張係数を持ちながら歪点が高いという特性から，「高歪点ガラス」と呼称されている。

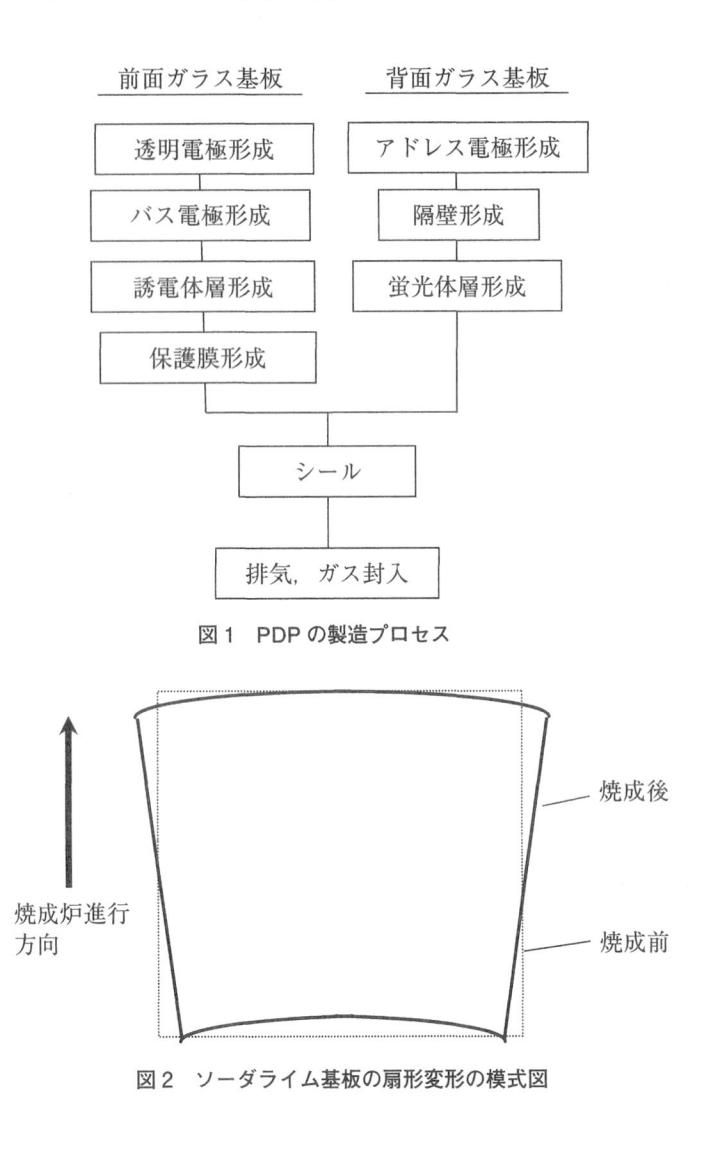

図1　PDP の製造プロセス

図2　ソーダライム基板の扇形変形の模式図

4.2 基板ガラスの製法

　カラー PDP では対角 40″を超える大型基板ガラスを，低価格で大量に供給することが求められる。その目的に最も適した基板ガラスの製法は，現在窓ガラス製造の主流となっているフロート法である。フロート法の概要を図3に示す。溶解炉で溶かされたガラスはフロートバスと呼ばれる溶融スズが満たされた槽内に連続して供給される。この中でガラスは，あたかも油が水の上に浮かぶように広がり，所定の厚みに成形され，平滑な表面をもつ板ガラスとなる。フロート法の最大の特徴は，コストのかかる研磨工程を必要とせずに，一定品質の板ガラスを連続して製造できる点にある。このため，大量生産に非常に適した製造方法であり，事実，現在ほとんどの窓

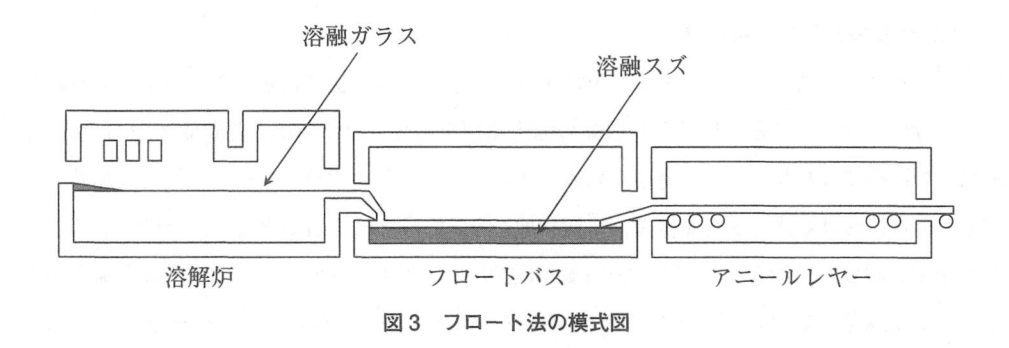

第 2 章　PDP 用部材・材料と PDP 作製プロセス

図 3　フロート法の模式図

ガラスはこのフロート法で製造されている。

カラーPDP 用の高歪点ガラスもこのフロート法が適用され生産されている。成形されたガラスは連続的にアニールレヤーで徐冷された後，所定の寸法にカッティングされる。その後，端部の面取り加工，排気のための穴あけ加工などが施され出荷される。カラーPDP 用の基板としては，表面平滑性，無欠陥，板厚偏差などの品質は通常の窓ガラスよりもはるかに高いレベルが要求される。また，近年はパネルの多面取りを行うため，生産される基板ガラスのサイズも大型化の傾向にある。

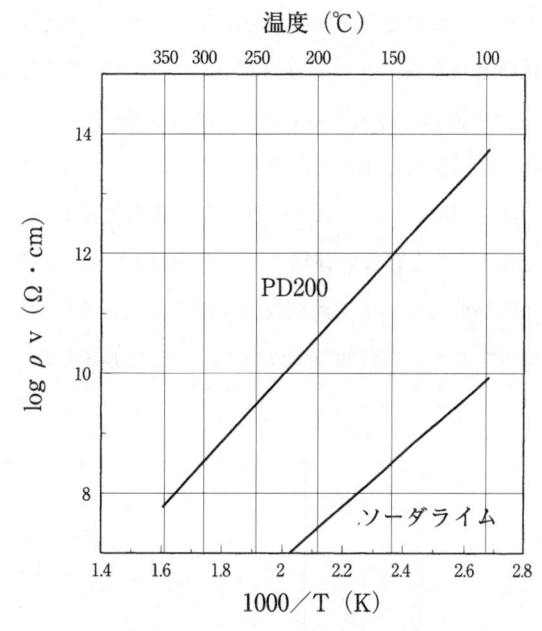

図 4　基板ガラスの体積抵抗率

4.3　PDP 用基板ガラスの電気的特性

図 4 に基板ガラスの体積抵抗率を示す。ガラス中の電荷担体は，組成に含まれるアルカリイオンであり，体積抵抗率は温度とともにアレニウス式に従って減少する。高歪点ガラスはソーダライムガラスに比較してアルカリ含有量が少なくなっているため，高い電気抵抗率を示す。すなわち，電圧を印加してもアルカリのマイグレーションは抑制され，これはパネルの長期信頼性を確保するために重要な特性となっている。

4.4 PDP用基板ガラスの熱収縮

　前述のように高歪点ガラスはパネルの焼成工程を通過しても熱変形は起こさないが，熱収縮と呼ばれる寸法変化は生じる。図5に熱収縮の発生原理を示す。ガラスは非晶質固体であるので，構成原子の配列には結晶のような完全な秩序性がない。そのためガラスは異なる温度に加熱されるとその温度における最も安定な構造（平衡状態）をとろうとする性質がある。そのときの密度は平衡密度と呼ばれ，図5の中でA-Dの線に相当する。ガラスが高温から冷却される場合を考えると，高温状態におけるガラスの収縮は平衡密度曲線に沿って進行する（A→B）。しかし，温度の低下とともにガラスの粘度が上昇し，構造変化の速度が冷却速度に追いつかなくなると，十分に収縮が進まないままガラスは固化し，収縮曲線に屈曲が生じる（B→C）。この屈曲点はガラス転移点と呼ばれる。急冷されたガラスの場合はこのようにB点で事実上構造が凍結された状態となるが，ゆっくり冷却されたガラスの場合はガラス転移はより低い温度で生じ，例えばD点で構造が凍結されることになる。急冷されB点で凍結された構造をもつガラスをF点の温度まで再加熱し保持した場合，ガラスはF点での平衡状態に向かって構造が変化するので，体積の減少が起こる。これがガラスの熱収縮現象である。熱収縮はガラスを構成する原子の配列が安定化することによる体積そのものの減少であり，熱変形とは原理的に区別される。

　PD200について，熱収縮量を解析した例を示す。フロート法で製造された基板ガラスを，図6に示すような模擬的なプロファイルで熱処理した際の熱収縮量を示したのが図7である。図7は，

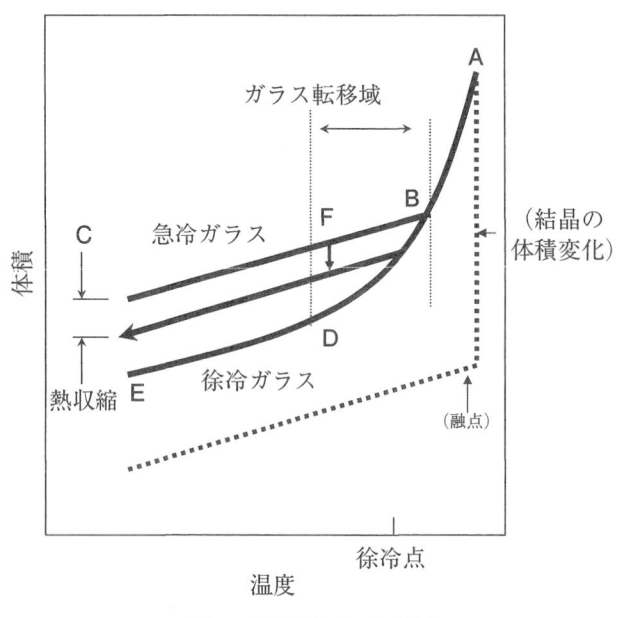

図5　熱収縮発生の原理図

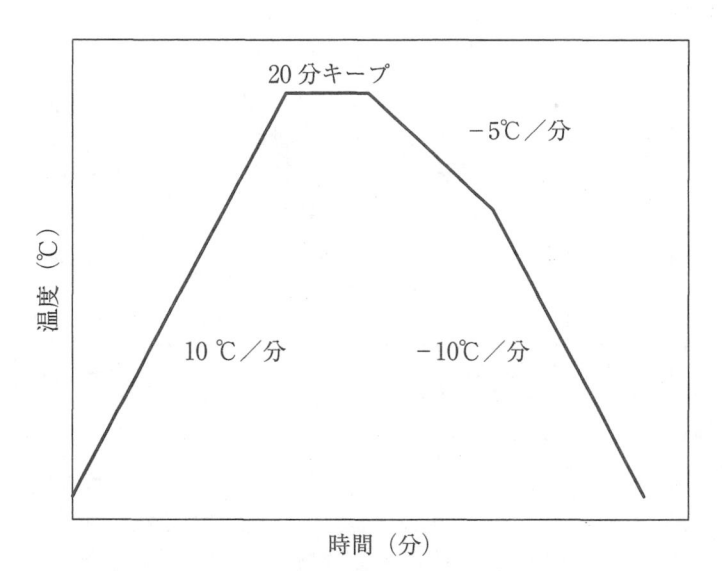

第2章　PDP用部材・材料とPDP作製プロセス

図6　PDPの模擬焼成プロファイル

図6の最高保持温度の関数として表示してある。例えば保持温度が580℃となると，高歪点ガラスでも300 ppm以上の熱収縮を示すことがわかる。この熱収縮は，基板全体で均一に生じるので，収縮量を見込んでセルのパターニング設計を行うことが可能であり，この値自身は問題にならない。しかし，収縮量が各基板によってばらつくことは許されず，基板ガラスの製造工程，パネル製造工程の熱履歴

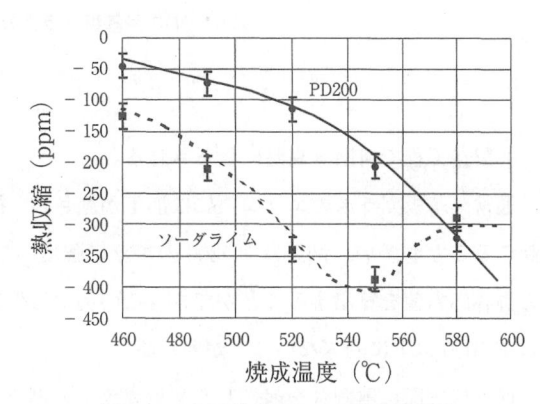

図7　PDP用基板ガラスの熱収縮特性

は一定範囲内に管理されていなければならない。また，熱収縮量はガラス基板に予め熱処理が施されていると通常減少し，またパネル製造工程の変動も受けにくくなる。そこでパネル側からの要求によっては，基板を前熱処理して出荷することも行われる。熱収縮の制御は，高い効率でのPDP生産を実現するためのキーテクノロジーのひとつと言える[5,6]。

4.5　PDP用基板の熱割れ

耐熱性に優れ，パネルの高い生産性を実現できる高歪点ガラス基板であるが，「熱割れ」の問題が起こることがある。これは，以下の2つの要因によるところが大きい。

①基板の熱膨張係数が大きい（TFT-LCD用無アルカリガラス基板に比較して）。

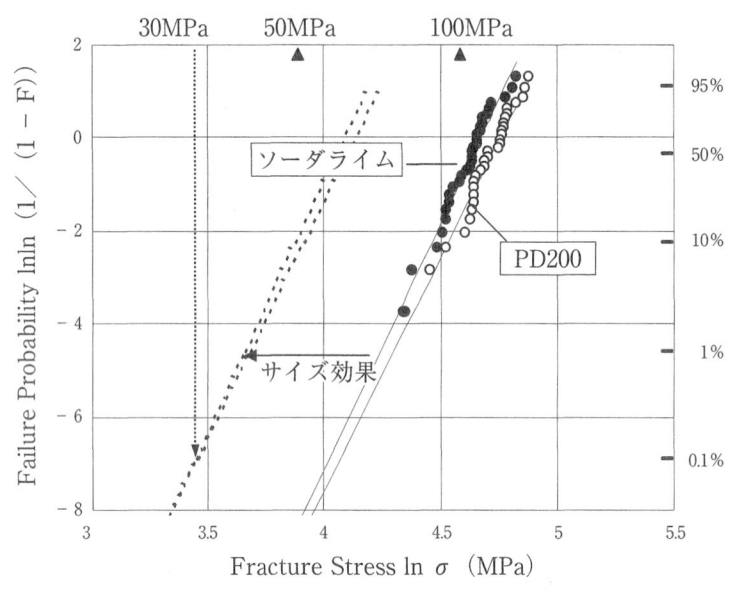

図8 PDP用基板ガラスのエッジ強度

②製造工程で何回も高温にさらされる。

通常，基板ガラスのエッジ部には加工が施され，微少なキズが存在するため，破壊はここから起こることが多い。図8にPD200のエッジ強度のワイブル分布を示す。この図から基板エッジの許容応力値を算出することができ，この例では仮に30 MPaの応力を与えたとしても破壊確率は1/1000以下に過ぎないことがわかる。

図9に実際に熱割れを起こした基板ガラスの例を示す。これは試験的にPD200基板ガラスを，あえて温度分布が大きい状態で成膜装置を通過させた試験時のものである。この例では割れパターンから，破壊の起点は矢印で示す箇所であることがわかる。この破断面を詳細に解析することで，有益な情報が得られる。その例を図10に示す。破面にはミラー，ミスト，ハックルと呼ばれる特徴的な模様が刻まれており，ミラー半径から破壊をもたらした熱応力σの大きさを次式で推定することができる[7,8]。

$$\sigma = K/r^{1/2}$$

Kはミラー定数と呼ばれる定数，rはミラー半径である。この例ではrは5 mmであるので，ミラー定数70 MPa・mm$^{1/2}$より，破壊をもたらした熱応力は約30 MPaと算出される。図8のエッジ強度の分布からするとこの熱応力で基板が割れる確率はせいぜい1/1000であるはずが，実際には46％もの基板が割れることが観測された。図10の破壊起点を詳細に観察すると，起点はエッジ部ではなくエッジから数100 μm内側に入った面内に存在していることがわかる。す

第 2 章　PDP 用部材・材料と PDP 作製プロセス

図 9　熱割れした基板ガラス

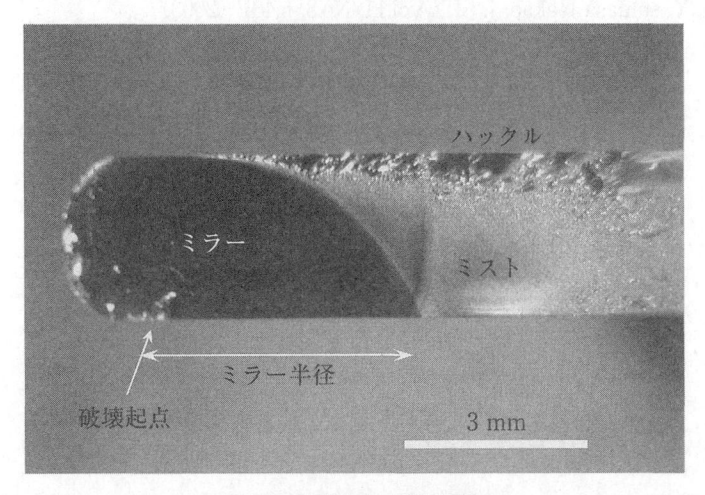

図 10　破壊起点の断面写真

なわち，この例ではおそらく搬送中にベルトとこすれたために面内に生じたキズを起点に，基板の割れが頻発したということがわかる。このように割れ解析から原因を明らかにすることが可能で，割れ防止の工程改善に繋げられる。

4.6　おわりに

　大型 HDTV を用途とした PDP の量産化が本格化するにつれ，耐熱性に優れた高歪点ガラス基板の使用量も増加の一途を辿り，今やすっかり市場に定着した。PDP は今後一層の低価格化

を図るとともに，さらなる大型化や軽量化を目指す動きがある。これらの動きに基板ガラスが果たさねばならない役割は大きいと思われ，材料メーカーの努力が必要であると考えている。

文　　献

1) 島田浩司，"PDP ガラス基板のベルト炉による焼成と変形"，第 4 回プラズマディスプレイ技術討論会予稿集（1993）
2) 日本電気硝子社カタログ
3) E Express 2002 年 9 月 11 日号, p.42
4) 湯浅章, 第 33 回プラズマディスプレイ技術討論会予稿集, p.51（2002）
5) 中尾泰昌, 前田敬, 中島哲也, 電子材料, vol.36, No.12, p.22（1997）
6) 前田敬, 月刊ディスプレイ, vol.3, No.10, p.65（1997）
7) 前田敬, 電子材料, vol.37, No.12, p.36（1998）
8) Kei Maeda, Yasumasa Nakao, J. SID, vol.11, No.3, p.481（2003）

5 ITOの耐熱性とその基礎物性について

小高秀文[*]

5.1 はじめに

透明導電膜とは高い可視光透過性を有し，かつ高い電気伝導性を持つ膜である。その特徴からフラットパネルディスプレイ（例えばTFT，PDP，OLED）など情報端末の透明電極として広く応用されている。本解説では，ITOを中心にその物性に関する基礎的な説明，特にその耐熱性について基礎的事項を解説することを目的とする。

ITOは高い可視光透過性と高い電気伝導性を有する材料として，透明導電膜として広く使用されてきたがそれが応用される際には高い耐熱性が要求される場合が多い。例えばPDP用においては600度程度の焼成工程が存在し，このようなプロセスを通しても透明導電性を有する必要がある。TFT，OLED作製においても300度程度の耐熱性は必要である。

本解説では最初にITOがなぜ高い透明性と電気伝導性が有するのかについて解説した後[1]，その耐熱性について述べることとする。

5.2 ITO 光電子物性の基礎[1]

透明導電膜として最も有名な物質として，ITO（Indium-Tin-Oxide）が挙げられる。この物質は，図1に示すようなbixbyite構造を取るIn_2O_3という結晶に，数原子パーセントのSnを固

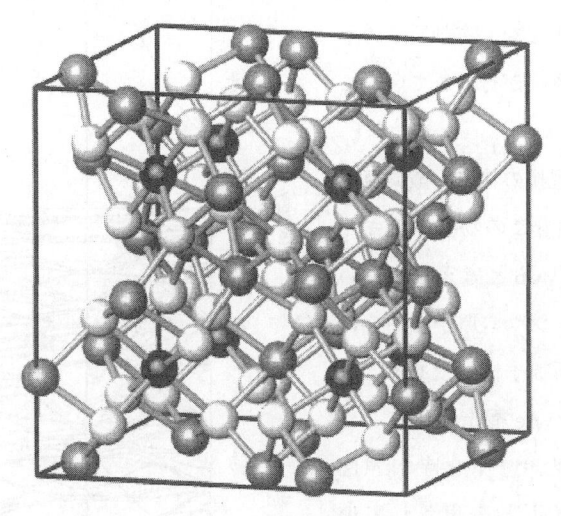

図1 bixbyite 構造
白球が酸素原子，陰影球がインジウム原子。

---

[*] Hidefumi Odaka　旭硝子(株)　中央研究所　主幹研究員

溶させた物質である。3価のインジウム原子に4価のスズ原子が置換したため，自由電子が結晶中に発生し，これがキャリアとなり電気伝導性を発現している。図2は，In_2O_3のバンド構造[2,3]である。(この図では，価電子帯のトップをエネルギーの基準としている。) 価電子帯のトップ，伝導帯のボトムは共に，Γ点に位置している。伝導帯の分散が大きいことから電子の有効質量が小さくなり，ITOの移動度が大きくなる一要因をこの図は説明している。一方，価電子帯はフラットなバンドから構成されており，有効質量は小さい。このようなことからITOはN型半導体になりやすい極性を持っていることがわかる。

図3はIn_2O_3結晶中でスズがインジウムと置換して結晶中に取り込まれた場合の局所状態密度を示している[3]。In_2O_3の伝導帯は主にインジウムの5S軌道から構成され，結合の異方性の少ない電子構造を形成しており，これがランダムな配向を持つ多結晶でも高い電気伝度性を発現する理由と考えられている。スズを置換することによって，図3 (C)〜(E) に示すように，フェルミエネルギーが伝導帯に食い込み，縮退型半導体を形成する。つまりスズ原子はイオン化し結晶中にキャリア（自由電子）を放出している。一方，スズの5S軌道がインジウムの5S軌道と重なりITOの伝導帯を形成していることが図3よりわかるが，この際スズ置換によるフェルミエネルギー近傍の伝導帯の歪みは少なく，有効質量の小さな状態でこのスズ置換が行われていることがわかる。

上記のようなスズ置換の他に，酸素原子のITO中の存在形態もこの物質中のキャリア密度を支配していると考えられている[4,5]。図4は，インジウム原子を中心にしたIn_2O_3結晶の局所原子構造である。インジウム原子はbixbyite構造結中に2つの結晶学的に独立したサイトを持つ。（図4中ではb，d サイトと表現されている。）酸素原子はこれらインジウム原子を中心に6配位の状態で存在している。スズ原子がインジウム原子と置換した際も同様

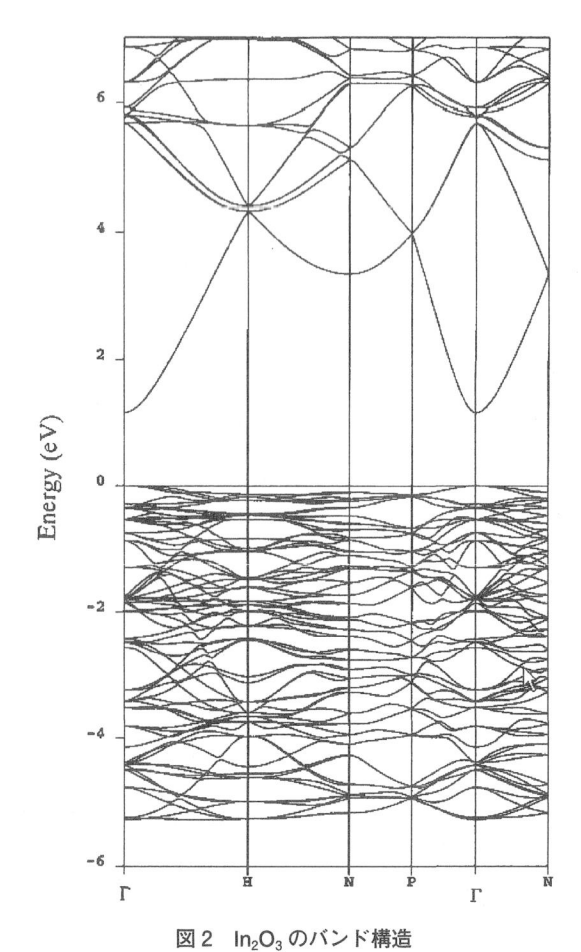

図2 In_2O_3のバンド構造

第2章　PDP用部材・材料とPDP作製プロセス

な酸素配位状態を取ると考えられている。酸素空孔，つまりインジウム原子周りの酸素原子の配位数が減るとキャリア（自由電子）が放出される。一方，Quasi-Anion Siteと呼ばれる位置に過剰な酸素原子が入ると（つまり，酸素原子が7,8配位の状態ができると）置換型スズ原子から発生された自由電子はその過剰酸素にトラップされる。その結果としてスズはドナーとしては不活性な状態となりキャリアが減少するというメカニズムが，スプレーパイロシス法，粉体を焼結して作製したITOを用いたメスバウアー分光解析[5]によって示唆されている。実際工業的にITOを作製する際に最も多く使用されているスパッタ法は，非平衡プロセスであり，複雑な欠陥構造を膜中に保有していると考えられるが，その際もITOの欠陥モデルは，上記の置換型スズ，酸素空孔，過剰酸素によって不活

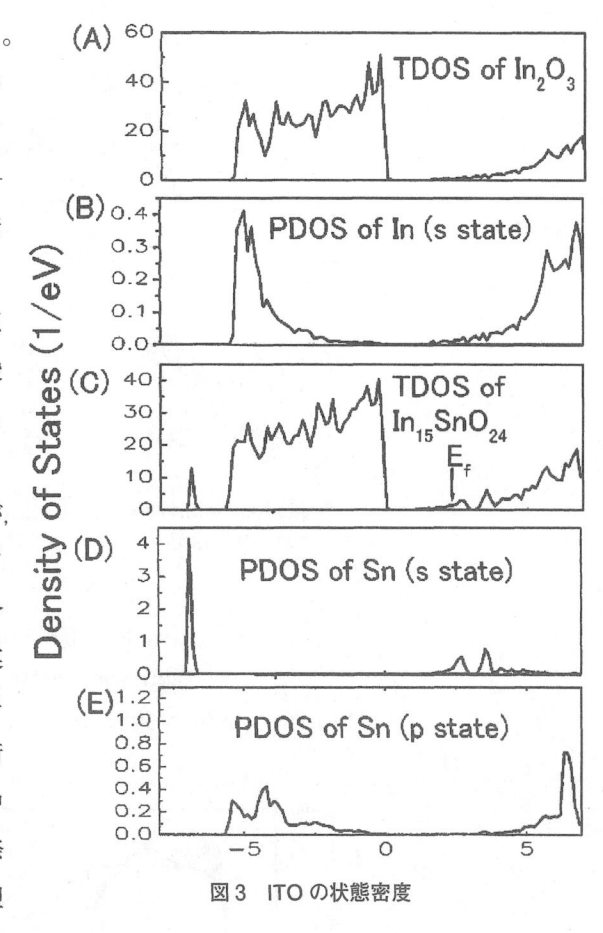

図3　ITOの状態密度

性化したスズ原子の増減を用いて議論されることが多い。

　図5はスパッタ法で作製したITO薄膜の光学特性である。図中の数字に対応した膜の電気特性を表1に示す。これら光学特性と電気特性の対応から，赤外領域（1μm以上）の反射率の変化はキャリア密度の増減で決まっていることがわかる。これは赤外領域の光学特性が，伝導帯に存在する電子によるプラズマ振動によって決定されているためである[6]。古典的なDrudeのモデルでは，プラズマ振動に起因する複素誘電率（$\varepsilon = \varepsilon_r + i\varepsilon_i$）を下記のように記述する。

$$\varepsilon_r = \varepsilon_{opt} - \frac{n_e e^2}{\varepsilon_0 m_{opt}} \frac{1}{\omega_2 + \gamma_2}$$

$$\varepsilon_i = \varepsilon_{opt} - \frac{n_e e^2}{\varepsilon_0 m_{opt}} \frac{1}{\omega_2 + \gamma_2}$$

ここで，n_e がキャリア密度を表す。光学的屈折率（$\bar{n} = n - ik$）が

b site d site

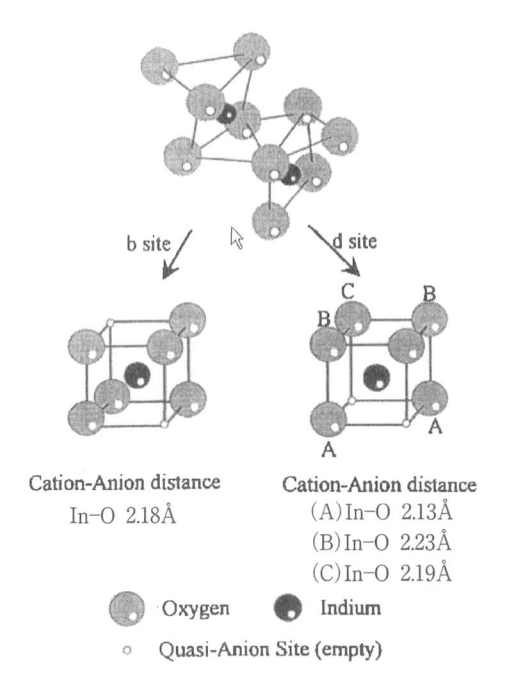

Cation-Anion distance
In-O 2.18Å

Cation-Anion distance
(A) In-O 2.13Å
(B) In-O 2.23Å
(C) In-O 2.19Å

○ Oxygen   ● Indium
○ Quasi-Anion Site (empty)

図4　In_2O_3 中のインジウム原子を中心とした局所構造

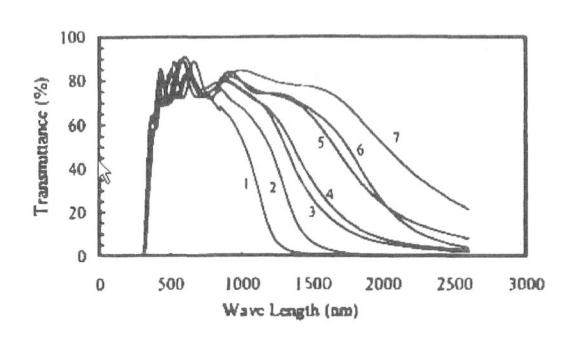

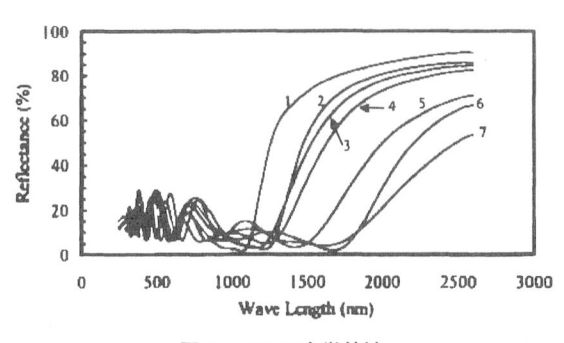

図5　ITO の光学特性

第2章　PDP用部材・材料とPDP作製プロセス

$$n = \sqrt{(\varepsilon_1 + \sqrt{\varepsilon_1^2 + \varepsilon_2^2})/2}$$

$$k = \varepsilon_2/\sqrt{(2\varepsilon_1 + 2\sqrt{\varepsilon_1^2 + \varepsilon_2^2})}$$

で決まり，空気と膜のエネルギー反射率（R）が

$$R = \frac{|(n-1) - ik|^2}{|(n+1) - ik|^2}$$

表1　ITOの電気特性

番号	キャリア密度 (1/cm^2)	移動度 (cm^2/Vs)	膜厚 (μm)
1	10.06 × 10^{20}	42.0	0.537
2	7.46 × 10^{20}	47.0	0.537
3	7.08 × 10^{20}	48.2	0.321
4	6.41 × 10^{20}	48.1	0.321
5	4.20 × 10^{20}	49.6	0.321
6	3.01 × 10^{20}	46.1	0.537
7	2.73 × 10^{20}	45.7	0.321

となることから，図5に見られる反射率の波長依存性が計算できる。（但し説明を簡素化するために，膜内部での光の干渉，基板効果は無視した。）一般に，e1が0となる光の周波数をプラズマ周波数と呼ぶが，これ以下の周波数領域ではe1が負となることが上記式から導かれる。e1が負となることは，材料中に外部電界と逆の分極（つまり外部電界を打ち消すような分極）が生じることを意味し，その結果，光は膜中に侵入（存在）できず，空気側へと反射されてしまうのである。キャリア密度が増加するとプラズマ周波数が高周波数側，つまり短波長側にずれるため反射率の立ち上がりが，よりキャリア密度の高い膜ほど低波長側で起こるのである。

次に，紫外領域での光学特性を図6に示す[7]。図中のAからDは膜中のキャリア密度の異なるサンプルを示しており，A⇒Dの順でキャリア密度が上昇する際の吸収係数変化を示している。直接半導体では，バンド間吸収に起因する吸収係数がそのバンドギャップの1/2乗に比例することがわかっており[8] ITOの光学特性もこのモデルを用いて整理される。つまり吸収係数の二乗のエネルギー軸への外挿値が光学的バンドギャップと呼ばれる量である。図6からわかるようにキャリアの上昇と共に光学的バンドギャップが上昇しており，これはBurstein-Moss効果と呼ばれるものである[9,10]。図3（C）に示すように，伝導帯の一部を電子が占有したため，価電子帯から空いた伝導帯へ電子が飛ぶためのエネルギーが増加したことに起因した物理現象である。

上記の内容を簡単にまとめる。ITOの可視域での透明性はこの物質が半導体でありそのバンドギャップが3eV以上であること，またスズがドープされたことによって生じるプラズマ吸収効果が可視光領域には存在せず赤外領域にあることから説明できる。また，高い電気伝導性に関しては，その伝導帯の大きな分散とスズの高いドーピング効率で説明される。

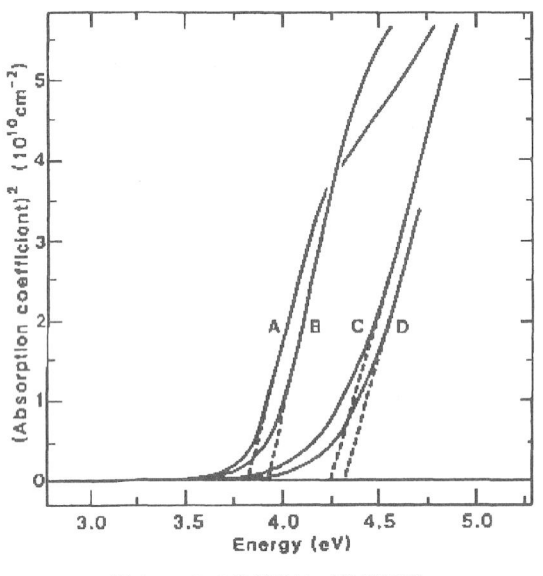

図6 ITOの光学特性（紫外領域）

5.3 ITOの耐熱性

本項では，その耐熱性を理解するためにITO中の格子欠陥モデルについて説明する。ITOが熱にさらされた場合においてその欠陥種がどのように振舞うのかを理解できれば，その際起こるITOの光電気物性は前述の解説を参考にすれば理解できるはずである。

図7はFrank and Köstlinによって行われたスプレーパイロシス法によって作製されたITOの電気特性解析である[13]。酸素分圧をパラメータとして，各スズ濃度に対する比抵抗値を表しており，図8はこれに対するキャリア密度である。スプレーパイロシス法は高温で単純にITO溶液を焼成することによって薄膜を作製するため，熱平衡状態に近いITOの基礎物性を調べる

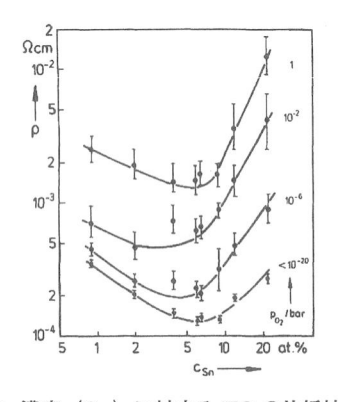

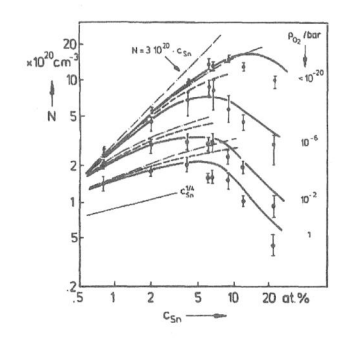

図7 Sn濃度（C_{Sn}）に対するITOの比抵抗値変化　P_{O_2}は酸素分圧を示す。

図8 Sn濃度（C_{Sn}）に対するITOの比抵抗値変化　P_{O_2}は酸素分圧を示す。

第2章　PDP用部材・材料とPDP作製プロセス

上で適している。図7は，ITOを焼成する際，酸素分圧をパラメーターとした，スズ濃度―電気特性の関係である。図8は，図7に対するキャリア密度解析結果である。図7において特徴的なことはスズが高濃度に入った場合の比抵抗値の変化である。スズが低濃度の領域においては，入ったスズ原子は材料中にキャリアを供給し，電気抵抗値を減少させる。一方，最適な（電気抵抗値が最小となる）スズ濃度を過ぎるとキャリア密度も減少する。図7, 8はこのようなキャリアの発生の仕方が酸素分圧に依存していることを示している。Frank and Köstlinは詳細な格子定数解析と酸素分圧に対する化学平衡式を考察することによって最適値以上にドーピングされたスズ原子は図4に示したような格子間酸素と結合することによって中性不純物がITO中に生成すると考えた。つまりこのためより多くのスズをITO中へ入れてもITOは格子間酸素を空気中から取り入れキャリアを発生しないのである。この程度は，ITOがおかれる酸素雰囲気に依存し，より高い還元雰囲気程，格子間酸素が取り込まれ難いため，高温下でITOを高い電気特性のまま保持，または更に低抵抗化にするには還元雰囲気が使用されるのである。

　一方，図10は第一原理計算によって解析されたITO中の安定格子欠陥構造である。この計算ではITO中のインジウムに置換した置換型スズ，酸素空孔，格子間酸素，格子間酸素と結合した置換型スズを腰欠陥種とし，これらの熱力学的な安定性を第一原理的で計算したものである。

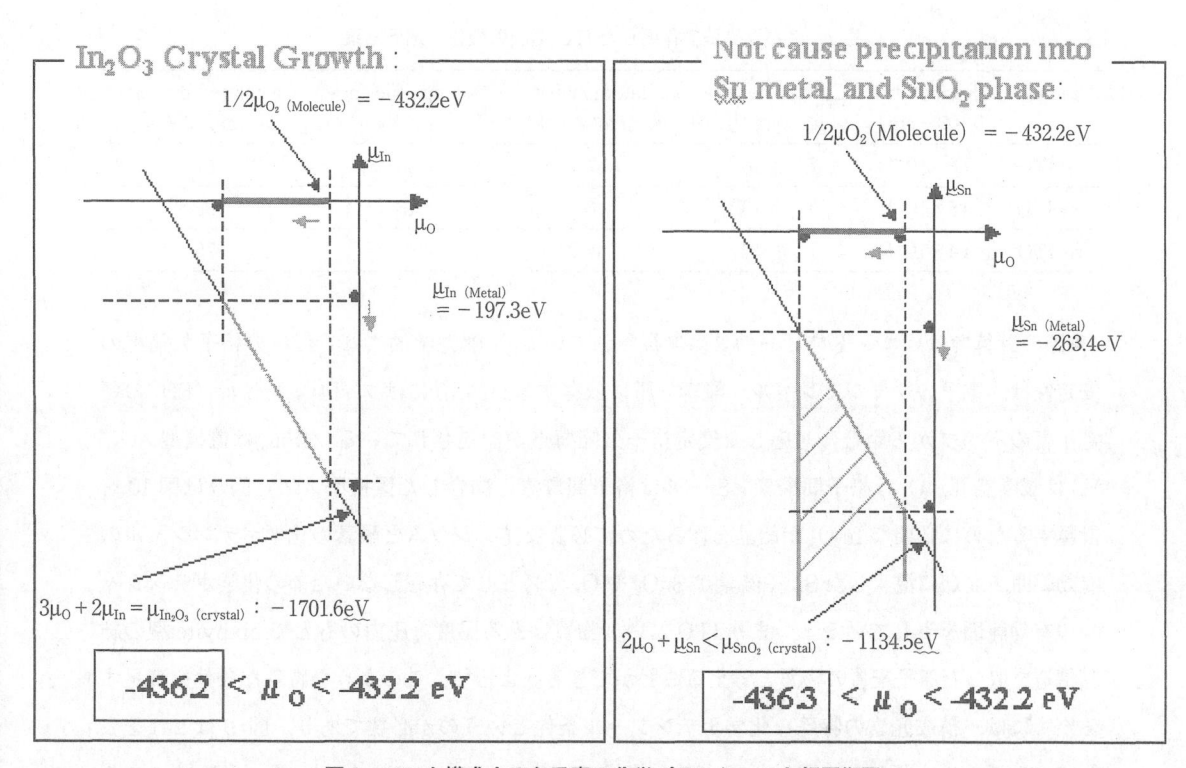

図9　ITOを構成する各元素の化学ポテンシャルと相平衡図

左図：In$_2$O$_3$ Crystal Growth
$1/2\mu_{O_2 \text{(Molecule)}} = -432.2$ eV
$\mu_{In \text{(Metal)}} = -197.3$ eV
$3\mu_O + 2\mu_{In} = \mu_{In_2O_3 \text{(crystal)}} : -1701.6$ eV
$-436.2 < \mu_O < -432.2$ eV

右図：Not cause precipitation into Sn metal and SnO$_2$ phase
$1/2\mu_{O_2}\text{(Molecule)} = -432.2$ eV
$\mu_{Sn \text{(Metal)}} = -263.4$ eV
$2\mu_O + \mu_{Sn} < \mu_{SnO_2 \text{(crystal)}} : -1134.5$ eV
$-436.3 < \mu_O < -432.2$ eV

Resule 2 : Structural Stability Analysis
μ_O : Min. ⇒ Low Oxygen Pressure

Ef = Ev (Valence Band Max)	Ef = Ev + 3.2 eV (Conduction Band Bottom)	Ef = Ev + 3.8 (Large Band Gap State)
$Vo_1 Sn_{In}, 2Sn_{In}$	$Vo\,(-2), Sn_{In}\,(-1)$	$Vo\,(-2), Sn_{In}\,(-3), Sn-Oi\,(-3)$ defect

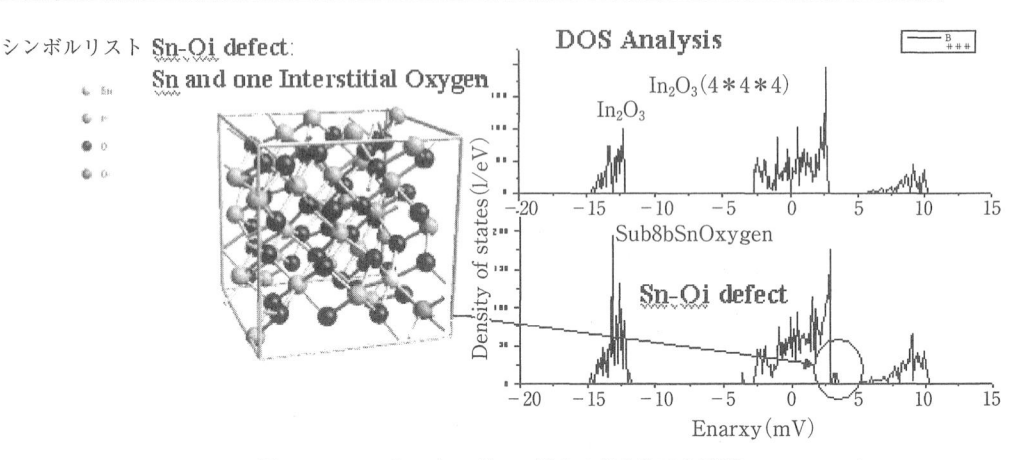

図10 フェルミエネルギーに対する安定格子欠陥種

表2 スパッタ法で作製したITO薄膜の酸化，還元効果

Sample	Resistivity $\rho\,(\Omega\text{-cm})$	Carrier density $\mu_O\,(cm^{-3})$	Hall mobility $\mu_H\,(cm^2/V\cdot s)$	Doping efficiency $\eta\,(\%)$	Calculated mobility $\mu_1\,(cm^2/V\cdot s)$
as-ITO	1.8×10^{-4}	7.5×10^{10}	47	33	81
ox-ITO	4.5×10^{-4}	3.0×10^{10}	46	13	95
re-ITO	1.4×10^{-4}	1.1×10^{21}	42	47	76

（実際の計算では，エントロピー効果は無視されている。）熱力学的には，ITOの格子欠陥種の安定性は，電子のフェルミレベル，酸素分圧に依存する。図10にはフェルミレベル（Ef）の価電子帯のトップから距離に対応した安定格子欠陥構造が記述されている。（Sn_{In}は置換型スズ，Voは酸素空孔，Oiは格子間酸素，Sn-Oiは格子間酸素と結合した置換型スズ）図9は図10を計算するために必要なIn_2O_3が結晶を作るために必要なインジウムと酸素の化学ポテンシャルの有効範囲，並びに混入したSnや酸素がSnO_2やO_2ガスとして存在しないための化学ポテンシャルの有効範囲を表している。つまりITOという物質はある温度，圧力のもとでbixbyite型の結晶構造を取った原子配置の物質と考えることができる。よって，このような特殊な条件を満足するためには，構成元素の特殊な化学ポテンシャル条件というのが必要であり，図9はこれを表しているである。図10は，酸素分圧が低い状態で，ITO中のフェルミエネルギー（Ef）（つまり

第2章　PDP用部材・材料とPDP作製プロセス

キャリア密度）を変化させた場合の安定格子欠種を表している。E_f が E_v より3.8eV程度と非常に高い状態になってくると Sn-Oi 構造が安定欠陥種として現れてくることがわかり，Frank and Köstlin らの実験結果と対応する（3.8eV は ITO のバンドギャップ程度のエネルギーに相当）。また Sn-Oi 構造を含んだ ITO の電子状態をみると価電子帯近辺に欠陥準位を作り，この欠陥種はキャリアをトラップする不純物準位として存在することがわかる。

この様に，第一原理計算と熱力学を用いた解析は前述した Frank and Köstlin の実験と一致し，その微視的描像を説明している。

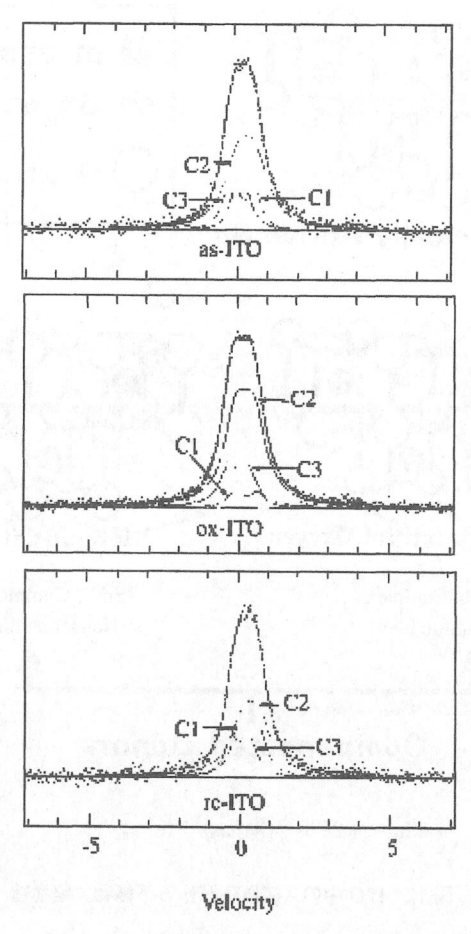

図11　メスバウアー解析による ITO 中の点欠陥構造評価

表3 メスバウアー解析による ITO 中欠陥構造評価

Sample	C1			C2			C3	
	IS (mm/s)	QS (mm/s)	IIR (%)	IS (mm/s)	QS (mm/s)	IIR (%)	IS (mm/s)	QS (mm/s)
as-ITO	0.28±0.02	0.63±0.03	18.5	0.32±0.02	0.55±0.04	61.5	0.00±0.01	0.59±0.02
ox-ITO	0.26±0.04	0.76±0.07	9.54	0.23±0.01	0.59±0.01	68.6	0.01±0.01	0.64±0.03
re-ITO	0.31±0.03	0.62±0.03	29.1	0.39±0.03	0.52±0.06	50.1	0.04±0.01	0.60±0.02

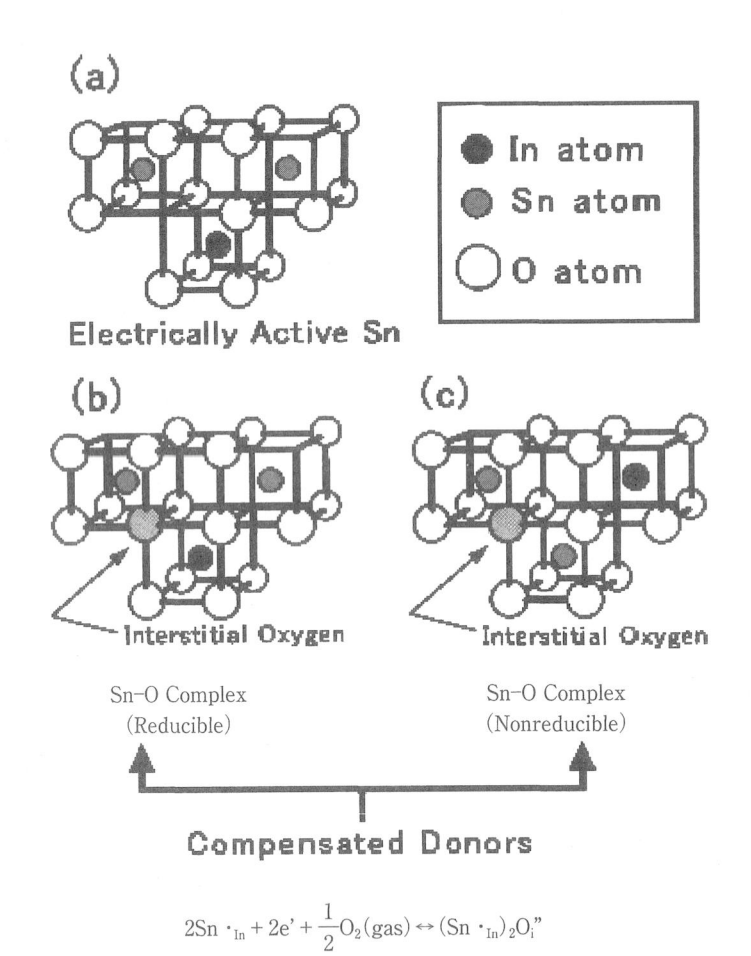

$$2Sn^{\cdot}_{In} + 2e' + \frac{1}{2}O_2(gas) \leftrightarrow (Sn^{\cdot}_{In})_2 O_i''$$

図12 ITO 中のスズ原子が作る不純物欠陥構造

第2章 PDP用部材・材料とPDP作製プロセス

一方,山田,重里らの研究では[5],ITOを大気中,(Ar＋H2)雰囲気下で焼成した場合の特性変化を,メスバウアー分光とホール効果測定を利用して解析されている。表2はas-depo（as-ITOと記述）,大気（酸化雰囲気）焼成（ox-ITO）,還元雰囲気焼成（re-ITO）後のITOの電気物性を表している。

図11はこれらの膜のメスバウアー解析である。C1,C2,C3信号はそれぞれ図4中のbサイト,dサイト,SnO_2-likeな欠陥由来の信号である。表3はこの結果を各膜に対して分析した結果をまとめたものである。ISはisomer shift,QSはquadrupole splitting,IIRは積分信号強度を示している。酸化,還元熱処理による各信号強度の変化とFrank and Köstlinの提案する格子欠陥構造モデルを比較することによって,山田,重里らはITO中には格子間酸素と結びついたスズ由来の欠陥が2種類存在し,これらの増減がITOの熱処理によって変化することを提案している。図12はこの欠陥構造を説明しており,近接位置で強く格子間酸素と結びついたスズ原子は熱還元処理を行っても還元できないことを表しており,これが表2のドーピング効果が還元処理を行っても上昇しない理由である。

5.4 おわりに

本解説ではITOの光電気特性とその耐熱性を支配する格子欠陥モデルについて解説をおこなった。実際の熱処理後のITO特性などについては,専門書[11]を参考にして頂きたいが,その中の物理現象の解釈として本解説が参考になれば幸いである。

文　献

1) 材料の科学と工学,43巻6号,p.245
2) Hidefumi Odaka, Shuichi Iwata, Naoaki Taga, Shuhei Ohnishi, Yasunori Kaneta and Yuzo Shigesato, *Jpn. J. Appl. Phys.*, **36**, 5551（1997）
3) Hidefumi Odaka, Yuzo Shigesato, Takashi Murakami and Shuichi Iwata, *Jpn. J. Appl. Phys.*, **40**, 3231（2001）
4) G. Frank and Kostllin, *Appl. Phys.* **A27**, 197（1982）197
5) Naoomi Yamada, Itaru Yasui, Yuzo Shigesato, Hongling Li, Yusuke Ujihira and Kiyoshi Nomura, *Jpn. J. Appl. Phys.*, Vol.39, 4158（2000）
6) 佐藤勝昭,光と磁気,64,朝倉書店（1988）
7) 山田興治など,機能材料のための量子工学,講談社サイエンティフィック,170（1995）
8) I. Hamberg and C.G. Granqvist, *J. Appl. Phys.* **60**, R123（1986）

9) E. Burstein, *Phys. Rev.*, **93**, 632 (1954)
10) T. S. Moss, *Proc. Phys. Soc.* London, **B67**, 775 (1954)
11) 日本学術振興会,透明導電膜の技術,オーム社 (1999)
12) 澤田豊,透明導電膜の新展開,シーエムシー,20 (1999)
13) Frank and Kostlin, *Appl. Phys.*, **A27**, 197-206 (1982)

6 PDP電極用ペースト材料

大羽隆元[*]

6.1 はじめに

現在，プラズマディスプレイパネル（PDP）のバスおよびアドレス電極の形成には，広く厚膜ペースト技術が用いられている。PDP開発の黎明期に当社が，これらPDP電極形成用として，感光性厚膜ペースト（フォーデル®）を開発し，量産化に成功した。フォーデル®ペーストは大面積のガラス基板上に，高効率で，歩留まり良く電極形成することを実現可能にした。なお，当社電子材料事業部門は厚膜材料の先駆者で，40年にわたる歴史と幅広い技術を有していることを付け加えておく。

PDPメーカー各社にこの感光性厚膜ペーストを提供することで，PDP業界の発展に貢献してきたと自負している。プラズマTV市場の拡大とともに，当社の材料供給者としての責任も大きくなってきており，今後とも本業界に新たな技術・価値の提案を行っていくことを要求されている。本報告では，この感光性厚膜ペースト技術についての解説を行う。

6.2 感光性厚膜ペースト（フォーデル®ペースト）

一般的に，PDP前面板のバス電極用には，感光性黒電極ペーストおよび感光性銀電極ペーストが，背面板のアドレス電極用には，感光性銀ペーストがそれぞれ用いられている。

感光性銀電極ペーストには，焼成後の所望の特性を発現させるため，銀粉末，およびガラスフリットを，また，パターン形成のために，有機ビヒクルを配合している。感光性銀電極ペーストは，これら配合物を均一に混練・分散したものである。

感光性銀電極ペーストの導電成分には，一般的に，数ミクロンの粒径を有する球状銀粉末を用いる。また，PDPガラス基板との接着，ならびにペースト中に配合された銀粉末の焼結を促進する役割を担うガラスフリットには，ホウ珪酸鉛に代表される鉛含有のものが，歴史的に使われてきた。ただ現在，ほとんどのペーストが，世界的な環境負荷への関心の高まり（例えば，RoHS指令）を受け，無鉛のガラスフリットを使用したものに切り替わってきている。なお，ペースト中のガラスフリット含有量は，数重量%である。パターン形成に不可欠な有機ビヒクルは，アルカリ可溶型ポリマー，モノマー，光ラジカル重合開始剤，溶剤等からなっている。

黒電極ペーストには，焼成後の所望の特性を発現させるため，黒色顔料，無機添加物，およびガラスフリットを配合している。このペーストに用いる有機ビヒクルも，銀ペーストと同様な組成を用いている。また，本ペーストに使用されるガラスフリットも，銀ペーストと同様，無鉛化

---

[*] Takayuki Ohba　デュポン（株）電子材料事業

している。

6.3 感光特性・基本的な反応メカニズム

ペースト中に存在する光ラジカル重合開始剤に，紫外線を照射すると，ラジカルが発生する。このラジカルがモノマーの2重結合をアタックして，モノマーの重合が開始し，進行していく。なお，ラジカルの発生タイプには，アルファ開裂型，水素引き抜き型などがある。

なお，このラジカル重合は，おもに次の3つのメカニズムで停止する。(1) 重合しているモノマー同士の結合により停止，(2) 微量添加している重合禁止剤の作用で停止，(3) ラジカル自体

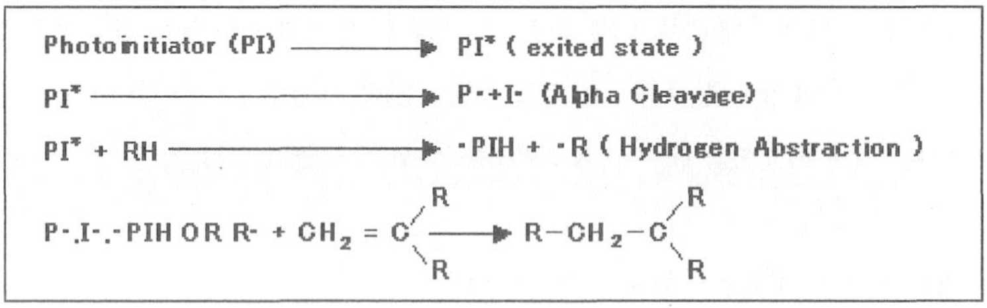

図1　光重合開始メカニズム

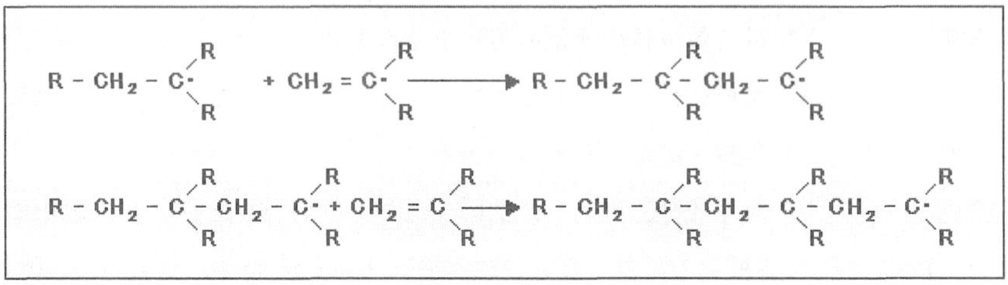

図2　重合促進メカニズム

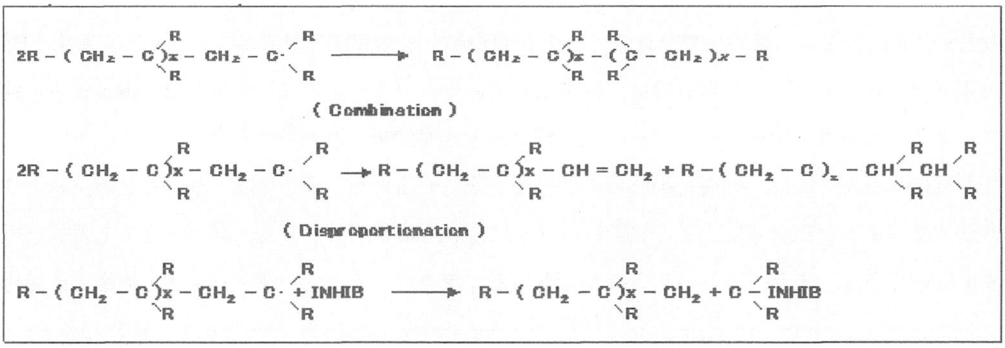

図3　重合停止メカニズム

第2章　PDP用部材・材料とPDP作製プロセス

が元の2重結合に戻り停止する。光重合反応メカニズムを図1～図3に示した。

6.4　感光性ペースト利用電極形成プロセス

まず初めに感光性ペーストをガラス基板全面にスクリーン印刷機等で印刷する。IR乾燥機を用い，80から100℃の条件で乾燥する。紫外線（波長365 nm）を用い，400 mJ/cm² 程度の露光を行う。その後，30℃，0.4%濃度のNaCO₃（炭酸ナトリウム）水溶液を用い現像し，パターニングを行う。最後に500から600℃の温度で焼成する。本プロセスの概念図を図4に示した。

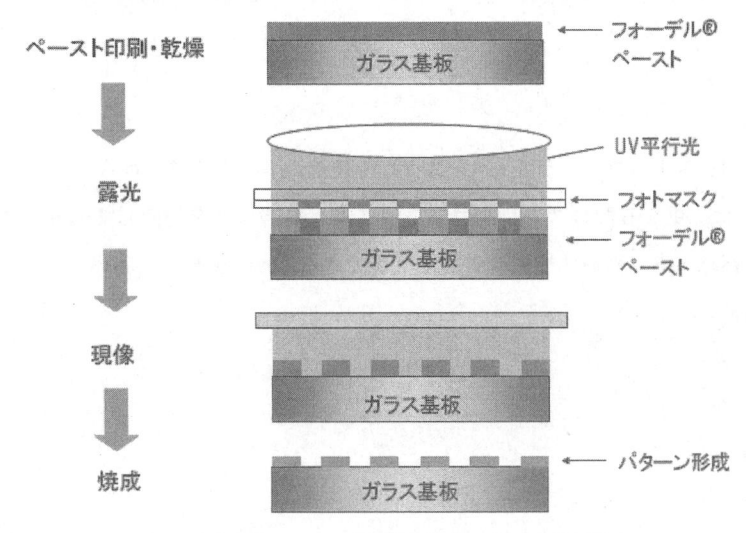

図4　感光性ペースト電極形成プロセス（概念図）

6.5　電極形成例

本技術を用いることで，電極線幅30 μm程度の細線化に対応できる。参考までに，現像後，および焼成後の電極形成例を写真1，写真2に示す。

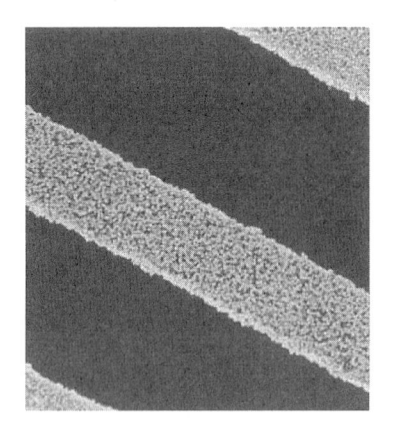

写真1　現像後　　　　　　写真2　焼成後（50 μm）

6.6　おわりに

　感光性厚膜ペースト（フォーデル®ペースト）の技術について解説を行った。

　PDPの技術は，更なる低コスト，高コントラスト，高解像度を指向しており，材料供給メーカーとして，高導電率，細線化を低コストで実現できるよう，今後とも本ペーストシステムの高性能化を進めていく。

7 誘電体材料

宗本英治*

7.1 粉末ガラス概論
7.1.1 気泡の発生機序

粉末ガラスは焼成成膜の段階で多かれ少なかれ気泡を含む。また，気泡発生量は材料組成，粉末材料の製造プロセス，バインダーの種類と量，脱バインダープロファイル，ガラス膜形成段階の焼成温度とキープ時間，酸化還元雰囲気，等に依存して決定づけられる。

最も重要な気泡の発生原因を生み出すのは，溶融してロールクラッシャーを通過したガラス片（フリット）を粉砕して粉末にする工程にある。フリット化には水砕クェンチング法もあるが，ミル粉砕に水を用いることと合わせ，水の使用は問題を引き起こしやすい。水は反応要素となる。成分組成で言うならば，親水性成分を多く持つ非鉛系組成ガラスは粉砕法が難しくなる。過去に安定的に使用されてきた鉛系組成ガラスは親水性の B_2O_3 量を抑制できる。しかし，昨今のRoHS指令のヨーロッパを始めとする鉛排除の流れに乗り，PDPの誘電体ガラスも2006年を境に変化が加速されることとなっている。そのため B_2O_3 を多用し，またアルカリ成分の導入も避けられない場合が多くなった。製造工程では湿式を避け，乾式粉砕工程を多く取り入れたり，適正な処理法を取り入れてガラス粉末製造を行っている。

7.1.2 ガラス内の水の性質

ガラスを高温で溶融し，排気ポンプでガス抜きをしても，ガス体の放出は止めどなく継続して行われる。真空ということは $-1\ \mathrm{kg/cm^2}$ であるが，溶けたガラスの粘性による分子圧力は含まれているガス体に対して，これよりも遙かに大きな作用を及ぼしている。当然，常温ではガラスを真空下に置いても水は出てこないし，転移点付近ではガラスの表面層数 μm から放出されるに過ぎないだろう。逆に H_2O の拡散は高温度でかなり顕著である。これはガラスの多くの化学成分が水と結合しやすい性質を持つからである。

PDPのセル構成材が低融ガラスとその混合物である以上，セル内壁に水分や脱離しやすい状態のOHは極力減らしておく必要がある。それ故，粉末ガラスの材質と製造履歴はPDPの性能を決める大きな意味を持っている。そのことは放電面誘電体ガラス，隔壁用ガラス，シール用ガラスすべてについて言えることである。

7.1.3 アウトガス

AC型PDPにとってアウトガス，中でも特に水は寿命劣化に大きく関与している。そして，それらのガス量は材料の善し悪しの選定，プロセスの適正化によって潜在的に決定づけられ，更

---

* Eiji Munemoto 日本化研（株）顧問 （前・LG電子（株）顧問）

に放電処理によって発生するガス，吸着ガスを加熱排気することで排除するという工程を本来踏むべきである。セル構成材の材料選定，プロセスをおろそかにすると必ず将来に禍根を残すことになる。なぜなら初期データよりも寿命など長期データがそれを示すからで，材料，プロセスは源流から管理しておく必要がある。源流が悪ければ先に対策をしたとしても，悪いもの同士の比較となり意味がなくなることを知っておくべきである。水の問題で解っていることとして，直接的な MgO の水和劣化に加え，放電エネルギーによる水の解離で生成する水素起因の放電電圧上昇が推定される。

図1に焼成膜の断面図を示す。

図1　焼成時のガラス厚膜観察模式図

7.2　PDP 用粉末ガラス

7.2.1　面放電用誘電体ガラス膜

(1)　面誘電体ガラスに要求される特性

第1　電気絶縁性　　　耐電圧：1 kV＜（厚 30 μm）

第2　透過率　　　　　80 %＜（厚 30 μm，可視光，積分球検知）

第3　関連項目：気泡の最小化（分布数とサイズ）

第4　誘電特性：比誘電率　誘電体損

実用組成系には次の系統がある。

・鉛ケイ酸塩系（実用の1例）

PbO	SiO_2	B_2O_3	MgO	
69	27	2	2	wt%

第2章 PDP用部材・材料とPDP作製プロセス

・無鉛無アルカリ系

Bi_2O_3	B_2O_3	SiO_2	ZnO	
60～75	10～20	5～10	5～15	wt%

・無鉛 ホウ亜鉛系

B_2O_3	ZnO	SiO_2	BaO	R_2O(R = Na, Li)	
20～30	20～30	0～25	10～30	5～7	wt%

(2) 誘電体ガラス層とAg電極境界 ―着色防止と無鉛化―

無鉛では組成系を示したように無アルカリ系ではBi系が適用可能であり，アルカリ含有系ではZnO-B_2O_3系がある。無アルカリのZnO-B_2O_3系が好ましいけれども融着開始温度が620℃を上回る。そこで材料の使い分け，すなわち，電極と接触する下層に無アルカリのBi系ガラス，上層にアルカリ含有のZnO-B_2O_3系を用い，互いの材料欠点を補う手段が取られるようになった。PDPメーカーでも電極に使用されるAgのガラス内挙動が現象的に研究され，morphology的解析などを経て発色させない方法を見出した。それはNa，Kを避け，且つ，ホウ酸の多すぎない系を選ぶということである。

(3) ガラス内へのイオン拡散と発色

板ガラスの上に銀電極を形成するときによく見られる現象がガラスの黄変である。これはイオンとしての拡散課程と熱還元によるcolorcenterの形成を経て表面数十μmのガラス内に発色する現象である。この現象を積極的に利用する技術も昔から使われており，Silver stainという。Silver stainは粉体とスクリーン印刷技術を利用して施される。銀イオンと銅イオンの組み合わせでコロイド化した褐色のcolorcenterが形成される。銀イオン単独の場合は黄色で，強い還元を受けなければ薄く，受ければ濃くなる。ガラス内で，銀イオンは無色である。加熱処理を繰り返すとガラスの場に支配された熱還元で黄色となり，しかもガラス表面を還元性のガスが覆うと強く影響を受ける。これらの現象は粉末ガラスを原料とする誘電体層でも同様に起きる

$$Ag \longrightarrow AgO \xrightarrow{拡散} Ag^+ \xrightarrow{還元凝集} Ag\ coloid$$

（TEMでAgコロイド凝集体の観察が可能）

板ガラスで言えば，一般的に並板ガラスであるSodalimeglassのAg拡散は転移点付近の550℃以上になると着色として顕著に現れる。

それに対して，PD-200では610℃を越えると同様の現象が現れる。そこに約60℃の差があり，耐熱性の違いを示す。

(4) 着色を加速する作用因子

・ガラス内に存在する還元剤の共存

板ガラスは Float glass 法で造られるのがほとんどであるが，Sn bath を使うため接触面では Sn の存在する層が形成されている。その Sn が還元剤として働くために，Ag は強く発色する。それを嫌って PDP，VFD などで銀電極を形成する場合に非 Sn 面を用いる訳である。しかし，非 Sn 面であっても Sn の蒸気や微少落下の影響があり，スポット的に還元作用を受ける場合がある。また，拡散発色とは別にガラス表面の性質も若干異なることに注意を払っておく必要があるように思う。特にコーティング接着性に関しては微妙な差による現象が出る場合もある。

(5) Ag と Na の相互拡散

ガラス内の物質拡散については過去に多くの研究がなされている。

次に理論背景をまとめてみた。

・ガラス内におけるイオンの平衡状態

$$\text{Na}^{\text{in glass ion}} + \text{Ag}^{\text{free ion}} \longleftrightarrow \text{Na}^{\text{free ion}} + \text{Ag}^{\text{in glass ion}}$$

・平衡定数 K

$$K = \frac{\text{Na}^{\text{free ion}}}{\text{Ag}^{\text{in glass ion}}} \cdot \frac{\text{Na}^{\text{in glass ion}}}{\text{Ag}^{\text{free ion}}} \fallingdotseq \frac{\text{Na}^{\text{free ion}} N_{\text{Na}}}{\text{Ag}^{\text{free ion}} N_{\text{Ag}}} {}^n$$

$N_{\text{Na}} N_{\text{Ag}}$；glass 中での各 ion の mole 分率

n；$(d \ln \text{Na}^{\text{in glass ion}} / d \ln N_{\text{Na}})$ に対応

$n = 1 - W_{\text{Na Ag}} / RT$　　　　$W_{\text{Na Ag}}$；過剰相互作用 energy

・イオン交換の相互拡散係数

Nernst-Plank の式が基本となる。

$$\underline{D} = \frac{D_{\text{Na}}^{*} D_{\text{Ag}}^{*}}{D_{\text{Na}}^{*} N_{\text{Na}} + D_{\text{Ag}}^{*} N_{\text{Ag}}} \cdot \frac{d \ln a_{\text{Na}}}{d \ln N_{\text{Na}}}$$

$\underline{D}$；相互拡散係数　　D_{Na}^{*}；Na の自己拡散係数

D_{Ag}^{*}；Ag の自己拡散係数

a_{Na}；Na の熱力学的活量

Na の熱力学的活量はガラスの種類により異なり，T_g や glass 組成に依存している。

第 2 章　PDP 用部材・材料と PDP 作製プロセス

(6) 粉末ガラス焼成体の電気特性

筆者が Sealing や coating に用いられる最も低融タイプガラスの電気的性質について検討した時代の実験結果を紹介する。

ガラス組成	PbO	B_2O_3	ZnO	SiO_2	
	72	16	9	3	wt%

無アルカリの上記のような組成においては Bulk，乾式粉砕粉末，湿式粉末（200 mesh under 及び over）の各条件について，基本的性質に大きな影響を及ぼさないことが実験結果で判明している。粉末生成過程の明確な影響は，気孔率の違いによる比誘電率の差を生じることや，絶縁破壊に出てくるが基本的性質は組成に依存する。図 2 に示すのは，代表的な湿式粉砕粉末を sintering で成形した試料の誘電体損失を温度依存性として得られたデータである。

温度は実用的には 100 ℃ 以下で用いられることが普通だがその温度域では特に安定した特性を示す。誘電損失は高温低周波領域で特に高く出ているが，この領域では表面伝導の影響が出ていることが考えられる。また，1 MHz ではガラス内損失が増える傾向を示す。

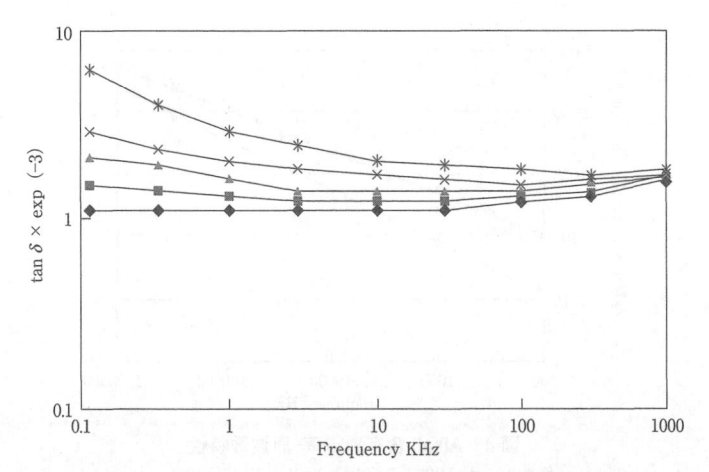

図 2　無アルカリ低融高鉛ガラスの誘電体損-周波数特性
上から 180 ℃, 150 ℃, 130 ℃, 100 ℃, 30 ℃, の～1 MHz の各周波数での誘電体損 $\tan \delta$ を示す。
（Data by author）

図 3 に示すのは同じ試料の導電率の周波数依存 data である。周波数と温度に依存して導電率が高くなる。

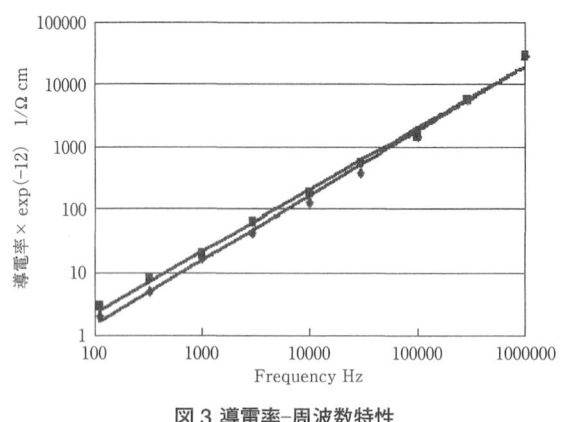

図3 導電率-周波数特性
Data は上 180℃ 下 30℃

アルカリイオンの存在は導電率を高めるが，図4に鉛ガラスの例で示す。

ガラス組成	PbO	SiO_2	B_2O_3	K_2O	Na_2O	Li_2O	
	54.7	34.9	3.5	3.0	2.0	1.9	wt%

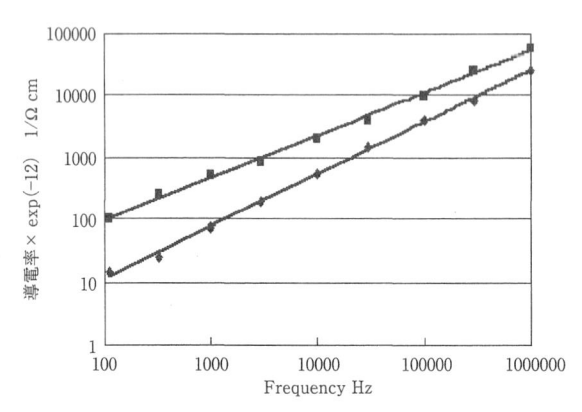

図4 Alkali 含有導電率-周波数特性
上 180℃ 下 30℃ bulk glass
（Data by author）

高温側の温度変化に対し大きく導電性が変動するものの100℃以下では十分な誘電体性能を持っている。

・気孔率と比誘電率の関係データ（図5）

気泡の多いガラス膜ほど比誘電率を低下させる。

第 2 章　PDP 用部材・材料と PDP 作製プロセス

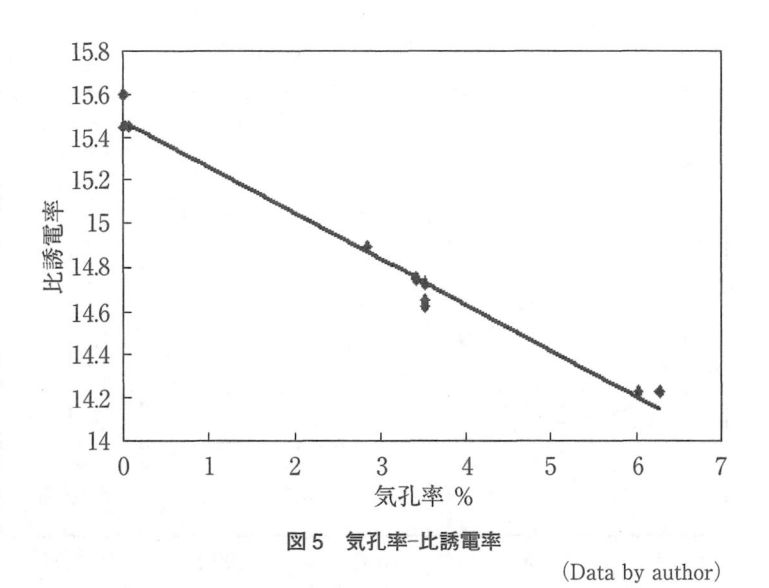

図 5　気孔率−比誘電率

（Data by author）

・比誘電率の温度依存性

図 6 上から 50 Hz，1 kHz，100 kHz の周波数条件下で測定したデータである。

周波数が高くなると比誘電率は低下する。また，高い温度ほど誘電しやすくなることを示す。

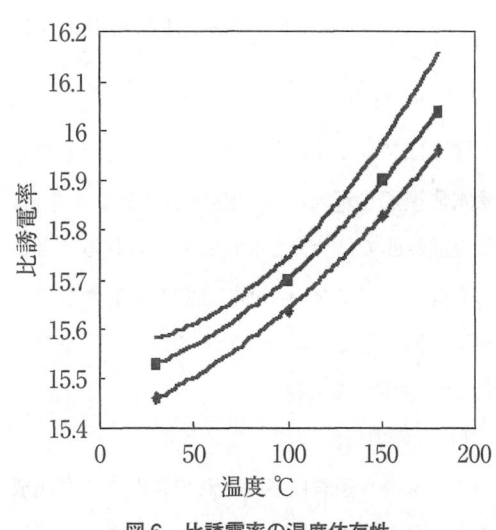

図 6　比誘電率の温度依存性

（Data by author）

・ホウ亜鉛系

B_2O_3	ZnO	SiO_2	BaO	R_2O (R = Na,Li)	
20〜30	20〜30	0〜25	10〜30	5〜7	wt%

比誘電率　7.4〜7.9（30〜100℃）

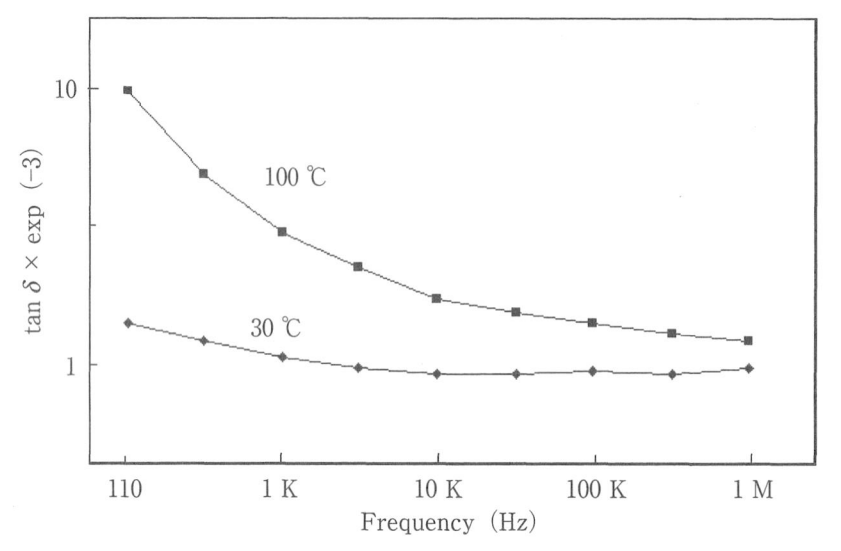

図7 無鉛アルカリ含有ホウ亜鉛系の1例：誘電体損-周波数特性
（Data by author）

　図7はアルカリ含有ガラスの特性を示していて，温度の上昇とともに表面に依存する低周波域誘電体損変化が大きい。150〜180℃ではさらに大きな誘電体損となる。しかし，PDPで使用する温度範囲では十分な特性と考えられる。ところで，ここでイオンによる導電性と耐電圧は必ずしも直結してこないことに注意しておかなければならない。なぜなら電圧破壊にはもっと大きな要因が関与しているからであるが，アルカリの含有がその大きな要因を作る原因ともなっている。

7.2.2　放電隔壁材料
(1)　要求項目

　この材料も過去に多用されてきたガラス組成系は鉛ガラスであったが世界的な有害物規制の動きから最近は無鉛系に転換されつつある。隔壁リブ材料の求められる特性は形成プロセスと併せて考える必要がある。

　求められる事項をまとめてみると以下のようになる。

　第1にアウトガス放出量の最小化

　第2に無鉛化

　第3に形成プロセスと組成系の整合性

　第4に焼成時の形状維持性

　　　　（添加物フィラーの配合も重要で，プロセスを想定して粒子形状，種類が決定される。）

　○無鉛系や無Bi系の焼成温度は低温化に限界があることが前提になるので焼成プロセスと基

第2章 PDP用部材・材料とPDP作製プロセス

板ガラスのコンパクション発生抑制のノウハウは重要になる。

(2) 形成プロセスの種類

本格量産プロセスとして古い順に

第1 サンドブラスト法
第2 リブ用フォトペースト法：フォトリソグラフィー，湿式直接現像が骨子
第3 リブ層焼成形成後の非フッ化水素による酸エッチング

となる。

○過去に用いられ，現在は高精細の少量試作に適用されるスクリーン印刷法は現在も実験には重宝な面を持っている。水を用いないプロセスの有利性もあり，水性アウトガスの影響がないことで便利である。

以上のように，現在の量産は湿式法プロセスに依存しているが，その時に材料に求められるのはガラス組成としてできるだけ耐水性を有することである。それで選ばれるのが次のような組成系である。

SiO_2	B_2O_3	Al_2O_3	RO (R = BaO, ZnO, MgO, CaO)	LiO_2	
35〜40	15〜25	10〜20	8〜15	9〜10	wt%

サンドブラスト法の場合はプロセス工夫によって次の組成系も利用可能性がある。

B_2O_3	ZnO	SiO_2	BaO	R_2O (R = Na, Li)	
20〜30	20〜30	0〜25	10〜30	5〜7	wt%

酸エッチング法については上記組成系は残留ガス量が多いというプロセス特性から使用し難い。また，エッチング容易性も要求する。それで，次に示すような無アルカリ高鉛硼酸ガラス組成系を利用するか，無鉛系では高Bi無アルカリガラス組成系を利用する。

PbO	SiO_2	B_2O_3	その他	
60〜65	20	10	5〜10	wt%

(3) 量産採用，三つのプロセスの特徴

サンドブラスト法：最も早く技術開発が進み，この方式の開発無くしてはPDPテレビ開発があり得なかった実績のある方法である。ただこの方式の工程スループットは他方式に比べ長くなりがちである。サンドブラストそのものと前後の湿式工程があり，今後，処理時間短縮には感光フィルム材料も含め工夫が必要である。最近の使用サンドはスチールボール製等が使用され，効率改善とともにシャープなパターンの形成が可能になっている。

フォトペースト法：開発研究は20年ほど前から着手されていたが，問題点が克服されたのは最近5年内くらいのことである。1つは新規無鉛ガラス系に着目し，光透過性の改良や脱バインダー特性の改良が進んだためである。感光性材料のベスト選択と組み合い，また，システム的なプロセス改善が同時に進められたため完成の域に達したと思われる。全面一括現像処理であることと工程数からみて生産性が高く，高精細化にも有利なプロセスになっている。湿式法特有のアウトガス対策もなされてきた模様である。

ガラス焼成厚膜エッチング法：この方法も生産性が高いのが有利な点である。しかし，材料選択幅の狭いことが難点となる。また，エッチング法特有のサイドエッチの発生があるために高精細化には限度がある。アウトガスの問題が発生しやすいので特定の材料を用いる必要がある。日本ではこの手法を採用していない。

7.3　フリットシール材（solder glass）
7.3.1　フリットシーリング

フリットシーリングはCRT以来PDPにおいても長い期間，極低融鉛ガラス，封着作業温度380〜450℃の組成物を用い行われてきた。これらはメルティングゾーン400℃付近の粉末ガラスと封着材としての熱膨張を基体ガラスと合わせる役割の熱収縮性物質や緩衝材からなる。結晶化の有無とフィラー配合によって接着面歪みの強度コントロールが可能である。CRTでは封着部を結晶化させ破壊強度を増すのが通常である。PDPにおいてはそこまでの必要はなく，使い易さ優先の非晶質タイプガラス粉末とチタン酸鉛等で熱膨張補正された混合物が使われてきた。ディスペンサ塗布を行うことが多く，塗布スラリー作成には約1％のニトロセルロースバインダーを溶剤に溶かしたビークルを用い塗布される。PDPのような平板への塗布方法としてはスクリーン印刷も可能であるが，アクリル系バインダー使用で気散ガス量が増大するのと完全無人化を考えた場合のプロセスコスト上昇のためにパネル試作時以外に顧みられることは無い。

7.3.2　無鉛化シールの進展

昨今，鉛が敬遠されるようになり，長い間，開発が進まなかった鉛代替ガラスフリットの開発が進み実用化されるに至った。模索された組成系は高ビスマス-ホウ酸系，リン酸-スズ-亜鉛系，カルコゲンTe系等であるが実用性の面から前二者に絞られ検討されてきた。材料コスト面ではビスマスの多用は不利である。従ってガラス組成系としては古くから低融組成として知られていたリン酸-スズ系が注目されるようになった。但し，液状で存在するリン酸と還元性を有する酸化第一スズ導入という特殊製造プロセスを要する。熱膨張のコントロールには鉛系では特効的材料であったチタン酸鉛は使えず，βユークリプタイト，ZrW_2O_8等の熱収縮性フィラー，コージェライト，ジルコン等の低膨張フィラーといった特殊な物質を組み合わせて行う必要がある。

第 2 章　PDP 用部材・材料と PDP 作製プロセス

	SnO	P$_2$O$_5$	ZnO		特開平 9-227154
	50～72	25～40	0～10		wt%
(筆者実測例	SnO 70	P$_2$O$_5$ 30 wt%		α = 14.5 ppm/℃	Yielding P. = 280 ℃)

7.3.3　シール材の焼成工程で発生するアウトガス

今から数十年前に IC パッケージ用のシーリング材料試験を行った米 Intel 社で実測された例があるので紹介する。塗布手段としてはスクリーン印刷手法が取られ，焼成シール材内部や表面に対するガス内蔵の多い条件と言えるが，実用のソルダーガラスでの実験結果である。(Mass spectrometric analysis)

表 1 右端欄に着目：融着するのが 430 ℃であり，その温度で内包されていたバインダーガスが放出されている。そして，水，炭酸ガスが表面吸着や内蔵ガスの主なものであることがわかる。また，使用されたフリット粉末は市販で実用されていた非晶質タイプであり，バインダー原因のガスの比率が 12～13 %であることも分析された。ガラス溶融から粉末製造段階のガラス素材から来るものと物理的巻き込みの空気由来の窒素が残分であり，素材粉末としての履歴の重要性が示された例である。

表 1　焼成時のアウトガス

（各点 10 分 hold 後に測定）　単位：vol. ppm

Gas	Out-gas temp			
	25 ℃	110 ℃	220 ℃	430 ℃
Hydrogen	0	0	0	2
Methane	0.5	40	87	111
Water	401	4137	5678	2312
Nitrogen	0	0	325	536
Oxygen	0	4	110	19
Hydrocarbons	20	200	381	Butane 63
Carbon dioxide	176	4020	6237	809
Benzen	0	0	0	250
Phenol	73	0	0	145

7.4 粉末ガラスによるコーティング及びフリットシール
―その発生する歪み―

7.4.1 示差膨張測定（TMA）とその重要性

金属とガラス，ガラスと異種ガラス間の接着性や応力の構成では両者の膨張差（収縮差）が重要となる。ガラスの温度上昇に伴う膨張曲線は，それが適当にアニールされた試料であれば，逆に収縮曲線として取り扱って大きな支障は起こらない。膨張率の若干違う2種類のガラスの膨張，または収縮に伴うストレスの構成は接着された低融点ガラスの total expansion または，total contraction の実効値が同じ温度範囲の高融点ガラスとの differential expansion で効いてくる（図8）。

$\alpha_B \fallingdotseq \alpha_C$ として $T_A > T_C > T_B$ とするとき

$$D_{(A-C)} > D_{(A-B)}$$

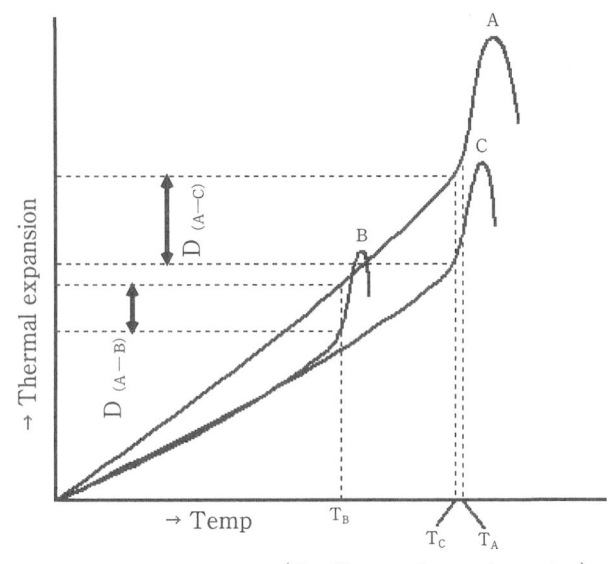

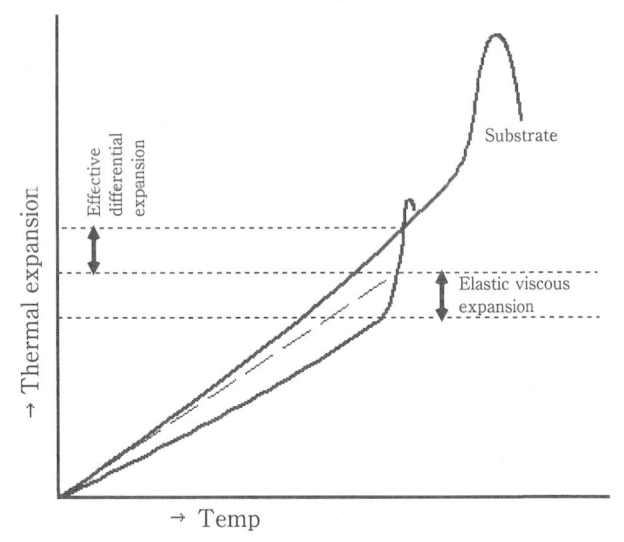

図8 線熱膨張と歪み発生の機序

となる。このことは同じ膨張係数の Frit glass でも低融のものほど，
Total differential expansion = Total differential contraction が小さい。従って，歪みの構成量は少ないことを意味する。実際問題としては低融点ガラスの粘弾性域，即ち，液相に移行する段階の膨張が関与してくる。従って Frit glass は少し低膨張とするのである。

7.4.2 ガラス内の歪みの構成

ガラス基板が十分な厚さを持つときは，ストレス（応力）による基板の変形が起こらない代わ

第2章　PDP用部材・材料とPDP作製プロセス

りに両者の間に強い張力と圧縮力が対応して発生し，ガラスがクラックし易くなる。いずれの場合も Tension side にクラックを生じたり応力危険性が生まれる（図9）。

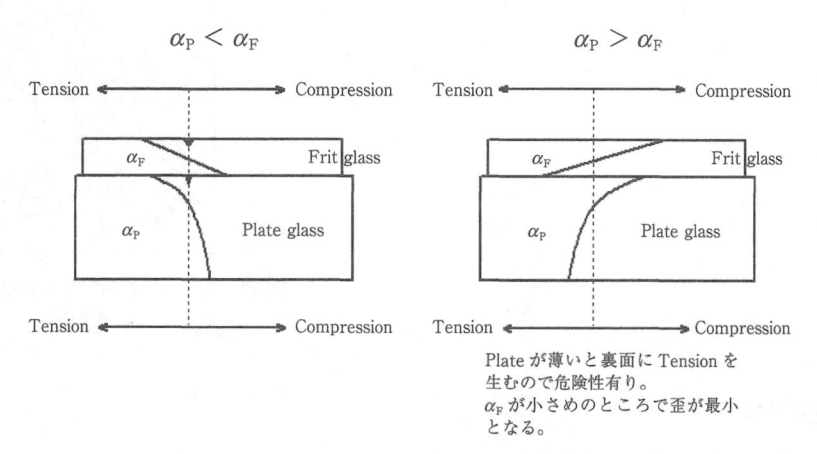

$\alpha_P < \alpha_F$　　　　　　　　　　　　　$\alpha_P > \alpha_F$

Plate が薄いと裏面に Tension を生むので危険性有り。
α_F が小さめのところで歪が最小となる。

図9　内部応力の発生と破壊危険性

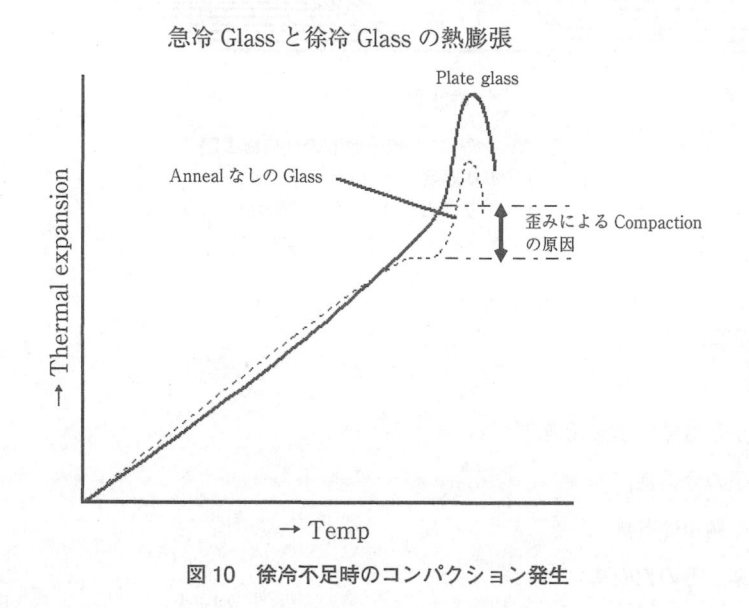

急冷 Glass と徐冷 Glass の熱膨張

図10　徐冷不足時のコンパクション発生

7.5　Glass powder dispersion の Rheology
7.5.1　理論背景

　構造粘性を示す微細粒子系の懸濁物が時間的に見かけ上の粘性変化を示す現象を Thixotropy といっている。フリット状の微細な固体は圧力や機械的な撹拌が停止された直後においてもブラウン運動が持続していて，ある時間経過後には端部が絡み合い，固化状態にはいる。しかし，こ

れらの絡み合いは，撹拌や振動でまたもとの状態に戻る。ガラス粉末の有機溶媒中での分散系では図11のように考えられる。

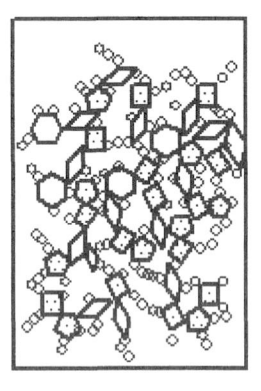

図11 ガラス粒子の理論背景フロキュレーション想像図

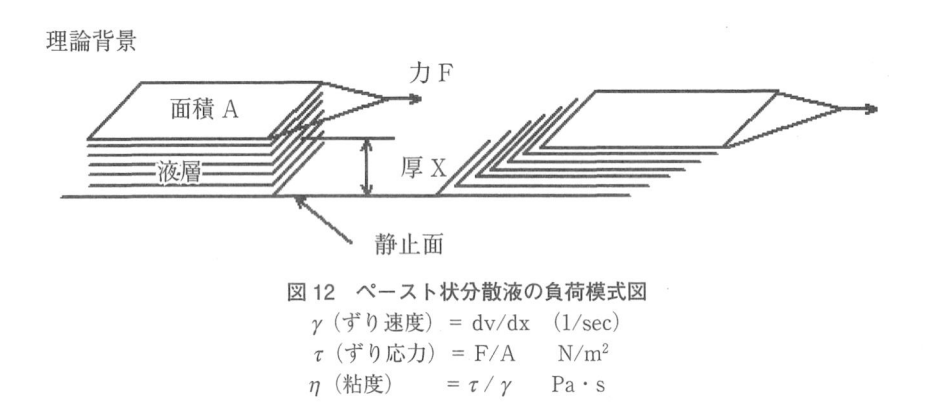

図12 ペースト状分散液の負荷模式図
γ（ずり速度）＝ dv/dx （1/sec）
τ（ずり応力）＝ F/A　 N/m^2
η（粘度）　　＝ τ/γ　 Pa・s

・Rheologyを支配する要因

　Vehicle 側
　　1. 高分子と溶媒の3次元構造
　　2. 高分子の分子量
　　3. 鎖長，側鎖の有無
　　4. 極性基，その他の基
　　5. 溶質の溶解性パラメーター

　粉体側
　　1. 粒度分布：分布コントロール，微粒の存在
　　2. 粒子形状：角，丸み
　　3. 表面の性質：表面改質

第 2 章 PDP 用部材・材料と PDP 作製プロセス

7.5.2 実測例

図 13 に代表的な 3 種類のガラス粉末分散ペーストの流動特性を示す。A はパターン形成用に用いられ，B は絶縁用に用いられたガラスペーストの例である。B より A が細いパターンを形成できるが，Thixotropic 傾向はよく似ている。粘度変化率と推定降伏値に注目できる。一方，C は Thixotropic loupe を描かず，直線的なずり応力変化を示す。降伏値が大きく印刷パターンがシャープに仕上がる反面，印刷メッシュ形状を明確に残す。

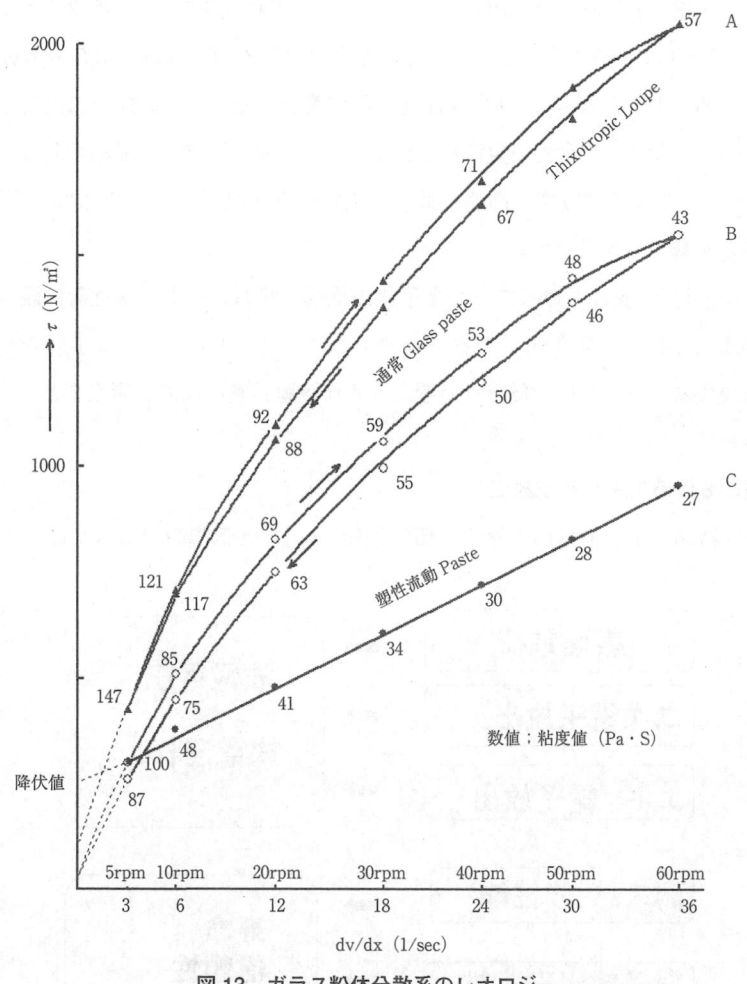

図 13 ガラス粉体分散系のレオロジー

(Data by author)

8 保護膜材料

梶山博司 *

8.1 保護膜特性と PDP における役割

PDP の前面板の最表面に形成された膜厚 1 μm ほどの保護膜は,放電開始電圧,駆動マージン,パネル寿命など決定する重要な材料である。保護膜には大きく分類すると,図1に示す5つの特性が求められている。このうち,①帯電特性,②イオン衝撃による二次電子放出特性,③エキソ電子放出は,放電電圧と放電遅れに深く関与している。また,④イオン衝撃に対する耐スパッタ特性,⑤二次電子放出特性は,PDP パネルの寿命,信頼性を左右する特性である。

MgO が保護膜としての特性を有しているとの報告[1,2]以降,もっぱら MgO 材料が保護膜として使用されている。しかしながら,MgO 保護膜の成膜プロセス,結晶性,二次電子・エキソ放出特性,対スパッタ特性,化学的安定性などに関するデータベースは未整備な状況である。放電ガスの高 Xe 分圧化による高効率・高速放電が実施される状況下で,高 Xe 対応の保護膜材料の開発指針の策定が緊急の課題である。

本稿では,MgO 保護膜におけるエキソ電子放出機構に触れたのち,最近新保護膜材料として注目されていると $12CaO \cdot 7Al_2O_3$ エレクトライドとクリスタルエミッシブレイヤー (CEL) の電子物性を概説する。おわりに,現時点で考えうる保護膜材料の開発課題をまとめる。

8.2 MgO 膜におけるエキソ電子放出

図2に MgO 結晶の電子構造図を示す。価電子帯 (O_{2p}) と伝導帯 (Mg_{2s}) のバンドギャップ

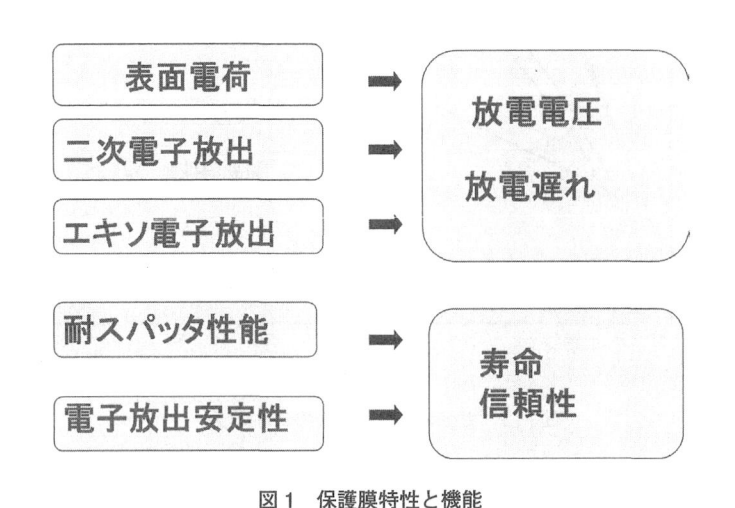

図1 保護膜特性と機能

---

* Hiroshi Kajiyama 広島大学 大学院先端物質科学研究科 教授

第2章 PDP用部材・材料とPDP作製プロセス

Egは7.8 eV，電気陰性度χはおよそ1 eVである。MgO結晶表面にNe^+，Xe^+が入射すると，価電子帯（O_{2p}）の電子1個が，より深いエネルギー準位にあるNe^+，Xe^+の空軌道に移動して，Ne^+やXe^+イオンは電気的に中和される。一方，MgO結晶では，価電子帯からの電子放出で生じたエネルギーによって，価電子帯から電子が放出される。イオン入射から一連の電子移動過程までをオージェ中和反応と呼ぶ。MgO表面の帯電を無視すると，イオンの第1イオン化エネルギーをIpとして，$Ip>2(\chi+Eg)=14.7$ eVの成り立つ場合，価電子帯から放出された電子は，二次電子としてMgO表面から放出される。NeとXeのIpは，$Ip(Ne)=21.6$ eV，$Ip(Xe)=12.1$ eVであるので，Ne^+入射によって二次電子は表面から放出されるが，Xe^+では二次電子は放出されない。以上が，MgO表面にNe^+，Xe^+が入射した場合の，二次電子ダイナミクスである。

MgO結晶からの電子放出にはオージェ中和反応のほかに，エキソ電子放出過程（1935～1940年にかけて日本のTanaka，続いてKramerによって研究された）が知られている。従来の定義によると，エキソ電子とは，新鮮な金属表面，結晶の変形や破壊，相転移，温度因子などによって光電子や熱電子より低いエネルギー閾値で，過渡的に発生する電子を指す。MgO結晶の場合，酸素欠陥準位（F，F^+センター），伝導帯直下の電子トラップ準位からの電子をエキソ電子と呼ぶ。

図3に，MgO結晶の電子構造とエキソ電子準位を示す[3]。バンドギャップの中に中間電子準位（energy level of midgap states）と呼ばれる酸素欠陥準位（F，F^+センター）や電子トラッ

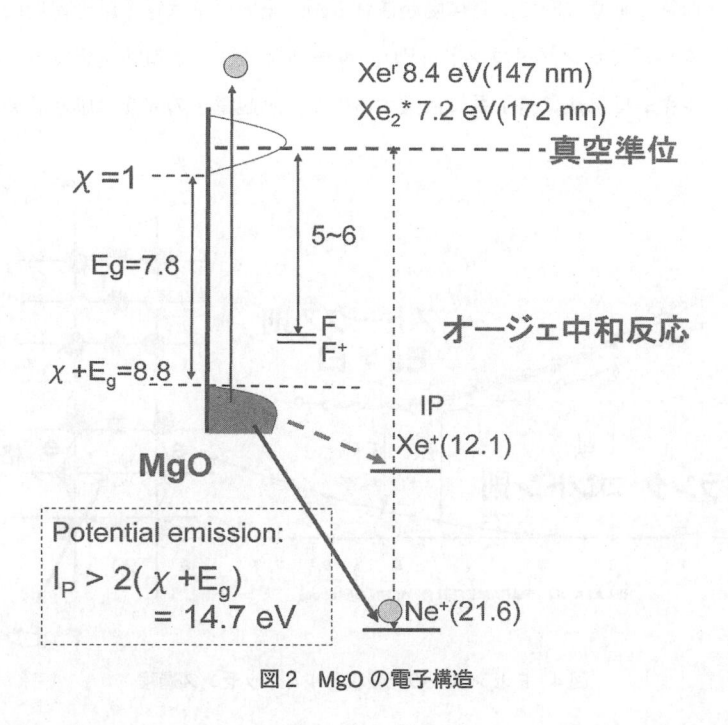

図2 MgOの電子構造

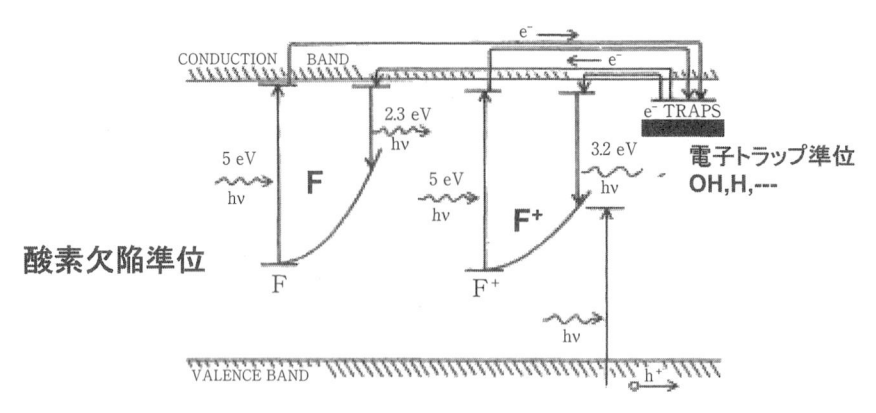

図3 MgOのエキソ電子放出準位

プ準位が存在する。これらの中間準位にある電子は，イオンエネルギー，熱エネルギー，電界効果により，エキソ電子として放出される。エキソ電子は放電電圧の低減，放電の形成時間の低減に重要な寄与をすることから，MgO中に中間電子準位を有効かつ再現性よく導入するための材料プロセス開発が進められている。

Fセンターは酸素欠陥サイトに電子が2個入っている欠陥であるが，価電子帯の上端からおよそ3eVのところにエネルギー準位が形成されている。図4にFセンターの励起，減衰過程の概略を示す[4]。およそ5eVのエネルギーを吸収するとFセンターは励起される。電子はポテンシャルエネルギー曲線の垂直方向で瞬時に励起されるが，重い原子は電子励起時間内ではほとんど動くことができない（フランク・コンドン則）。電子励起は強い振動励起を伴っているが，励起状態の振動エネルギーは急速に格子系に散逸するので，励起電子の発光は励起状態曲線の基底振

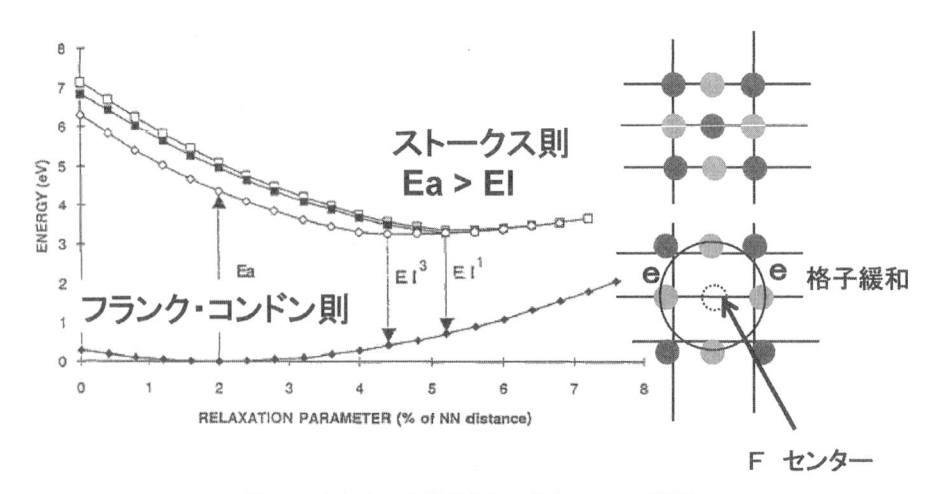

図4 Fセンターの光吸収とルミネッセンス過程

第2章 PDP用部材・材料とPDP作製プロセス

動準位を起源にしている。この結果，発光エネルギーは吸収エネルギーより小さくなる（ストークス則）。ここで重要なのは，Fセンターは秒オーダーの励起寿命があるという事実である。すなわち，イオンエネルギー，熱エネルギー，電界エネルギーによって，励起Fセンターを起点にしたエキソ電子放出がおきる確率が高い。したがって，エキソ電子放出を高めるには，MgO結晶中へのFセンター導入が有効である。F^+センターは酸素欠陥サイトに電子が2個入っている欠陥であるが，この励起寿命は10 nsオーダーであり，励起状態からのエキソ電子放出確率は極めて小さい。MgO：Mg：H（水素イオン高ドープ）のFセンターは電子トラップ準位として働く。一方，低水素イオンドープでは，Fセンターは電子を失い，F^+センターになる。

F型センターは不純物ドーピング[5]によっても制御できる。Al, Ca, Siを80～200 ppm，又はある種の元素を300 ppmドーピングするとF，F^+センター密度が増加することが，カソードルミネッセンス測定により示された。さらにドーピングによって形成遅れ時間およびその温度特性がドーピングにより著しく低減した。ドーピングによるF型センター密度と結晶歪の増加がエキソ電子放出を促進し，高効率放電と高速放電が実現されたと考えられている。一方，水素添加されたMgO結晶でも，形成遅れ時間の低減，放電効率の向上が報告されている[6]。この場合，水素原子はF^+センターの励起寿命増加と新たな電子トラップ準位形成作用があり，これによるエキソ電子の増加が放電効率向上と放電遅れ改善に作用したと解釈されている。元素ドーピング，水素添加とエキソ電子増加の関係を図5にまとめる。

エキソ電子放出には以上のほかに，熱刺激とトンネリング効果によるエキソ電子放出過程が知られている。熱電子放出は浅い電子トラップ準位からの電子放出である。室温付近の温度でも表面での電界効果により，電子が真空側に放出される。トンネリング放出は，表面電界によるトンネリング電子放出で，$E = 10^6$ V/cm程度の電界強度で熱刺激放出と同程度の効果がある。

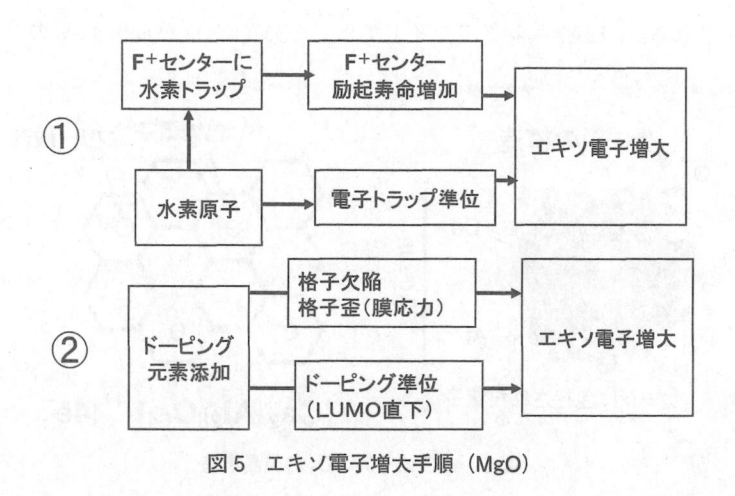

図5 エキソ電子増大手順（MgO）

8.3 新保護膜材料
8.3.1 12CaO・7Al$_2$O$_3$ エレクトライド

12CaO・7Al$_2$O$_3$（C12A7と略す）はケージ型の結晶構造をもつ結晶であるが，伝導性を付与することでC12A7エレクトライド[7〜10]と呼ばれる導電性のイオン結晶になる。図6にC12A7エレクトライドの結晶構造を示す。NaCl構造で代表される普通のイオン結晶では，規則正しく配列した正イオンと負イオンがクーロン力で互いに結合している。一方，C12A7エレクトライドでは，Al, Ca, Oで形成された正電荷のケージ構造の中に，酸素負イオン，水素負イオンが包接されることで，電気的なバランスが保たれている。この結果，C12A7エレクトライドは普通のイオン結晶には見られない興味深い電気特性を示す。現在までに明らかにされているC12A7エレクトライドの基礎物性は以下の通りである。

・電子密度：〜2 × 10^{21} cm^{-3}（Ca処理）
・直流電気伝導率：10^{-10}〜1500 S・cm^{-1}
・仕事関数：2.1 eV（光電子分光測定），0.6 eV（熱電子放出測定）
・光学バンドギャップ：〜5 eV
・融点：1415℃

C12A7の重要な特長のひとつは，還元雰囲気下で熱処理することで導電性をもつエレクトライドを合成できる点である。導電性は，ケージに包接された水素負イオンから解離下電子がケージ間をホッピングすることで発現する。ホッピングの活性化エネルギーは約0.1 eVであり，光照射，イオン照射などにより容易に活性化される。

図7にC12A7およびC12A7エレクトライドの電子構造の概略を示す。C12A7の光学バンドギャップ Eg = 〜5 eV，電気陰性度 χ はおよそ1 eVである。したがって，図2でMgO結晶に関して議論したように，Ne$^+$, Xe$^+$の入射によるオージェ中和反応によって，C12A7からは二次電子が放出される。C12A7エレクトライドでは，HOMO準位から約4 eVのところにホッピ

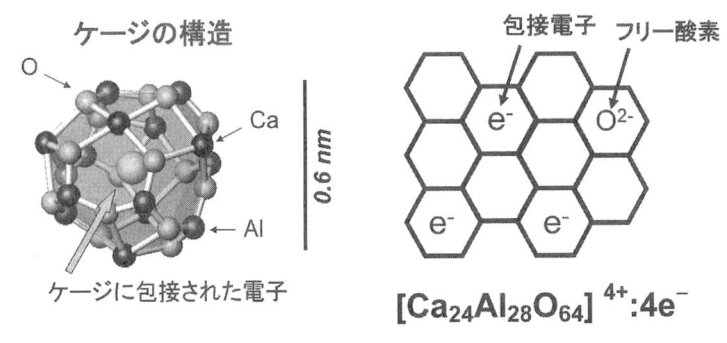

図6　12CaO・7Al$_2$O$_3$の結晶構造

第 2 章　PDP 用部材・材料と PDP 作製プロセス

図7　電子構造（12CaO・7Al2O3）

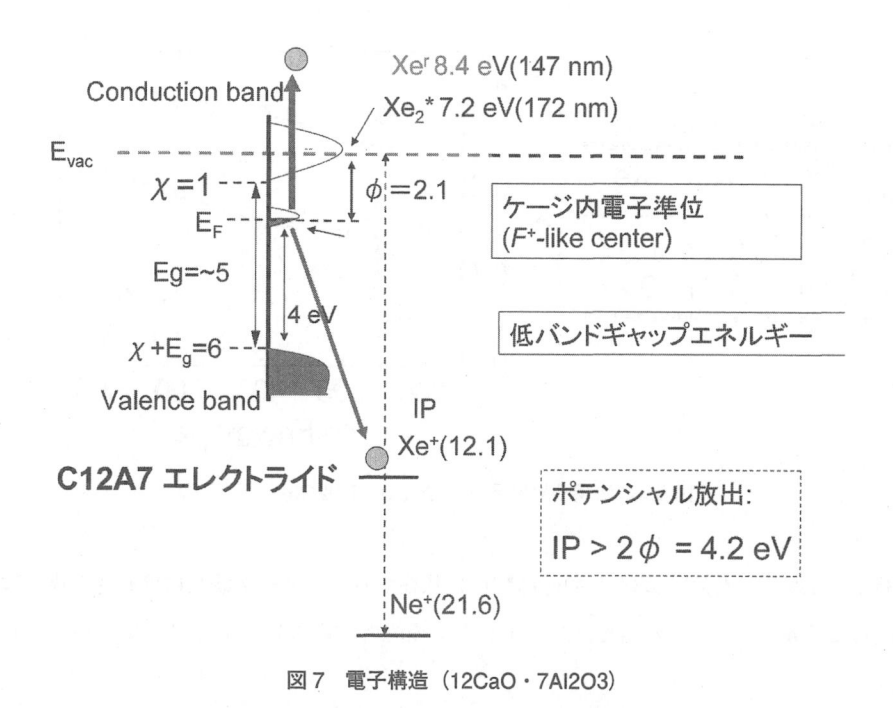

ング電子の中間電子準位が形成される。ホッピング電子の仕事関数 ϕ=2.1 eV と計測されており，光照射，イオン照射などによる二次電子放出が期待される。

図8に C12A7 エレクトライドの二次電子放出係数，γ に及ぼすケージ包接電子密度の影響を示す[11]。γ（Ne^+）は電子密度にはほとんど依存しない。一方，γ（Xe^+）は有限の値を示し，電子密度に依存して 0.1 以上の値を示す。ケージに包接された酸素イオンの還元でホッピング電子が導入されたことから，MgO 結晶における F 型センターを参照して，F 様センター（F-like center）と呼ばれている。C12A7 エレクトライドでは，上述した方法で F 様センター密度を最大で 10^{21} cm^{-3} まで制御可能であり，電子材料として幅広い応用が期待できる。

C12A7 エレクトライドは，保護膜とし放電遅れの改善，放電効率向上に効果があると報告されている[12]。放電遅れの改善は，ホッピング電子準位からのエキソ電子放出の寄与による。MgO 結晶の γ（Xe^+）は〜0 であるのに対し，C12A7 エレクトライドには有限の γ（Xe^+）があることから，高 Xe ガスに対応した保護膜材料としても期待できる。

8.3.2　クリスタルエミッシブレーヤー（CEL）

CEL は気相成長により作製された，高純度，単結晶，微結晶の MgO 結晶である[13]。CEL を MgO 保護膜表面にすることで，放電の統計遅れを短時間内に揃えることが可能である。

図9に CEL のカソードルミネッセンス（CL）測定結果[12]を示す。CL スペクトルには 235 nm 付近に鋭い発光ピークが，300 nm 以上に F 型センターと推定される発光ピークが観測され

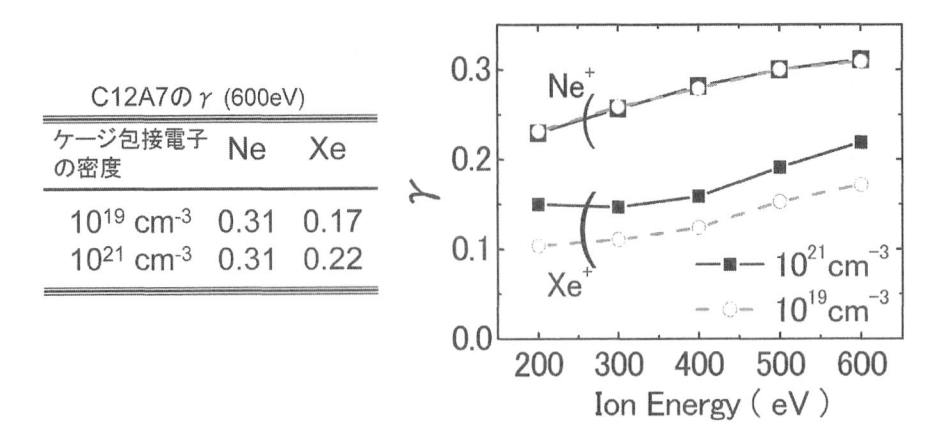

C12A7のγ (600eV)		
ケージ包接電子の密度	Ne	Xe
10^{19} cm^{-3}	0.31	0.17
10^{21} cm^{-3}	0.31	0.22

図8 二次電子放出係数（12CaO・7Al2O3）

る。235 nm 付近の発光強度は CEL の結晶粒径に依存するが，ピーク波長には有為な違いは認められない。235 nm（5 eV）の発光は，エキシトン発光とする推定もあるが，現時点では定かではない。

CEL は MgO 膜表面に配置されている[13]。これにより，上部の CEL と下部の MgO 膜からは基本的なオージェ中和反応に基づいて二次電子が放出される。さらに，CEL，MgO 膜それぞれの機能が複合的に合わさって，高効率・高速放電が実現されている。すなわち，CEL からの 235 nm の VUV 光が下部 MgO 膜の F 型センターおよび電子トラップ準位からエキソ電子を放出させる。

CEL と MgO 膜のハイブリッド保護膜は MgO 材料だけで高効率・高速放電を実現させた。しかしながら，CEL，MgO 膜ともγ（Xe$^+$）＝ 0 であるので高 Xe 対応保護膜とは言えない。今後は，ドーピングなどの手法で CEL，MgO 膜のγ（Xe$^+$）向上が望まれる。

8.4 保護膜の開発課題

本稿では MgO 結晶，C12A7 エレクトライド，CEL の保護膜としての特徴を概説した。紙面の都合で，高効率・高速放電に顕著な効果がある SrCaO 膜[14]は割愛した。長い歴史のある MgO 結晶は，

図9 CEL のカソードルミネッセンス

第 2 章　PDP 用部材・材料と PDP 作製プロセス

100 ppm レベルの不純物ドーピング，％オーダーの元素添加，水素や水添加などの技術が次々と試みられており，今後の一層の特性向上が期待される。MgO 膜を下地とする新規なハイブリッド保護膜も種々提案されるであろう。

　これらの材料の高性能化のためには，①オージェ電子，エキソ電子の二次電子放出機構，②酸素欠損，不純物，電子トラップ準位計測，③ F^+，F センターの形成機構，$F \Leftrightarrow F^+$ 循環機構，④結晶内のエネルギー伝達機構の解明が必須であり，今後の進展が期待される。

文　　献

1) H. Uchiike, K. Miura, N. Nakamura, T. Shinoda, and Y. Fukushima, *IEEE Trans. Electron Devices*, **ED-23**, 1211 (1976)
2) T. Urade, M. Osawa, N. Nakayama, and I. Morita, *IEEE Trans. Electron Devices*, **ED-23**, 313 (1976)
3) G. H. Rosenblatt, M. W. Rowe, G. P. Williams, R. T. Williams, and Y. Chen, *Phys. Rev.*, **B39**, 10309-10318 (1989)
4) R. I. Eglitis *et al.*, *Computational Material Science*, **5**, 298-306 (1996)
5) M. -S. Lee *et al.*, SID Digest, 1388-1391 (2006)
6) K. -H. Park, Y.-S. Kim, SID Digest, 1395-1398 (2006)
7) K. Hayashi, S. Matsuishi, T. Kamiya, M. Hirano, and H. Hosono, *Nature*, **419**, 462 (2002)
8) 細野秀雄，松石聡，機能材料，25 巻，56 (2005)
9) Y. Toda *et al.*, *Adv. Matt.*, **16**, 685 (2004)
10) Y. Toda *et al.*, *Appl. Phys. Lett.*, **87**, 254103-1 (2005)
11) S.Webster, M. Ono, S. Ito, K. Tsutsumi, G.Uchida, H.Kajiyama, T.Shinoda, PDP1-4L, Proceedings of IDW2006
12) M. -Y. Lee *et al.*, IMID/IDMC' 06 Digest, 921-924 (2006)
13) M. Amatsuchi, A. Hirota, H. Lin, T. Naoi, E. Otani, H. Taniguchi, K. Amemiya, Proceedings of IDW/AD, 435-438 (2005)
14) Y. Motoyama and T. Kurauchi, SrCaO Protective Layer for High-Efficiency PDPs, SID06

9 蛍光体材料

張　書秀*

9.1 はじめに

カラープラズマディスプレイパネル（PDP）は大型フラットテレビとして急速に普及しつつある。PDP 元年の 2001 年から 2006 年までの 6 年間で世界では 1 千万台，2 兆円超の市場にまで成長した。PDP は液晶テレビに比べ動画映像の表示に優れており，また製造時の低コストなどの優位性を持つことから，今後更なる発展が期待される。特に PDP 産業は始まってから数年しか経っておらず，製造プロセスや材料などの進歩により PDP の更なる高性能化（ディスプレイとしての進化），高効率化が期待でき，それらにより更なる低消費電力化，長寿命化を実現する可能性がある。ディスプレイ産業において次世代 PDP の開発が注目されている。

AC 型 PDP は 1966 年イリノイ大学の Bitzer 教授と Slottow 教授により発明され[1]，1980 年前後にカラーPDP の開発が始まった。その当時はパネル構造を中心にアプローチされたが，対向放電型や 2 電極面放電型のいずれも蛍光体などの劣化が激しく，実用化には至らなかった。1988 年に反射型の 3 電極面放電構造が開発され，PDP の高輝度化と長寿命化が実現された[2]。それに基づき富士通が 1992 年に 21 型フルカラーPDP の開発に成功した[3]。

PDP はペニングガス Xe/Ne のプラズマ放電により生じる真空紫外線（VUV）を用いて蛍光体を励起させ，その可視光を利用してフルカラーの映像を表示する。その VUV は Xe の濃度とガス圧によって変わるが，主に波長 147 nm の Xe 原子の共鳴線とピーク 173 nm の Xe_2 の分子線バンド（154～190 nm）である[4]。PDP 蛍光体は主に赤色の $(Y, Gd)BO_3:Eu^{3+}$（YGB），緑色の $Zn_2SiO_4:Mn^{2+}$（ZSM）と青色の $BaMgAl_{10}O_{17}:Eu^{2+}$（BAM）が使われている。PDP は蛍光ランプと同じくフォトルミネセンスを利用しているが，蛍光ランプの UV 励起光に対し PDP の VUV 励起光はエネルギーが高く，蛍光体の励起メカニズムや蛍光体に対する負荷が異なる。UV 励起光が発光センターを直接励起するのに対し，VUV のエネルギーは蛍光体母体のバンドギャップより大きいため，その VUV は殆ど母体に吸収される。母体に吸収されたエネルギーが発光センターに伝わる，いわゆる間接励起メカニズムとなる。つまり PDP の場合は蛍光体母体に対する負荷や発光センターへのエネルギー伝達効率が重要な要素になる。

カラーPDP 開発の初期ステージにおいて蛍光体や電極の劣化問題は，それら自身の改善ではなく PDP の構造最適化によって解決された。そのために蛍光体（特に BAM）において PDP 製造時の加熱工程や PDP 駆動時の VUV 照射における劣化の問題は残されていた。2001 年に大電から長寿命タイプの BAM がリリースされ，色純度が良くカラーシフトが少ない長寿命の BAM

---

* Shuxiu Zhang　大電（株）技術開発本部　機能材料開発室　研究グループ長

第2章　PDP用部材・材料とPDP作製プロセス

が使用されるようになり，PDPの青色純度，焼付けや寿命などの問題解決が図られた。今後は更なる高効率化やフルハイビジョンのPDPが登場し，それらに適した蛍光体の開発が求められる。

近年，VUV励起の蛍光体に関する研究が活発に行われており，以下ではPDPに使用されている蛍光体と実用化に近い蛍光体の基本特性を中心として紹介し，より具体的な改善については著者のレビューも併せて参照されたい[5,6]。

9.2 赤色蛍光体

希土類元素で構成する母体と賦活剤を用いた赤色蛍光体はフォトルミネセンス材料として最も多く実用化され，PDPにおいてはユーロピウム賦活のホウ酸イットリウムガドリニウム（組成式$(Y, Gd)BO_3:Eu^{3+}$，YGBと略す）が主に使われており，他にはイットリウムガドリニウムオキサイド（組成式$(Y, Gd)_2O_3:Eu^{3+}$，YGOと略す）とバナジン酸イットリウム（組成式$YVO_4:Eu^{3+}$，YVOと略す）が挙げられる。いずれもEu^{3+}のf-f遷移（$^5D_0 \rightarrow {}^7F_J$）による発光ピークが観察され，母体における$Eu^{3+}$の占有サイトの対称性により発光のピーク波長が異なる。Eu^{3+}のf-f遷移により主に592 nm（$^5D_0 \rightarrow {}^7F_1$），611 nmと626 nm（$^5D_0 \rightarrow {}^7F_2$）の三つのピークが観察される（図1）。$^5D_0 \rightarrow {}^7F_1$遷移は磁気双極子遷移で結晶場の対称性にあまり依存せず，反転対称のある格子点においた場合は590 nm付近に強い発光を示す。一方，電気双極子遷移（$^5D_0 \rightarrow {}^7F_2$）は結晶場の奇の成分に強く依存し，反転対称のない格子点においた場合は610〜

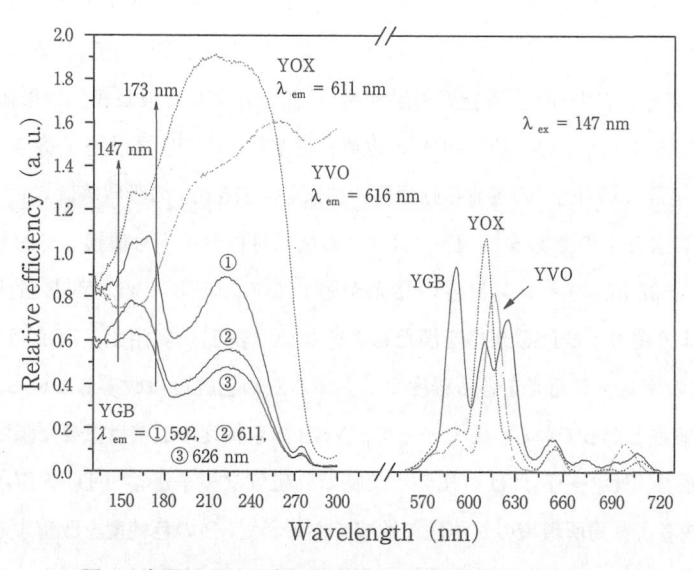

図1　室温における赤色蛍光体のPLとPLEスペクトル

表1　室温における147 nm励起によるPDP蛍光体の発光特性

147 nm excitation		Emission peak (nm)	FWHM (nm)	Color coordinates		NTSC 規格	
				x	y	x	y
Red	$(Y, Gd)BO_3 : Eu^{3+}$	592, 611, 626	6	0.635	0.365	0.67	0.33
	$Y_2O_3 : Eu^{3+}$	611	6	0.653	0.347		
	$Y(P,V)O_4 : Eu^{3+}$	616	6	0.663	0.337		
Green	$Zn_2SiO_4 : Mn^{2+}$	526	41	0.241	0.686	0.21	0.71
	$BaMgAl_{10}O_{17} : Mn^{2+}$	514	29	0.157	0.707		
	$BaMgAl_{10}O_{17} : Eu^{2+}, Mn^{2+}$	514	28	0.130	0.707		
	$LaPO_4 : Ce^{3+}, Tb^{3+}$	544	7	0.312	0.574		
Blue	$BaMgAl_{10}O_{17} : Eu^{2+}$	450	51	0.147	0.052	0.14	0.08
	$CaMgSi_2O_6 : Eu^{2+}$	448	43	0.148	0.044		

630 nm の間に強い発光を示す[4]。

9.2.1　希土類ホウ酸塩

　室温におけるVUV励起によるPDPに使用されている赤色蛍光体YGBの発光特性を表1に，発光と励起スペクトルを図1に示す。図1の発光スペクトルによりYGBは147 nm励起により主に592 nm，611 nmと626 nmの三つの発光ピークを示す。Vaterite構造を持つYGBにおいてYとGdイオンは2種類の不等価の環境に八配位を取り，Euもそれらのサイトを占め，2種類の格子点を持つと考えられる。Bイオンは互いに結ばれる2種類のBO_4四面体で四配位を取り，$(BO_3)^{3-}$グループを形成する[7]。真空紫外励起帯（180 nmより短波長側）は母体吸収に対応し，$(BO_3)^{3-}$の吸収のみでなく，$O^- - (Y, Gd)^{3+}$の電荷移動遷移（CTT）も大きく寄与している[8]。185〜270 nmの励起帯は$O - Eu^{3+}$の電荷移動遷移に由来し，275 nmの吸収線はGd^{3+}イオンのf-f遷移（$^8S_{7/2} - {}^6I_J$）によるものである[9]。Eu^{3+}はY^{3+}の反転対称サイトも置換しており，$^5D_0 \to {}^7F_1$遷移確率が増え，592 nmのオレンジ色の発光が強くなる。そのため，YGB蛍光体の色純度はYGOとYVOより劣り，NTSC規格を満たしていない（表1）。実用上，PDPはカラーフィルタを用いてYGBのオレンジ発光をある程度カットするため色純度は改善しているが，その際にはYGBの輝度が犠牲となっている。したがって，YGBの色純度の改善は重要な課題である。

　電気双極子遷移（$^5D_0 \to {}^7F_2$）はパリティ禁制で，磁気双極子遷移（$^5D_0 \to {}^7F_1$）は許容遷移であり，前者は後者より局所環境の対称性に敏感である。YGBの色純度を改善するため，YGBの局所対称性を低下させて電子双極子遷移確率を増大させる試みがなされた。その例としては

YGBのナノ粒子を作って，ナノ粒子表面に多くの欠陥を存在させ，その結晶場の変化により611 nmの発光を増大させるものである[10]。しかし，それらは発光効率の低下やハンドリング性などの問題があり実用化に至っていない。

もう一つは発光効率の改善であり，共賦活剤をドープする方法が用いられるランプ用蛍光体では，1960年代からBi^{3+}イオンが共賦活剤として知られ，196 nmと265 nm付近にBi^{3+}の$^1S_0 \to {}^1P_1$と$^1S_0 \to {}^3P_1$の遷移による吸収が生じ，その吸収によりEu^{3+}への共鳴エネルギー伝達が起こる。それをVUVで励起した場合，Xeの分子帯（中心波長173 nm）の長波長側の励起ではある程度の効率向上が見られるが，Xeの共鳴線（147 nm）励起では吸収効率が大きく低下する。それは母体を通してEu^{3+}とBi^{3+}との吸収競合に起因すると説明されている[9]。VUV励起でBi^{3+}の増感効果は限定的であると考えられるが，Bi^{3+}共賦活で効果があるという報告もあり，Sc，LaやBiの添加による発光効率の改善効果はSc > La ≧ Biの順である[11]。

9.2.2 希土類オキサイド

希土類オキサイドR_2O_3は三つの異なる構造 A型（六方晶），B型（単斜晶）とC型（立方晶）を持ち，ある温度で相変化が起きる。Eu_2O_3とGd_2O_3はそれぞれ約1100 ℃と1250 ℃でC型からB型へ変わるが，Y_2O_3はC型しかない。立方晶Y_2O_3の中にC_2とS_6の異なる対称性の二つの格子サイトが存在し，後者は反転対称性を持つ。Eu^{3+}はY^{3+}を置換し，その二つの格子サイトをそれぞれ75 %と25 %の割合で占める。C_2格子サイトに占有するEu^{3+}は$^5D_0 \to {}^7F_2$の強制的電気双極子遷移（forced electric-dipole transitions）で，その遷移（$\Delta J = 0, \pm 2$）は敏感な遷移であるため，強い発光ピーク611 nmの赤色発光を示す。S_6格子サイトに占有するEu^{3+}は$^5D_0 \to {}^7F_1$の禁制的磁気双極子遷移で，弱い発光ピークが595 nm付近にある。前者の蛍光寿命は後者のそれよりはるかに短い。三波長蛍光ランプの場合は$Y_2O_3:Eu^{3+}$（YOX）を使用し，Eu^{3+}は近紫外から青色までの領域において4f準位間遷移による吸収線が多くあるが，いずれも禁制遷移であるため吸収係数が小さい。したがって，ランプの場合はUV領域に強い吸収を持つEu^{3+}のCTTを利用している。そのCTTにより励起帯は主に300 nm以下の短紫外領域にあり，その励起帯は200 nm以下の真空紫外領域まで続き（図1），それはEu^{3+}のCTTによるものか，またはY_2O_3のホスト吸収かは分かっていない。YOXはVUV励起により611 nmに強い発光を示し（図1），発光の色純度はYGBより良いが，NTSC規格を満たしていない（表1）。GdをYの一部に置換させた$(Y_{1-x}Gd_x)_2O_3:Eu^{3+}$（YGO）は$Gd_2O_3$の相変化温度以上でも立方晶構造を保持し，YOXと似たような発光と励起特性を示す。VUV励起においてYGOはYOXより色純度が若干よく，発光効率も高い。残光もYGBの8 msに比べ2.5 msと短いが[12]，発光輝度や安定性の問題で実用化されていない[5]。

9.2.3 希土類バナジン酸塩

ジルコン構造を持つ YVO において，バナジウムは四配位を，イットリウムは八配位を取って二つの歪んだ四面体に存在する。Eu^{3+} は Y^{3+} のサイトを占め，非中心対称形の環境において主に 616 nm の赤色発光を示す（図1）。結晶場理論により $^7F_2$ のエネルギーレベルは Eu^{3+} の局所結晶場環境の影響を受け二つのサブレベルに分裂でき，その 616 nm の強い発光はそのサブレベルの一つに由来すると考えられる。図1の YVO 励起スペクトルにより 260 nm 付近の励起バンドは Eu^{3+} と O^{2-} 間の CTT により，210 nm 付近はその CTT と VO_4^{3-} 吸収のオーバーラップによるものと考えられるが，いずれも母体吸収によるものであるという説もある[4]。なお，YVO は VUV 領域において吸収効率が弱く，VUV 励起による発光輝度が大きな問題となる。YVO 発光の色純度は YGB と YOX より良く，NTSC 規格をほぼ満たしている（表1）。改善のアプローチとしては主に発光効率の向上が試みられている。手法としては，YGB と同じように主に元素置換（Gd・La[13]，Sr・Ba・Pb[14]，Bi・Dy・Er[15]）である。これは確かに UV 励起では効果が認められたが，VUV 励起では効率向上は認められなかった。$Y(P, V)O_4 : Eu^{3+}$ は YVO 中のバナジウムの一部をリンで置換することにより温度特性が向上し，高圧水銀ランプ用蛍光体として実用化された。147 nm 励起により共沈法で作製した $(Y, Gd)_{0.9}Eu_{0.1}P_{0.2}V_{0.8}O_4$ は YGB の発光効率の 96% を有したと報告されている[16]。なお，ナノ粒子の YVO も研究され，VUV 励起の発光強度が低下し，ピークも 619 nm から 615 nm へシフトした。それは粒子サイズ，結晶性と表面の OH グループの影響と結論付けられている[17]。ゾル-ゲル法で作製したナノ粒子は Li 添加時に UV 励起では効果が見出されている[18]。

YGB は熱やプラズマ放電に対し非常に安定しているが，YVO に関してはそれらの報告はない。5価のバナジウム酸化物は触媒として知られ，その触媒作用はバナジウムが5価と3価の状態を交互にとることによるものであり，使用環境によって変化が起きると考えられている。YVO が熱や VUV 照射において YGB のように安定であれば，色純度の良い PDP 用赤色蛍光体として YGB を代替することができる。

9.3 緑色蛍光体

PDP 用緑色蛍光体の賦活剤としては主に Mn^{2+} と Tb^{3+} が利用されている。例えば，Mn^{2+} 賦活の緑色蛍光体は亜鉛シリケート（$Zn_2SiO_4 : Mn^{2+}$）またはアルミン酸塩（$BaAl_{12}O_{19} : Mn^{2+}$，$BaMgAl_{10}O_{17} : Eu^{2+}, Mn^{2+}$，$(Ba, Sr)MgAl_{10}O_{17} : Eu^{2+}, Mn^{2+}$ 等）で，Tb^{3+} 賦活の方は希土類ホウ酸塩（例えば，$YBO_3 : Tb^{3+}$）または希土類リン酸塩（例えば，$YPO_4 : Tb^{3+}$，$LaPO_4 : Ce^{3+}, Tb^{3+}$）である。前者の場合は Mn^{2+} イオンのスピン禁制 $^4T_1(^4G) \rightarrow {}^6A_1({}^6S)$ 遷移によりブロードな発光スペクトルが観察され，発光ピークは結晶中での Mn^{2+} の占有サイトによって変わる。即ち結晶場と

第2章　PDP用部材・材料とPDP作製プロセス

共有結合の強さにより青色から橙色まで多くの発光色に変化する。後者の場合はTb^{3+}イオンの$^5D_J \rightarrow {}^7F_{J'}$遷移により多数の線状発光スペクトルが観察される。但し，Mn^{2+}と異なり，Tb^{3+}の発光は母体に殆ど依存せず，常に$^5D_4 \rightarrow {}^7F_5$遷移の発光バンド（〜550 nm）が最も強く観察される。これは$^5D_4 \rightarrow {}^7F_5$の遷移確率が電気双極子遷移と磁気双極子遷移の双方で最も大きいからである[4]。

9.3.1　Mn^{2+}賦活のケイ酸塩とアルミン酸塩

現在，PDPに使用されている緑色蛍光体は主にZSMである。VUV励起においてZSMの発光特性と発光・励起スペクトルをそれぞれ表1と図2に示す。表1においてMn^{2+}を賦活剤としたZSMの発光ピークは526 nmにあり，色純度がNTSC規格に近い。ただし，残光，輝度飽和と放電電圧の問題がある。ZSMはwillemite構造を持ち，六方晶系に属する。その中でMn^{2+}イオンはZn^{2+}を置き換え，いずれも歪んだ四面体中の二つの不等価なサイト（C_1とC_2）を占めている。Mn^{2+}における基底状態からの遷移はスピン禁制であるため，UV領域における光の吸収強度は小さい。ZSMの励起についてはUV領域での吸収はいくつか異なる説があるが[19〜21]，VUV領域において132 nm付近の吸収帯はZnO_4クラスターにより，172 nm付近の吸収帯はSiO_4による吸収であるとされている[22]。図2のPLEスペクトルにおける200 nmの吸収帯はMn^{2+}イオンが関わり，160 nmと240 nmの吸収帯は母体に関係すると考えられる。

ZSMにおいて輝度と残光はトレード・オフの関係を持ち，Mn濃度を増加させると濃度消光により輝度が低下し残光が短くなる。残光の減少はMn–Mnの相互作用に起因すると考えられる。ZSMは作製方法により発光特性が変わることが知られている[23]。固相法，ゾル–ゲル法，

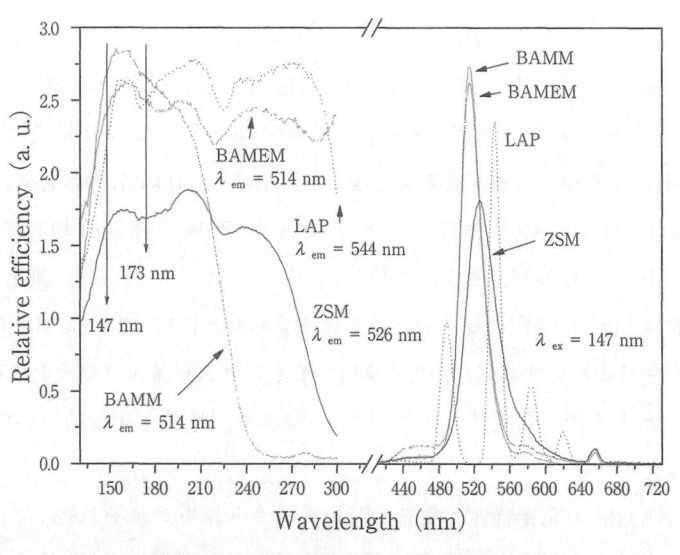

図2　室温における緑色蛍光体のPLとPLEスペクトル

水熱法と溶液燃焼法との比較の結果,溶液燃焼法が最も優れ,固相法に比べ 147 nm 励起において発光強度が 25 % 向上し,残光（1/e）が 5.08 ms から 3.85 ms に短くなった。その残光の減少は溶液燃焼法では Mn^{2+} イオンが C_2 サイトに入りやすいと解釈されている。なお,ZSM のナノ粒子については作製方法により粒子形状と結晶性が異なり,発光色と効率の変化が確認されている（UV 評価）[24]。

ZSM の輝度飽和現象の一つは ZSM の長残光性による飽和と考えられる。つまり励起密度に対し ZSM の基底状態にある発光センター（Mn^{2+}）の数が少ないからである。Mn^{2+} イオンは励起状態から基底状態に緩和するまでの時間が長いため,Mn^{2+} が基底状態に戻る前に再び VUV による ZSM の励起が行われ,実質的に Mn^{2+} の濃度不足が生じていると考えられる。したがって,この現象は PDP 駆動時の放電周波数が高いほど顕著になる。この輝度飽和への対策としては,ZSM の残光時間の低減が最も有効な手段である。もう一つの輝度飽和現象としては,VUV 強度に対する蛍光体発光強度の飽和である。いずれもデバイスの設計に重要な特性であり,蛍光体の基本特性として評価しておく必要がある。

ZSM のもう一つの問題としては他の赤色 YGB や青色 BAM に比べアドレス放電に高い電圧が必要なことである。それは ZSM の表面帯電特性が異なり,壁電荷が蓄積しにくいためと考えられる。その対策として ZSM 粒子をコートするのは有効である [25,26]。

Mn^{2+} イオンを六方晶のアルミン酸塩にドープすると高効率の緑色蛍光体が得られる。アルミン酸塩においてはアルミン酸 Ba の Ba-poor 相（phase-I）と Ba-rich 相（phase-II）の 2 種類が知られている。Ba-poor 相は,β-アルミナ構造を持ち,$(BaO)_{0.91} \cdot 6Al_2O_3$ が一つの例である。Ba-rich 相は,β'-アルミナ構造を持ち,例として $(BaO)_{1.27} \cdot 6Al_2O_3$ が挙げられる。$BaMgAl_{10}O_{17}$ は phase-I で,$BaAl_{12}O_{19}$ は phase-I と phase-II で構成される [27]。$BaMgAl_{10}O_{17}:Eu^{2+}, Mn^{2+}$（BAMEM）または $(Ba, Sr)MgAl_{10}O_{17}:Eu^{2+}, Mn^{2+}$ においては,Eu^{2+} が Ba^{2+} サイトを,Mn^{2+} が Mg^{2+} サイトを置換する。β-アルミナ構造において Eu^{2+} から Mn^{2+} へは無輻射エネルギー伝達が効率よく起こり,Mn^{2+} が 514 nm の緑色発光を示す。このエネルギー伝達は,Dexter の理論によると,双極子-四極子相互作用によるものである。$BaMgAl_{10}O_{17}:Mn^{2+}$（BAMM）と $BaAl_{12}O_{19}:Mn^{2+}$（BAO）において,前者は Mn^{2+} が Mg^{2+} サイトに,後者は Mn^{2+} が Al^{3+} サイトを占めると考えられ,BAO では $BaAl_{12-x}O_{19-0.5x}:Mn_x$ のように酸素欠陥が生じる。いずれにおいても Mn^{2+} イオンはスピネルブロックに存在し,4 配位と 6 配位の可能性があるが,発光ピークが 514 nm にあり,残光が比較的短いため,優先的に 4 配位になると考えられる。

BAMEM と BAMM の発光特性と発光・励起スペクトルをそれぞれ表 1 と図 2 に示す。表 1 によりいずれも 147 nm 励起において発光ピーク 514 nm,半値幅 28 nm の発光で,非常に良い

色純度が得られる。色純度は ZSM よりよく，NTSC 緑色より色再現域をさらに広げることができる。図2の PLE スペクトルより Mn^{2+} のみの場合は UV 領域における光の吸収強度が小さいが，BAMEM では Eu^{2+} の 4f-5d 遷移によって励起されたエネルギーが，双極子-四重極子相互作用によって Mn^{2+} へ伝達されるので，BAMM にない 250 nm の励起帯が BAMEM に強く現れる。なお，200 nm の励起帯は Mn^{2+} イオンの CTT に関係し，また，160 nm の励起帯は母体吸収によるものである。BAO の構造は BAMM と若干異なるが，その励起と発光特性は類似している[28]。BAMEM，BAMM と BAO についての報告は少なく，BAMEM においては Mn^{2+} 量が少ないときに Eu^{2+} の 450 nm の青色発光も観察され，Mn^{2+} 量の増加に伴い Eu^{2+} から Mn^{2+} へのエネルギー伝達が起き Eu^{2+} の発光が観察されなくなる。BAO についてはバルクよりナノ粒子の発光強度が高く，残光も短い[29]。なお，ナノ BAO の発光ピークはバルクの 518 nm に比べ，512 nm であった。それはナノ粒子表面の欠陥により結晶場の対称性が低下したためと解釈されている。

9.3.2 Tb^{3+} 賦活の希土類ホウ酸塩とリン酸塩

Tb^{3+} は希土類ホウ酸塩またはリン酸塩にドープすると高効率の緑色発光が観察されるが，Tb^{3+} の $^5D_J \rightarrow {}^7F_{J'}$ 遷移により多数の線状発光スペクトルを示すため，発光の色純度は Mn^{2+} より劣る。希土類ホウ酸塩蛍光体としては $YBO_3:Tb^{3+}$（YTB）と $(Y, Gd)BO_3:Tb^{3+}$ が，希土類リン酸塩蛍光体としては $YPO_4:Tb^{3+}$，$(Y, Gd)PO_4:Tb^{3+}$，$GdPO_4:Tb^{3+}$，$LaPO_4:Tb^{3+}$，$(La, Gd)PO_4:Tb^{3+}$ と $LaPO_4:Ce^{3+}, Tb^{3+}$ などが挙げられる。Tb^{3+} の発光は母体に殆ど依存しないため，いずれも $^5D_4 \rightarrow {}^7F_5$ 遷移による発光がメインである。

希土類正リン酸塩は monazite 形（ランタノイド族の La から Gd まで）（単斜晶）と xenotime 形（Y と Tb から Lu まで）（正方晶）がある。monazite 形の $LaPO_4:Ce^{3+}, Tb^{3+}$（LAP）は蛍光ランプで実用化されている。LAP の発光特性と発光・励起スペクトルをそれぞれ表1と図2に示す。表1と図2により LAP の発光が Tb^{3+} の $^5D_4 \rightarrow {}^7F_{J'}$（J'=3, 4, 5, 6）遷移による線状な発光スペクトルを示し最も強い発光ピークが 544 nm にあり，色純度は Mn^{2+} 賦活の蛍光体より劣り，NTSC 規格を満たしていない。

LAP の励起特性（図2）については，160～170 nm の励起帯は母体による吸収であり，210 nm の励起帯は LAP の温度消光特性を改善するために添加した Li^+ イオンに関連すると考えられる。なお，230～290 nm の UV 領域では Tb^{3+} の吸収は強くないが，それは Ce^{3+} が 250～290 nm の UV 領域に強い吸収があり（Ce^{3+} の励起帯は 280 nm 付近に，発光ピークが 320 nm にある），$Ce^{3+} \rightarrow Tb^{3+}$ のエネルギー伝達によるものである。Ce^{3+} は二重賦活蛍光体の増感剤として働き，無輻射共鳴伝達過程により LAP の UV 励起による発光強度は大きく増幅した。

PDP 用蛍光体として $(La, Gd)PO_4:Tb^{3+}$ は 147 nm 励起で ZSM と同程度の輝度が得られた

と報告されている[30]。なお，$GdPO_4$：Tb^{3+}は$LaPO_4$：Tb^{3+}より VUV 励起において母体吸収が大きく，Gd^{3+}が母体からTb^{3+}へのエネルギー伝達に何らかの作用を及ぼしているものと考えられている[31]。その$GdPO_4$：Tb^{3+}の輝度は ZSM より高く，残光も短い。なお，xenotime 形のYPO_4：Tb^{3+}（YTP）については，輝度と残光のいずれも ZSM より優れるが，青緑色の発光により色純度は劣る[32]。また，共沈法では通常の固相法よりも優れた粒子形状，均一な組成と高い発光輝度を持つ YTP が合成できる[33]。

PDP 用赤色蛍光体と同じ母体にTb^{3+}イオンをドープすると，高効率な緑色発光の蛍光体が得られる。Tb^{3+}は赤色蛍光体YBO_3：Eu^{3+}中のEu^{3+}と同様にY^{3+}サイトを置換する。$Y_{1-x}BO_3$：Tb_x（YTB）は，Tb 添加量の増加に伴い，単位胞体積は大きくなる。それはTb^{3+}のイオン半径（1.18 Å）がY^{3+}（1.01 Å）より大きいからである。VUV 励起において YTB は YGB と同じく，180 nm 以下の母体吸収により励起エネルギーが発光センターに伝わることにより光る。赤色の YGB と同様な手法でBi^{3+}イオンを共賦活剤として，(Y, Gd)BO_3：Bi^{3+}，Tb^{3+}を検討した結果，Bi^{3+}は赤色の YGB と同じ効果が確認されている。なお，Bi^{3+}のドープ量を少量にすれば，YTB の VUV 領域における吸収効率の低下は YGB より少ない[9]。YTB は ZSM に比べ，安定性と放電特性が優れ，残光も短いが，色純度の問題で単独での使用が難しく，ZSM との併用が提案されている[34]。

以上述べたようにTb^{3+}賦活の緑色蛍光体における最大の問題は色純度のずれであるが，PDP のカラーフィルタの工夫や発光色の要求レベルが厳しくないデバイス（Xe ランプなど）には好適な発光材料である。

9.4 青色蛍光体

フォトルミネセンスの青色発光材料において 2 価のユーロピウム（Eu^{2+}）は優れた発光センターであり，Eu^{2+}は$4f^65d^1 \rightarrow 4f^7$遷移によりブロードな青色発光スペクトルを示す。三波長蛍光ランプの場合，Eu^{2+}は 4f–5d 準位間のパリティ許容遷移により水銀蒸気の紫外発光（254 nm）を強く吸収するため強い蛍光が観察される。つまり，Eu^{2+}の 4f→5d 遷移により 254 nm の光を吸収することによって発光センターは直接励起される。PDP の場合は VUV（147 nm，173 nm）が励起光であり，そのエネルギーが母体のバンドギャップより大きく，励起光が母体に吸収される。母体に吸収された励起エネルギーが発光センターに伝わり，いわゆる間接励起になる。

Eu^{2+}の励起状態$4f^65d^1$は 5d 電子が含まれるため，外部環境に強く影響を受ける。その 5d 励起状態の分裂はEu^{2+}における結晶場強度の大きさによって変わる。したがって，発光ピークの中心位置は母体組成，構造または他の特性の変化によって顕著に変化する。結晶場が強くなると励起状態の d 軌道は大きく分裂し，その結果，最低励起準位は低エネルギー側にシフトし，基

第2章 PDP用部材・材料とPDP作製プロセス

底状態とのエネルギー差が小さくなり発光波長がレッドシフトする。

9.4.1 アルミン酸バリウムマグネシウム

PDPに使用されている青色蛍光体はEu^{2+}賦活のアルミン酸塩（組成式$BaMgAl_{10}O_{17}:Eu^{2+}$，以下BAMと略す）である。BAMは紫外線励起においても高い発光効率を持ち，色純度のよい青色発光を示す。三波長蛍光ランプや液晶バックライト（冷陰極管）は水銀の紫外線発光（254 nmと185 nm）を励起光として使用されている。BAMはβ-アルミナ構造を持ち，六方晶系アルミン酸塩の一種である。アルミン酸塩はカチオンの種類と量によって構造的に変わりやすく，例えば，BaアルミネートのBa-richではβ'-アルミナ構造に，Baより小さいイオン半径の元素ではマグネトプランバイト構造になり，いずれもまったく異なる発光特性を示す。したがって，BAMにおいてEu^{2+}の発光特性は組成や作製条件によって変わりやすく，厳密に制御する必要がある。

VUV励起におけるBAMの発光特性と発光スペクトルをそれぞれ表1と図3に示す。表1によりBAMはEu^{2+}の$4f^65d^1 \rightarrow 4f^7$遷移により450 nmの青色発光を示し，その発光の色純度が良くNTSC規格を満たしている。図3より130〜300 nmの励起領域において，220 nm以上のUV領域ではEu^{2+}の$4f \rightarrow 5d$遷移による吸収，190 nm以下のVUV領域は母体による吸収である。そのVUV領域における吸収は150〜190 nm間ではBAMの伝導層に，150 nm以下ではBAMのスピネルブロックに関係する[5, 35〜38]。母体吸収についての詳細は特定されてなく，今後の課題の一つである。

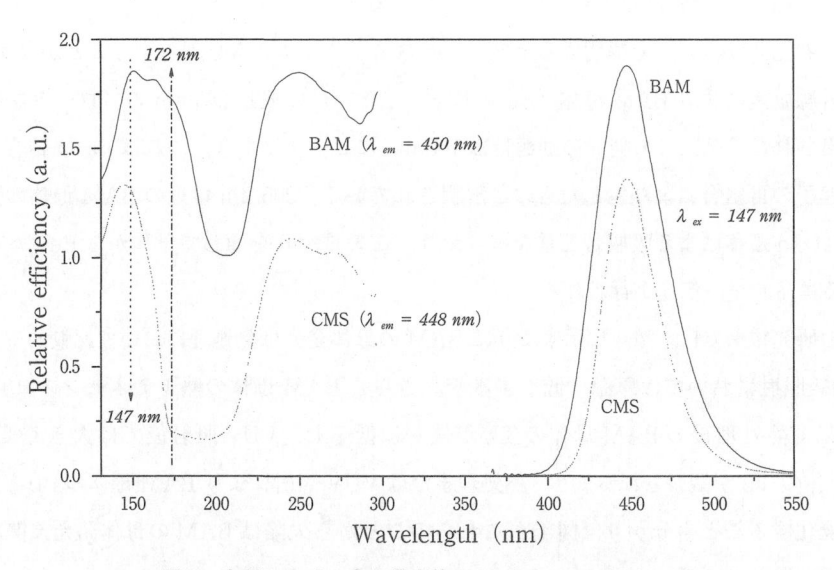

図3 室温における青色蛍光体のPLとPLEスペクトル

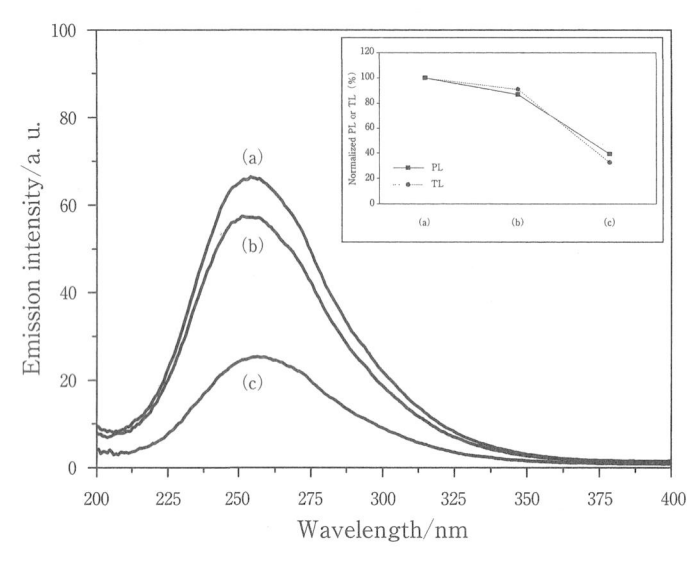

図4 劣化による母体発光の変化（室温での147nm励起）[40]

挿図は劣化による母体のPLとTL強度の変化（劣化前のBAMで規格化）。サンプル：(a) −劣化前のBAM；(b) −熱劣化後のBAM；(c) −熱劣化とVUV照射劣化後のBAM。

PDPにおいてBAMはVUV励起により高い発光効率を示すが，その高エネルギーのVUV照射によってBAMは劣化する。その劣化に対して多くの研究がなされたが，その詳細は文献を参照されたい[5,6]。ここでその内容を簡単にまとめると，BAMはベーキングプロセスにおける熱劣化と，PDP駆動時のVUV照射劣化において異なるメカニズムを示す。熱劣化ではEu^{2+}の酸化により，VUV照射劣化では母体のダメージによるものである。

一方，劣化メカニズムを解明する上でBAMの発光メカニズムを理解することが欠かせない。真空紫外線励起によりBAM母体（Euをドープしない）に波長265 nmのブロードな発光ピークが見出された[38,39]。この発光の励起帯は160 nmにピークがあり，これはBa–O結合に束縛された励起子の再結合により生じたものと解釈されている。265 nm付近のBAM母体の発光帯はEu^{2+}の4f–5d遷移による吸収帯と重なっており，この重なりを通して母体からEu^{2+}への輻射遷移によるエネルギー伝達が行われる。

我々の研究結果では，図4に示すようにBAMの母体発光は熱処理において比較的安定であるが，VUV照射においては急激に低下する[40]。さらにBAM母体の熱ルミネセンス（TL）を調べた結果，熱処理後のBAM母体のTLが僅かに低下し，VUV照射後では大きく変わった。BAM母体のTLが観察されること，熱処理またはVUV照射によりBAM母体のPLとTLが同傾向で変化することも分かり（図4），これらのことから欠陥はBAMの母体発光に関わっていると我々は考えている。

第2章　PDP用部材・材料とPDP作製プロセス

BAMの母体発光（PL）とTLのエネルギーバンドモデルについては図5に示す。VUV照射においてBAM母体の吸収により自由電子が生じ，つまり電子が価電子帯から伝導帯へ励起され，価電子帯に正孔ができる（A）。これらの電子は伝導帯で自由に移動できるが（B），トラップが存在すれば捕獲されることもある（C）。このトラップはスピネルブロックまたは伝導層における酸素空孔である可能性があり，それに1個の電子が捕獲されF中心になる。正孔も価電子帯に遷移でき（b），または捕獲される（c）。この正孔はBaサイトに関わる自己束縛正孔（self-trapped hole）であると考えられる。BAM母体に存在する32 meVと94 meVのエネルギー深さを持つ電子トラップは浅いため[41]，これらの電子トラップは電子の伝達ルートの一つになっていると考えられる。

BAM母体のTL特性もこのモデルで解釈できる。低温でVUV照射後では電子がトラップに捕獲されたままであるが，温度が上がり充分な熱エネルギーがあれば，捕獲された電子がトラップから逃げ出し（D），発光中心（Ba–O）に正孔と再結合し，母体発光が起きる（E_h）。一般的にTLは欠陥に由来することがよく知られているが，BAMの母体発光も欠陥に深く関係し，欠陥の働きが重要であることをここで強調したい。また，前で述べたように青色蛍光体BAMは熱処理によりEu^{2+}が酸化され，VUV照射により母体の輻射エネルギー伝達効率が低下することによって劣化が生じる。特に後者についてはBAM構造上の特有な問題であり，組成や構造からの改善アプローチには限界があると考えられる。一方，母体発光からなる輻射エネルギー伝達によるEu^{2+}の発光への寄与度が小さいので[40]，VUV照射によるBAMの劣化には別の要因があるかもしれない。また，ここではBAMの母体発光は欠陥や自己束縛エキシトンによるものと述べてきたが，Baイオンの5d-4f遷移や不純物による発光であることも否定できず，母体発光の帰属については今後の究明に期待したい。

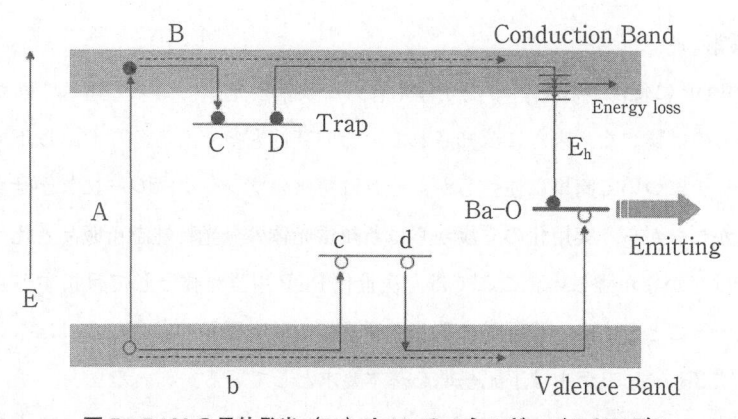

図5　BAMの母体発光（PL）とTLのエネルギーバンドモデル

9.4.2 ケイ酸カルシウムマグネシウム

鉱物 diopside と同じ結晶構造を持つ $CaMgSi_2O_6$：Eu^{2+}（CMS）は PDP 用青色蛍光体として開発され，熱処理や VUV 照射において BAM より優れた安定性を持っている[42]。CMS 中の Ca イオンは二つの Si_2O_6 チェーンと MgO_6 からなる八個の酸素イオンで囲まれ，Eu^{2+} はその Ca^{2+} サイトに占め安定な構造を持つ。VUV 励起における CMS の発光特性と発光スペクトルをそれぞれ表1と図3に示す。表1より CMS は Eu^{2+} の $4f^65d^1 \rightarrow 4f^7$ 遷移により 448 nm の青色発光を示し，その発光の色純度は BAM より良い。図3より 130〜300 nm の励起領域において，220 nm 以上の UV 領域では Eu^{2+} の 4f → 5d 遷移による吸収，165 nm 以下の VUV 領域では母体による吸収である。

CMS は BAM の代替品として最も有力な候補であるが，いくつかの問題を抱えている。まず，図3に示すように，CMS の発光スペクトルの半値幅が小さいため，BAM に比べ色純度はよいが，発光輝度が劣る。次に図3で示す励起スペクトルにおいて，CMS では 173 nm 付近の吸収効率が小さいため，PDP パネル中の Xe 分子線による励起が期待できず，発光輝度が BAM よりさらに低下する。最後に CMS の発光は温度に大きく依存し[43]，PDP パネル駆動に伴う温度上昇により CMS の発光効率は低下するおそれがある。前の二つの問題については改善が試みられたが，CMS はまだ実用化レベルに至っていない[15]。三つ目の問題について Kuminoto らは Ca サイトの一部を Sr で置換することを提案した[44]。Ca の半分以上を Sr で置換することで（組成式：$(Ca, Sr)MgSi_2O_6$：Eu^{2+}，Sr = 0.5），146 nm 励起において CMS の刺激値（輝度／色度 y 値）は BAM の 104 % になり，温度特性も大幅に向上されている。Sr 置換量の増加に伴い CMS の消光温度が上がり，373K では BAM と同程度の刺激値維持率となっている。これらの原因としては Sr の置換により CMS における Eu^{2+} の最も低い $4f^65d$ 準位のポテンシャルが変わったと推測されているが，詳細は不明であり，今後の更なる研究に期待する。

9.5 新しい技術

ここまでは PDP に使用されている蛍光体や有力な候補蛍光体について述べてきたが，全ての特性を総括するのは難しく，未だに公知されていない特性も多くある。なお，以下では新しい蛍光体やアプローチについて簡単に述べるが，それは将来のブレークスルーに欠かせないチャレンジである。しかしながら，実用化の立場からは新規蛍光体の発光特性を市販品と比べてみたいが，研究の段階ではなかなか難しい。ここでは，次世代 PDP 用蛍光体として目指すべき要件について図6で説明することとする。現行品の改良や新規品の研究開発の参考になれば幸いである。なお，図6で示す 3H・3L モデルは下記基準を基本要求としている。

1) High Efficiency：PDP 放電による Xe 共鳴線（147 nm）と分子線バンド（173 nm）のい

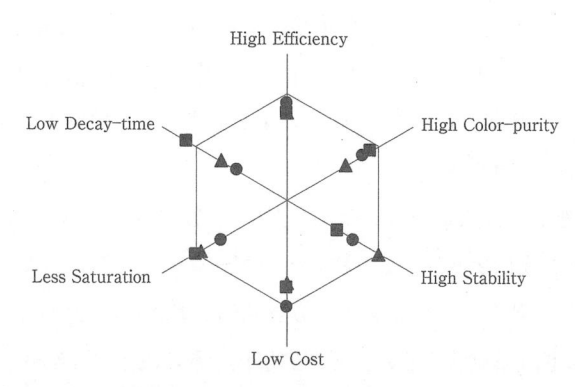

第2章　PDP用部材・材料とPDP作製プロセス

図6　ディスプレイ用蛍光体に対する基本要求（黒線）とPDP蛍光体赤色（▲）・緑色（●）・青色（■）の現状との比較

ずれに対しても発光効率が高いこと。

2) High Color-purity：NTSC規格を十分満足すること。
3) High Stability：パネル製造プロセスやパネル駆動時において安定であること。パネル駆動時の温度において温度消光やカラーシフトが起きないこと。
4) Low Decay-time：動画に対し目の視覚残留時間以下であること（約5 ms）。
5) Less Saturation：励起光強度や高速駆動に対し輝度飽和しないこと。
6) Low Cost：低コスト志向であること（蛍光体の構成元素，環境に優しい蛍光体製造プロセス，使用時のハンドリング性など）。

9.5.1　新しい蛍光体

現在，VUV励起用の新しい蛍光体についての研究が活発に行われている。2005年までの発表はレビューを参照していただくこととし[5,6]，ここではいくつかの新しい論文を紹介したい。$Mg_2GeO_4:Eu^{3+}$ [45]，$Y_4Al_2O_9:Re (Re = Tb^{3+}, Eu^{3+})$ [46]，$Sr_3Y_2(BO_3)_4:Eu^{3+}$ [47]，$(Y, Gd)Al_3(BO_3)_4:Tb^{3+}$ [48] のような赤色または緑色蛍光体はVUV領域に励起帯を持つが，発光効率についてはこれまでに実用化されたものとの比較はなされていない。Tanimizuら[49]が開発した緑色蛍光体 $Gd(BO_2)_3:Bi^{3+}, Tb^{3+}$ または $Gd(BO_2)_3:Tl^+, Tb^{3+}$ は，試算により147 nm励起における発光効率が市販品 $Zn_2SiO_4:Mn^{2+}$ の95 %，130 %であるが，詳細なPL特性は報告されていない。

新しいアプローチとして蛍光ガラスが注目されている。発光センターをガラスにドープし，独立の発光センターが形成される。結晶に比べ，ガラス中では発光センターは異なる配位構造を形成でき，励起特性と発光特性のいずれも変化する。Liuら[50]の報告によると，Tb非多孔性石英ガラスではUVまたはVUV励起のいずれにおいても強い発光が観察されている。Tb^{3+} はガラ

ス中においても結晶中と同様に，$^5D_4 \to {}^7F_5$ 遷移による 543 nm の緑色発光が最も強い。ただし，結晶中では低エネルギーの $^5D_4 \to {}^7F_J$ (J=6, 5, 4, 3) 遷移による発光が主であるが，ガラス中では高エネルギーの $^5D_3 \to {}^7F_J$ (J=6, 5, 4, 3) 遷移による発光も強く観察される。

9.5.2 量子カッティングとナノ蛍光体

最後に最近まで話題となった量子カッティングやナノ蛍光体について簡単に述べたい。PDPではVUV励起光を可視光に変換させるためエネルギーロスが大きい。量子カッティングが実現できれば，理論上，量子効率が100％を超える蛍光体ができる。ただし，真空紫外領域のエネルギーレベルや遷移に関する研究がまだ浅く，実用化できる段階には至っていない。量子カッティングでは一つの励起フォトンが二つ以上のフォトンに変換されるが，その放出されるフォトンは多くの場合，一つは可視光領域に，もう一つは紫外光領域にある。その紫外光領域にあるフォトンをさらに可視光領域に変換できるかがポイントである。また，二つのフォトンの放出が可視光領域に揃っても，そのエネルギー差は小さくなければならない。それはPDPのようなディスプレイでは三原色の蛍光体が必要であり，蛍光体の発光色が厳しく要求されるからである。

PDPでは蛍光体をパネルの背面板に塗布するので，蛍光体の粒径と粒度分布は重要である。特にハイビジョンPDPではセルサイズが高精細化され，放電空間の確保が重要となる。ナノ蛍光体には緻密な薄い膜が期待され，インクジェットのような将来の塗布技術にとっても重要である。ナノ蛍光体は大きく分けて，半導体ナノ発光材料と発光センター賦活型無機ナノ発光材料とに分けることができる。前者については多くの研究発表があり，後者については比較的少ない。ただし，ZnS, Mnのような無機ナノ蛍光体は発光効率の向上や残光の短縮が確認され，通常の蛍光体にない特性が示されている。ナノ粒子では，多くの原子が粒子表面に存在し，電子が十分微小なナノ空間に局在している。そこで，価電子帯や伝導帯が分裂され，バルクに比べバンドギャップが大きくなる。よって，ナノ粒子の量子サイズ効果，表面効果とマクロ量子トンネル効果によりナノ蛍光体は特有な物理と化学特性を持ち，特に光学特性が大きく変わる。発光センター賦活型無機ナノ蛍光体では量子閉じ込め効果は期待できないが，ナノ粒子の表面改質や表面修飾することにより発光効率の増大が期待される[6]。ただし，ナノ粒子の凝集やハンドリング性については大きな課題であり，今後の更なる研究に期待する。

9.6 おわりに

次世代PDPとしては高効率・長寿命・低コストのフルハイビジョンが期待されている。次世代PDPに向かってパネルとその製造プロセスの改善に関する技術開発は進んでいる。パネルではPDPの高精細化・高効率化に構造，放電ガス，駆動方法などを，製造技術では工程の効率化や省エネ-などが検討されている。そのいずれも適切な蛍光体が要求され，パネルメーカーと蛍

第 2 章　PDP 用部材・材料と PDP 作製プロセス

光体メーカーとの連携は欠かせないものである。なお，環境の視点から水銀を用いた照明ランプや液晶バックライトはいつか水銀フリーランプや白色 LED などに置き換わる。水銀フリーランプでは PDP と同じ原理の Xe ランプが研究されている。照明ランプ用蛍光体に比べ，ディスプレイとして PDP 用蛍光体は発光効率のみでなく，色純度や残光特性なども要求レベルが高く，今後の既存蛍光体の改良や新規蛍光体の開発に大いに期待したい。次世代 PDP 用蛍光体としては，VUV（147 nm，173 nm）励起で高い発光効率，NTSC 規格以上の色純度，マイクロオーダーの残光，輝度飽和しないと共に，パネル製造プロセスとパネル駆動において安定なものが望まれる。

文　献

1) D. L. Bitzer and H. G. Slottow, *AFIPS Conf. Proc.*, **29**, 541（1966）
2) T. Shinoda, M. Wakitani, T. Nanto, T. Kurai, N. Awaji and M. Suzuki, *SID 1991 Digest*, 724（1991）
3) S. Yoshikawa, Y. Kanazawa, M. Wakitani, T. Shinoda and A. Ohtsuka, *Japan Display 92*, 605（1992）
4) 蛍光体同学会　編，"蛍光体ハンドブック"，オーム社（1987）
5) S. Zhang, *IEEE Trans. Plasma Sci.*, **34**, 294（2006）
6) 小林洋志 等，"蛍光体の基礎及び用途別最新動向"，情報機構（2005）
7) G. Chadeyron, M. El-Ghozzi, R. Mahiou, A. Arbus and J. C. Cousseins, *J. Solid State Chem.*, **128**, 261（1997）
8) V. P. Dotsenko, N. P. Efryushina and I. V. Berezovskaya, *Mater. Lett.*, **28**, 517（1996）
9) X. Zeng, S. J. Im, S. H. Jang, Y. M. Kim, H. B. Park, S. H. Son, H. Hatanaka, G. Y. Kim and S. G. Kim, *J. Lumin.*, **121**, 1（2006）
10) G. Pan, H. Song, L. Yu, Z. Liu, X. Bai, Y. Lei and L. Fan, *J. Lumin.*, **122-123**, 882（2007）
11) L. Wang and Y. Wang, *J. Lumin.*, **122-123**, 921（2007）
12) F. Yoshimura and M. Yamakawa, *Proc. IDW'96*, 77（1996）
13) J. H. Kang, W. B. Im, D. C. Lee, J. Y. Kim, D. Y. Jeon, Y. C. Kang and K. Y. Jung, *Solid State Comm.*, **133**, 651（2005）
14) L. Tian and S. I.Mho, *J. Lumin.*, **122-123**, 99（2007）
15) B. Yan and X. Q. Su, *J. Non-Cryst. Solids*, **352**, 3275（2006）
16) H. Lai, B. Chen, W. Xu, Y. Xie, X. Wang and W. Di, *Mater. Lett.*, **60**, 1341（2006）
17) Y. Wang, Y. Zuo and H. Gao, *Mater. Res. Bull.*, **41**, 2147（2006）
18) H. Zhang, M. Lu, Z. Xiu, G. Zhou, S. Wang, Y. Zhou and S. Wang, *Mater. Sci. Eng. B*, **130**, 151（2006）

19) D. J. Robbins, P. Avouris, I. F. Chang, D. B. Dove, E. A. Giess and E. E. Mended, *Electrochem. Soc. Spring Meeting Abstract*, No. 513 (1982)
20) R. Selomulya, S. Ski, K. Pita and C. H. Kam, *Mater. Sci. Eng. B*, **100**, 136 (2003)
21) K. S. Sohn, B. Cho and H. D. Park, *J. Euro. Ceram. Soc.*, **20**, 1043 (2000)
22) K. C. Mishra, K. H. Johnson and B. G. Deboer, *J. Lumin.*, **47**, 197 (1991)
23) Y. Wang, Y. Hao and L. Yuwen, *J. Alloys Comps.*, **425**, 339 (2006)
24) J. Wan, Z. Wang, X. Chen, L. Mu, W. Yu and Y. Qian, *J. Lumin.*, **121**, 32 (2006)
25) B. W. Jeoung, G. Y. Hong, B. Y. Han and J. S. Yoo, *Jpn. J. Appl. Phys.*, **43** (12), 7997 (2004)
26) G. Y. Hong, B. W. Jeoung, B. S. Jeon, J. S. Yoo, C. H. Ha and K. W. Whang, *J. Electrochem. Soc.*, **151** (10), H205 (2004)
27) N. Iyi, Z. Inoue, S. Takekawa and S. Kimura, *J. Solid State Chem.*, **52**, 66 (1984)
28) 小池純郎, 月刊ディスプレイ, **98**, No.5, 16 (1998)
29) Y. H. Wang and F. Li, *J. Lumin.*, **122–123**, 866 (2007)
30) C. Wu and Y. Wang, *Mater. Lett.*, Available online 29 September 2006
31) C. Wu, Y. Wang and W. Jie, *J. Alloys Comps.*, Available online 12 September 2006
32) R. P. Rao and D. J. Devine, *J. Lumin.*, **87–89**, 1260 (2000)
33) W. Di, X. Wang, B. Chen, H. Lai and X. Zhao, *Opti. Mater.*, **27**, 1386 (2005)
34) R. P. Rao, *J. Electrochem. Soc.*, **150** (8), H165 (2003)
35) T. Jüstel, H. Bechtel, W. Mayr, and D. U. Wiechert, *J. Lumin.*, **104**, 137 (2003)
36) A. Lushchik, M. Kirm, A. Kotlov, P. Liblik, C. Lushchik, A. Maaroos, V. Nagirnyi, T. Savikhina, and G. Zimmerer, *J. Lumin.*, **102–103**, 38 (2003)
37) S. Zhang, T. Kono, A. Ito, T. Yasaka and H. Uchiike, *J. Lumin.*, **106**, 39 (2004)
38) B. Howe and A. L. Diaz, *J. Lumin.*, **109**, 51 (2004)
39) V. Pike, S. Patraw, A. L. Diaz, and B. G. DeBoer, *J. Solid State Chem.*, **173**, 359 (2003)
40) H. Tanno, S. Zhang, T. Fukasawa, G. Uchida, H. Kajiyama, T. Kono, T.Yasaka and T. Shinoda, *Proc. IDW'06*, 1235 (2006)
41) H. Kajiyama, H. Tanno, S. Zhang, G. Uchida, T. Kono, T. Yasaka and T. Shinoda, *Proc. IDW'06*, 369 (2006)
42) T. Kunimoto, R. Yoshimatsu, K. Ohmi, S. Tanaka, and H. Kobayashi, *IEICE Trans. on Electronics*, **E85-C** (11), 1888 (2002)
43) N. Tanamachi, K. Egoshi, H. Tanno, Q. Zeng, and S. Zhang, *Proc. IDW'04*, 1085 (2004)
44) T. Kunimoto, K. Ohmi, H. Kobayashi, S. Kuze, T. Isobe and S. Miyazaki, *Proc. IDW'06*, 1229 (2006)
45) H. M. Yang, J. X. Shi, H. B. Liang and M. L. Gong, *Mater. Sci. Eng. B*, **127**, 276 (2006)
46) D. Y. Wang and Y. H. Wang, *J. Alloys Comps.*, **425**, L5 (2006)
47) L. He and Y. H. Wang, *J. Alloys Comps.*, Available online 7 July 2006
48) X. X. Li and Y. H. Wang, *Mater. Chem. Phys.*, Available online 22 May 2006
49) S. Tanimizu and M. Yasuda, *J. Lumin.*, Available online 20 March 2006
50) W. Liu, D. P. Chen, H. Miyoshi, K. Kadono and T. Akai, *J. Non-Cryst. Solids*, **352**, 2969 (2006)

10 フィルムタイプ光学フィルター

小池勝彦*

10.1 はじめに

1997年にプラズマディスプレイパネル（PDP）の生産が開始された当初は，ガラス板に各種フィルムを貼合した光学フィルター（ガラスタイプ光学フィルター）をプラズマパネルの前面に隙間を設けてセットする手法が主流であったが，2004年頃からプラズマパネルの前面に直接貼り付けるタイプ（フィルムタイプ光学フィルター）が登場し，その割合が急激に拡大してきた。今回は，このフィルムタイプ光学フィルターについて解説する。

PDP用光学フィルターは，PDPに必要な多くの機能を集約した主要部材の一つであり，プラズマパネルの表示画像の調色をはじめとし，プラズマパネルに特有な不要発光，近赤外線，その他の電磁波の抑制，画像を視認する上で障害となるディスプレイ表面における外光反射の抑制，さらにはプラズマパネルを外力から保護する機能を合わせ持つ。

プラズマパネルは，RGBそれぞれの表示セルに封入されているネオンとキセノンの混合ガス（ペニング放電ガス）が，電圧の印加により放電することにより紫外線を放出し，表示セル毎に塗りわけられた蛍光体を励起することにより発光する[1,2]。これらのプロセスは比較的高電圧駆動の電気回路により制御される。適用する蛍光体により制約されてしまう発光色，発光輝度のバランスの調整，そして放電の際に生じる不要発光，近赤外線，さらには主に電気回路から生じると考えられる不要な電磁波を抑制することがPDPには不可欠である。

10.2 機能

光学フィルターの機能を表1に整理した。以下に各機能を詳しく説明する[3]。

10.2.1 色調補正

各表示セルに塗られるRGBそれぞれの発光に対応した蛍光体の選択には制約があり，蛍光体の発色だけにたよっても，必ずしも高い色純度や目的のカラー発光スペクトルには，たどりつくことができない。すなわち，赤，緑，青のシャープな発光ピークを有する蛍光体を適用し，それぞれの発光輝度を自由に調整できれば，高い色再現性を実現した上で，好みに応じたカラー発光スペクトルを得ることができるのであるが，現実的には蛍光体の発光ピークが理想の波長からずれていたり，さらにその形状が多かれ少なかれブロードであったりするために，蛍光体の発光のみから得られるカラースペクトルを目的のスペクトル形状に近づけるためには，光学フィルター

---

* Katsuhiko Koike　三井化学（株）　機能材料研究所　主席研究員

プラズマディスプレイ材料技術の最前線

表1 光学フィルターの機能

項目	プラズマパネルからの要請	光学フィルターの働き
色調補正	・蛍光体のみでは制約される発光スペクトルの補正	・複数の色素の組み合わせにより色調を補正
不要発光の抑制	・蛍光体及び放電ガス中のネオンに由来する580〜600 nmの発光の抑制	・波長580〜600 nmの領域にシャープな吸収を有する色素により抑制
近赤外線の抑制	・放電ガス中のキセノンに由来する近赤外線の放出量の抑制	・金属薄膜又は近赤外線を吸収する色素により抑制
電磁波〔周波数30〜300 MHz〕の抑制	・プラズマパネル及び制御用の電気回路から放出される電磁波（周波数30〜300 MHz）の抑制（放出許容量の規格は，日本 VCCI，米国 FCC など）	・導電層が電磁波の透過量を抑制
外光反射の抑制	・プラズマパネル表面における外光の反射率の抑制	・表面に反射を抑制するための層を設ける
プラズマパネルの保護	・安全性の観点から，プラズマパネルに加わる衝撃を抑制・万一，割れた場合にガラス片の飛散を防止	・光学フィルターをプラズマパネルの前面に設ける

によって色調を補正することが必要である．光学フィルターは，非常に多くの選択肢を有する色素を複数適用して調色するために，色調整の自由度が高く，プラズマパネルの表示色を自由に調整することができる．

10.2.2 不要発光の抑制

放電ガス中に含まれるネオンガス及び蛍光体が，放電の際にオレンジ色の光（波長が580〜600 nm）を放ち，これが蛍光体から発せられる表示光に混ざりその色純度を低下させる．このために赤色が，オレンジがかってしまう．

光学フィルターは，580〜600 nmにシャープな吸収ピークを有する色素を含有し，この不要発光がPDP外に放出されることを抑制し，PDPの表示色の純度を高める．

10.2.3 近赤外線放射の抑制

放電ガス中に含まれるキセノンガスは，放電の際に800〜1000 nmの近赤外線領域に強い発光を伴う．850〜1000 nmの領域は，テレビやDVDプレーヤなどのAV機器，エアコンなどの家電製品，その他電子機器など，幅広い装置の制御用リモートコントローラーの通信に使用されているので，その誤動作を防止するために，PDP外への近赤外線の漏洩量を抑制する必要がある．光学フィルターは，近赤外線を反射する金属をその構成要素に含む透明導電膜又は近赤外領域に吸収バンドを有する色素を利用し，近赤外線の漏洩量を抑制する．

10.2.4 電磁波の抑制

プラズマパネル，あるいはその制御のための電気回路からは，30〜300 MHz の周波数帯の比較的強い電磁波が発せられる。表示セルにおいて，放電をさせるために放電ガスにかける電圧は，200〜350 V 程度であるが，この電圧を作り出す交流回路が，前述の電磁波を発生すると考えられている。電磁波の人体に対する安全性に関しては，様々な議論があるが，すでに規制が設けられている。具体的には，日本においては情報処理装置等電波障害自主規制協議会（VCCI）が自主規制のガイドラインを設けており，米国においては，連邦通信委員会（FCC）がその規制基準を提示している。光学フィルターは，導電率が高い導電層の働きにより，PDP 外へ放出される電磁波の量を抑制する。

10.2.5 外光反射の抑制

プラズマパネル表面は，ガラスと空気の大きな屈折率差に由来して，外光の反射率が高い。光学フィルターはその表面に反射を抑制するための層を有しており，外光反射量を抑制し，ディスプレイの視認性を向上させる。

10.2.6 プラズマパネルの保護

プラズマパネルを厚さ 2 mm 程度の薄いガラスで構成されているため，外力により破損する可能性がある。光学フィルターをプラズマパネルの前面に設けることにより，プラズマパネルの破損が防止され，さらには万一破損した場合にガラス片の飛散することが防止されるため，PDP の安全性向上に役立っている。

10.3 構成例

図1にフィルムタイプ光学フィルターの構成例を示した。視認面側から順に，反射防止層/高分子フィルム/近赤外線吸収層/粘着層/透明導電層/フィルム/色素を含む粘着層の順に構成されている。各層の機能を挙げると，反射防止層は外光反射を抑制，近赤外線吸収層はキセノンガス由来の近赤外線量を抑制，透明導電層はプラズマパネルから放出される電磁波放出量を抑制，色素を含む粘着層は表示色の調整，さらには蛍光体及びネオンガス由来のオレンジ発光を抑制，さらにはプラズマパネルへの貼合，そしてポリエステルフィルムがプラズマパネルに接着した状態がプラズマパネルの破損防止及び万が一破損した際のガラス片の飛散防止機能を発現する。

10.4 分類及び設計

10.4.1 形態による分類

フィルムタイプ光学フィルターは，高分子フィルムを基材とする，厚さが200〜300 μm のタイプが主流となっている。構成の詳細については，10.5 各種構成とその特性に詳述する。

a) 断面図

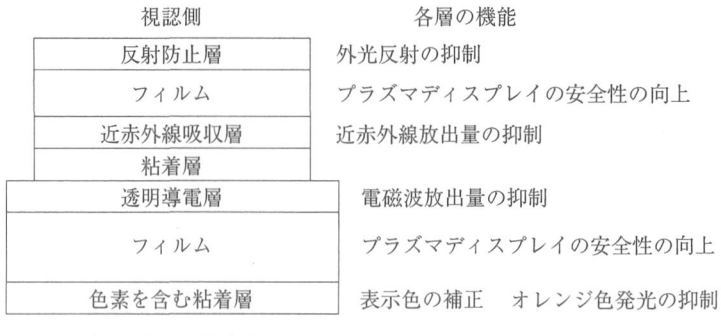

視認側	各層の機能
反射防止層	外光反射の抑制
フィルム	プラズマディスプレイの安全性の向上
近赤外線吸収層	近赤外線放出量の抑制
粘着層	
透明導電層	電磁波放出量の抑制
フィルム	プラズマディスプレイの安全性の向上
色素を含む粘着層	表示色の補正　オレンジ色発光の抑制

プラズマパネルへ貼合する側

b) 視認面側からみた平面図

導電層（電極）

反射防止層

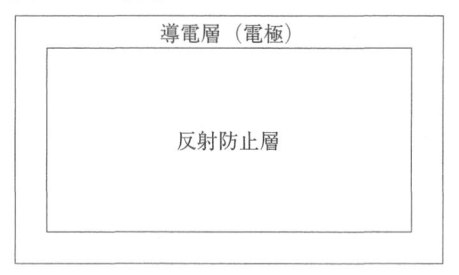

図1　フィルムタイプ光学フィルターの構成例

ガラスや樹脂板を基板とするタイプの光学フィルターは，厚さ 2～5 mm のガラス板に機能層を設けたガラスタイプフィルターが主流となっている。このタイプの光学フィルターは，プラズマパネルの前面に幅 3～5 mm の隙間を設けて据えられる場合が多い。

10.4.2　透明導電性による分類

光学フィルターの導電性が高いほど，その電磁波抑制能力が高くなる。一般的に使われているものは，その透明導電層の面抵抗が 0.05～3 Ω/sq である。面抵抗が 0.05～0.9 Ω/sq のタイプ向けの透明導電層は金属メッシュが多く使われている。一方で面抵抗が 1～3 Ω/sq のタイプ向けの透明導電層は，高屈折率薄膜と導電性が極めて高い金属薄膜とを複数積層した積層薄膜が多く使われている。PDP の用途，プラズマパネルからの電磁波放出量を考慮して，適当な透明導電層が選択される。

電磁波放出量にもとづいて，PDP は，業務用と民生用に分類される。例えば，米国 FCC 規格では，業務用には，比較的規制が緩やかな ClassA 規格が適用され，民生用には，規制が厳しい ClassB 規格が適用される。民生用の場合は，0.05～1.9 Ω/sq の電磁波抑制能力が高いタイプを

適用すると，比較的容易に ClassB 規格を満たすことができるため，多く採用されている。一方で業務用の場合は，電磁波の許容放出量に関する規制が民生用に比較して緩やかなため，コスト面で優位性がある面抵抗が 2～3 Ω/sq のタイプが多く適用されている。

10.4.3 フィルムタイプの利点 [4～6]

フィルムタイプ光学フィルターが適用される割合が拡大してきた理由は，図2に示した多くの利点があるためである。その利点は大きくは，PDP の画質に関わるものと，寸法や重量に関わるものにわけることができる。

画質に関しては，①光学フィルターとプラズマパネルの間に空気層がないため，表示光の屈折がほとんどなく表示画像がクリヤー，②外光の反射率が低く，反射像の画面への映り込みが少ないため表示画像が見やすい，などが挙げられる。

寸法及び重量の観点からは，③基板の厚みと光学フィルターとプラズマパネル間の隙間分を合わせた幅が小さい分，PDP が薄くなる，④基板が薄い高分子材であるので，PDP の軽量化に寄与する，などが挙げられる。

10.4.4 設計

PDP 用光学フィルターの設計にあたっては，まず PDP の設計段階において，その用途及びプラズマパネルから放出される電磁波量を考慮し，光学フィルターの厚み，設置方式，適用する透明導電層の種類，必要な光学特性を決定する。光学フィルターをプラズマパネルに直接ラミネートする場合は，ラミネート用に適用する粘着材に求める性能を決定する。

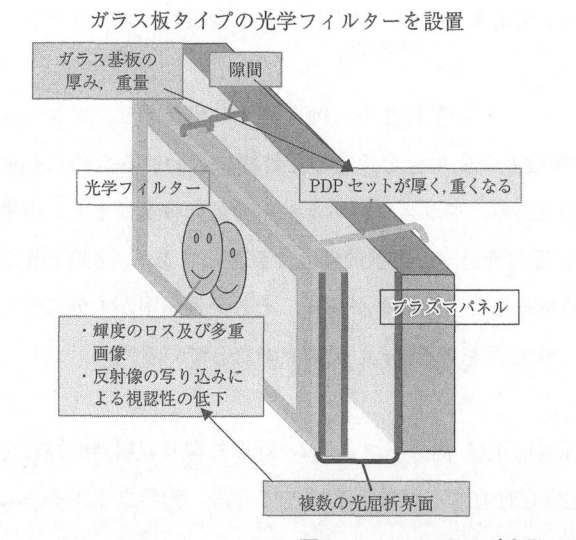

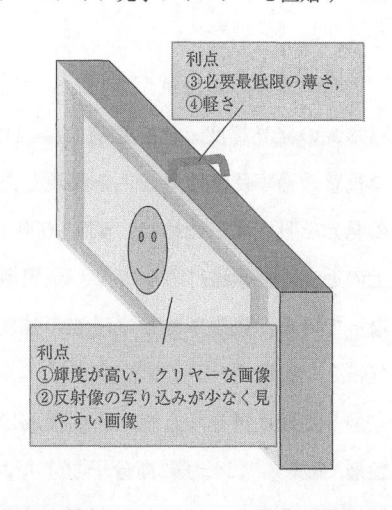

図2 フィルムタイプ光学フィルターの利点

プラズマディスプレイ材料技術の最前線

図3 透明導電膜タイプの構成例
(a) 断面図
(b) 視認側から見た平面図

断面図の層構成（視認側から）：反射防止層／高分子フィルム／粘着層／透明導電膜層／高分子フィルム／色素を含有する粘着層（プラズマパネルへ貼合する側）。周縁部には金属ペースト層（電極）。平面図では金属ペースト層（電極）が反射防止層の周囲を囲む。

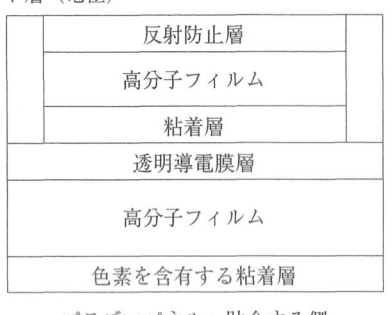

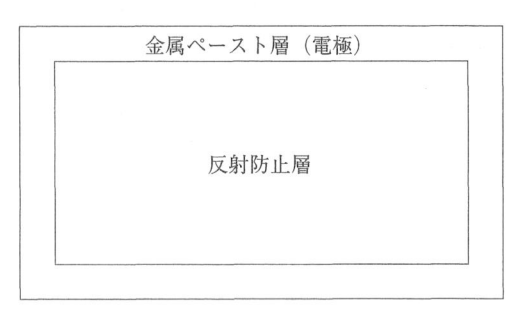

引き続いて，光学フィルターの設計段階において，PDPの設計段階において決定した設計事項を実現すべく，ARフィルム，NIRフィルム，透明導電膜，粘着材を選定し，光学スペクトルを調整するために粘着材などの調色用部材に含有させる色素の量を計算により決定する[7]。

10.5 各種構成とその特性
10.5.1 透明導電薄膜タイプ

図3に構成例を示した。断面構成は，視認側から反射防止層／高分子フィルム／粘着層／透明導電膜層／高分子フィルム／色素を含有する粘着層となっている。光学フィルターの周縁部は透明導電膜上に反射防止用部材ではなく，グランド用電極（以降，電極）として金属ペースト層を有する[8]。

透明導電膜の面抵抗が2.4 Ω/sqであるタイプの光学特性の一例を図4に紹介する。プラズマパネルの発光輝度，色を考慮し，PDPの輝度及び表示色を設定した目標に合わせるために必要な視感透過率及び透過光色を実現したものである。プラズマパネルからの蛍光体及びネオン由来の発光を吸収するために，580～600 nm付近の透過率を選択的に低く設定してある。800 nm以上の近赤外線領域においては，金属薄膜に由来して，反射率が高く，その分透過率が十分に低くなっている。放出される電磁波の強度は，FCC規格のClassA規格を満たしている[9]。

10.5.2 金属メッシュタイプ1

図5に構成例を示した。断面構成は，反射防止層／高分子フィルム／近赤外線吸収層／粘着層／黒色層／金属メッシュ層／高分子フィルム／色素を含有する粘着層となっている。光学フィルターの周縁部は電極として黒色層を有する金属箔が存在する。

第2章　PDP用部材・材料とPDP作製プロセス

(a) 透過特性

		透明導電膜薄膜タイプ	金属メッシュタイプ
色度 (D65光源)	x	0.301	0.300
	y	0.322	0.322
可視光線透過率(%)		46.5	45.3
透過率@595nm(%)		31.4	30.0

(b) 反射特性

	透明導電膜薄膜タイプ	金属メッシュタイプ
視感反射率 [Rvis] (%)	3.6	2.5

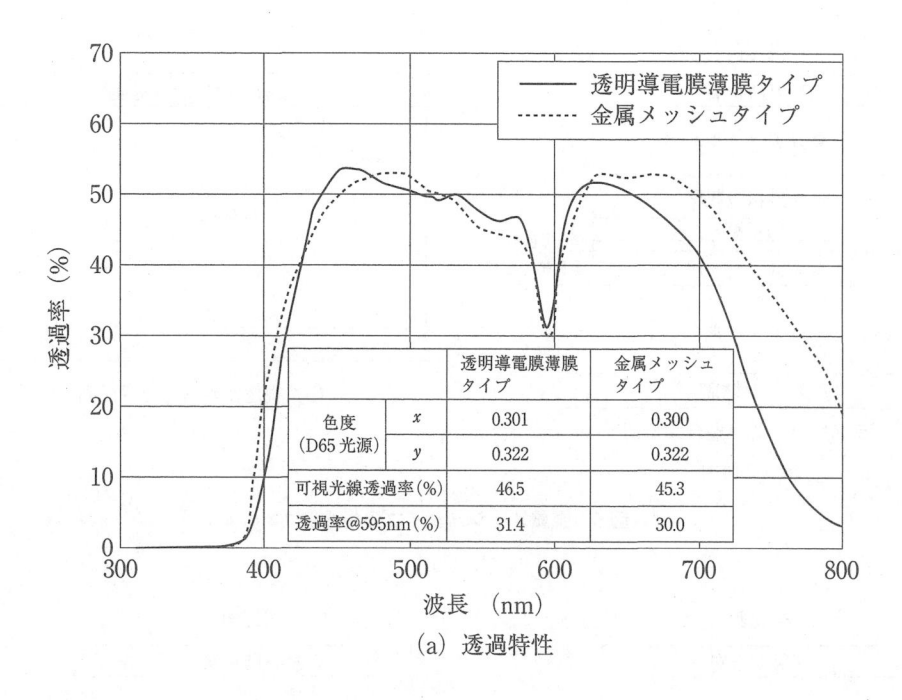

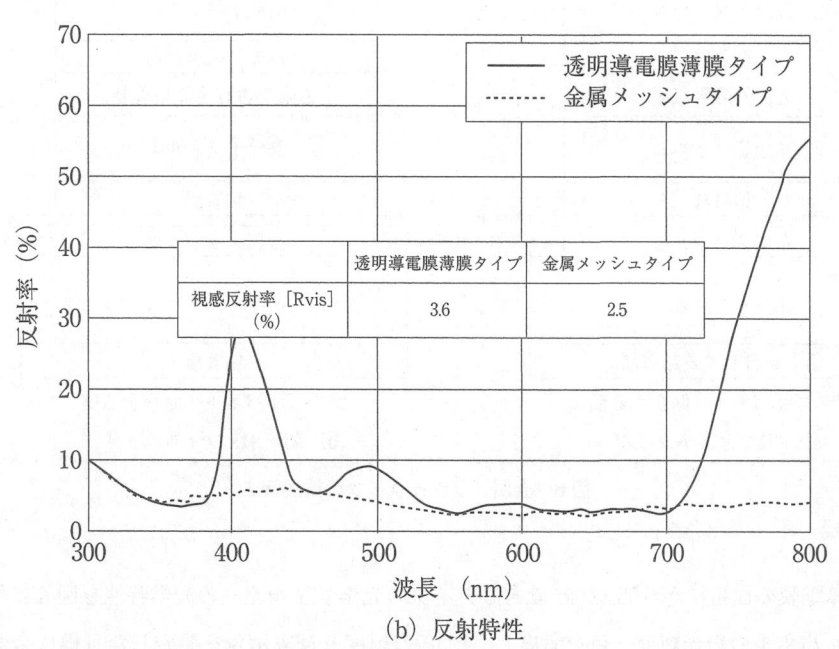

図4　透明導電薄膜タイプフィルター及び金属メッシュタイプフィルターの光学特性の一例

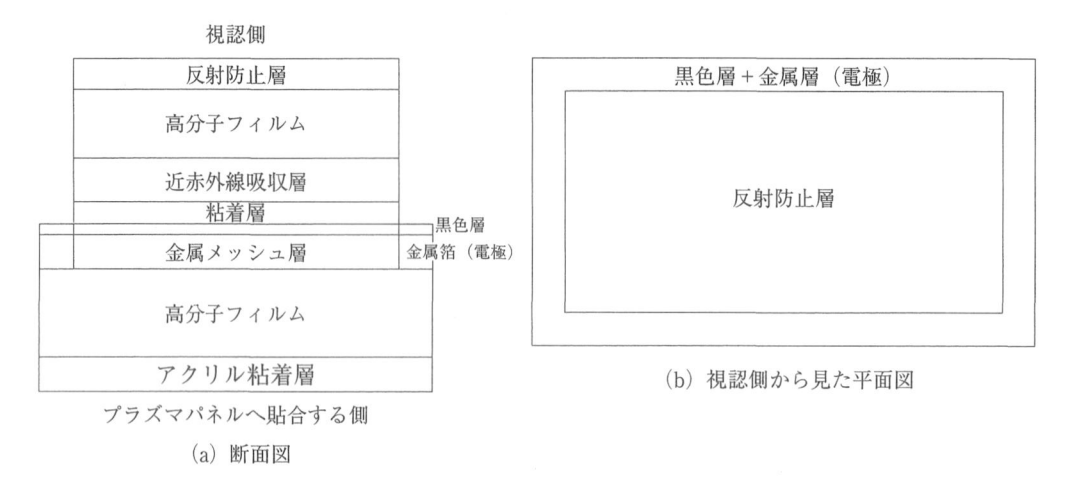

図5 金属メッシュタイプの構成例1

(a) 断面図
視認側：反射防止層／高分子フィルム／近赤外線吸収層／粘着層／金属メッシュ層／高分子フィルム／アクリル粘着層（プラズマパネルへ貼合する側）
右側注記：黒色層／金属箔（電極）

(b) 視認側から見た平面図
黒色層＋金属層（電極）／反射防止層

図6 金属メッシュタイプの構成例2

(a) ARフィルムタイプ
視認側：反射防止層／高分子フィルム／粘着層／近赤外線吸収層／高分子フィルム／粘着層／金属メッシュ層／高分子フィルム／色素を含有する粘着層（プラズマパネルへ貼合する側）
右側注記：黒色層／金属箔層（電極）

(b) AR-NIRフィルムタイプ
視認側：反射防止層／高分子フィルム／近赤外線吸収層／色素を含有する粘着層／高分子フィルム／粘着層／金属メッシュ層／高分子フィルム／粘着層（プラズマパネルへ貼合する側）
右側注記：黒色層／金属箔層（電極）

透明導電膜の面抵抗が0.05 Ω/sqであるタイプの光学フィルターの光学特性を図4に紹介する。プラズマパネルの発光輝度，色を考慮し，PDPの輝度及び表示色を設定した目標に合わせるために必要な視感透過率及び透過光色を実現したものである。プラズマパネルからの蛍光体及びネオン由来の発光を吸収するために，580〜600 nm付近の透過率を選択的に低く設定してある。800 nm以上の近赤外線領域においては，近赤外線吸収色素を含む層[10,11]の効果により問題を生じないレベルまで透過率を低く設定している。放出される電磁波の強度は，FCC規格のClassB

第2章　PDP用部材・材料とPDP作製プロセス

規格を満たしている[9]。

10.5.3　金属メッシュタイプ2

このタイプは，層数が金属メッシュタイプ1に比べ多く，光学フィルター全体が厚い。図6に構成例を示した。図6（a）の断面構成は，視認側から反射防止層/高分子フィルム/粘着層/近赤外線吸収層/高分子フィルム/粘着層/黒色層/金属メッシュ層/高分子フィルム/色素を含有する粘着層である。図6（b）の断面構成は，視認側から反射防止層/高分子フィルム/近赤外線吸収層/色素を含有する粘着層/高分子フィルム/粘着層/黒色層/金属メッシュ層/高分子フィルム/粘着層である。

10.5.4　繊維メッシュタイプ

図7にその構成例を示した。図7（a）に示した，断面構成は，視認側から反射防止膜/透明基板/中間膜/金属繊維メッシュ/中間膜/色素入りフィルム/中間膜である[12]。中間膜とは，熱圧着により各部材を密着させるための樹脂膜である。特に金属繊維メッシュはその形態が不安定であり，中間膜で挟み込むことにより安定化させることが不可欠である。また，金属繊維メッシュ繊維が電極として全周に渡って引き出されており，銅テープを介してプラズマパネルに電気的に接続する仕組みになっている。図7（b）に示した断面構成は，視認側から反射防止膜/中間膜/金属繊維メッシュ/中間層/透明基板/色素入りフィルム/粘着層であり，やはり金属繊維メッシュフィルムが電極として全周に渡って引き出されており，接触抵抗を下げるために銅テープで銅メッシュ繊維を覆っている。

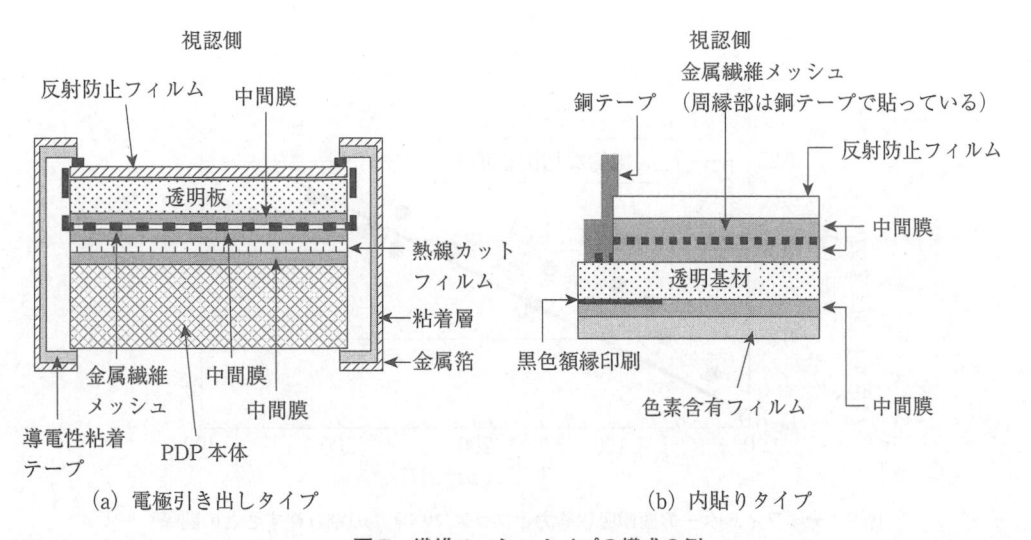

図7　繊維メッシュタイプの構成の例

10.5.5 衝撃吸収タイプ

図8にその構成例を示した。断面構成は，視認側から反射防止層/高分子フィルム/近赤外線吸収層/粘着層/黒色層/金属メッシュ層/高分子フィルム/色素を含有する粘着層/衝撃吸収層/粘着層である。光学フィルターの周縁部は電極として黒色層を有する金属箔が存在する[13]。

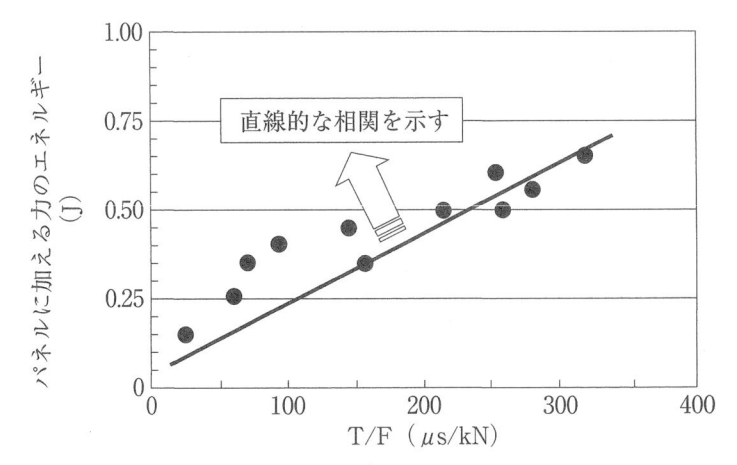

光学フィルターの衝撃吸収能力とプラズマパネルの割れやすさとの関係を図9に示した。光学フィルターの衝撃吸収能力を示す指標としてT/F（Tは，プラズマパネルに外力を加えた際にその大きさがピークに達するまでの時間，Fは外力のピーク値）を用い，光学フィルターを適用したPDPの割れを導く外力のエネルギーとの関係を一次関数で記述することに成功している[4,5]。例えばT/Fが220（μs/kN）の光学フィルターを適用すれば，PDPは，外力エネルギーが約0.5Jに対してまで耐えうることを示している。

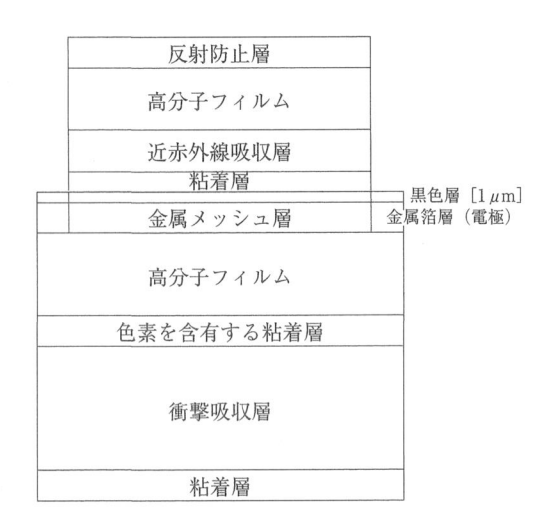

図8 衝撃吸収タイプ構成の一例

図9 光学フィルターの衝撃吸収能力とプラズマパネルの割れやすさとの関係

第 2 章 PDP 用部材・材料と PDP 作製プロセス

10.6 適用される部材
10.6.1 透明導電フィルム

表 2 に透明導電フィルムを分類した。大きくは高屈折率薄膜と金属薄膜を積層した透明導電膜タイプと金属メッシュタイプに分けることができる。透明導電膜タイプは，高分子フィルムに高屈折率薄膜層と金属薄膜層をスパッタリングなどの真空成膜法によって繰り返して積層したものである。一般的には，高屈折率薄膜層としては ITO, TiO_2, ZnO など，金属薄膜層としては Ag やその合金が適用されている。その断面構成の一例を図 10 に示した。最上層は，トップコート層により修飾されている[14,15]。その特性に関しては，高屈折率薄膜層と金属薄膜層の総数，厚みの振り分けにより，様々な透過率，電気抵抗率の組み合わせを実現することができる。標準的な特性は，①透過率 50 % 程度，電気抵抗率 1.2 Ω/sq，②透過率 60 % 程度，電気抵抗率 2.4 Ω/sq である。図 11 に①電気抵抗率 1.2 Ω/sq の透明導電フィルムの代表的な光学特性を示した。

金属メッシュタイプは，その作製方法からエッチングタイプ，印刷タイプ，繊維タイプの 3 つにさらに分類され，多くの場合は銅メッシュが適用されている。エッチングタイプは，高分子フ

表 2 透明導電フィルムの分類

構造からの分類		作製方法からの分類		構成，特性からの分類	
分類名	構造	分類名	作製方法	分類パラメーター	標準的な構成，特性
透明導電膜タイプ	高屈折率薄膜と金属薄膜の積層体	スパッタタイプ	高分子フィルムにスパッタリングなどの真空成膜法によって繰り返し積層	薄膜の総数，厚みの振り分けにより，様々な透過率，電気抵抗率の組み合わせを実現することができる。	①透過率 50 % 程度，面抵抗 1.2 Ω/sq ②透過率 60 % 程度，面抵抗 2.4 Ω/sq
金属メッシュタイプ	金属のメッシュ	エッチングタイプ	高分子フィルムに金属箔を接着し，不要部分をエッチング処理により取り除く	金属線の幅，間隔の振り分けにより，様々な透過率，電気抵抗率の組み合わせを実現することができる。	面抵抗 0.05 Ω/sq
		印刷タイプ	高分子フィルムにメッシュ状に印刷		面抵抗 0.1 Ω/sq
		繊維タイプ	金属被覆した有機物の糸をメッシュ状に編んだシートを高分子フィルムで挟み込む		金属被覆線の直径 30 μm 程度

ィルムに金属箔を接着し，不要部分をエッチング処理により取り除くことにより得られる。金属線の幅，間隔の振り分けにより，様々な透過率，電気抵抗率の組み合わせを実現することができる[16]。標準的なパターンは，銅線の幅10μm程度，その間隔300μm程度の正方形の格子であり，0.05Ω/sq程度の面抵抗を有する。図12にエッチングにより作製される金属メッシュタイプの透明導電フィルムの断面構成の一例を示した。高分子フィルム上に接着剤層，金属メッシュ層，さらにその上は反射を防止するために黒色層が存在する。

　印刷タイプは，高分子フィルムにメッシュ状に金属を印刷して得る[17]。金属線の幅，間隔の振り分けにより，様々な透過率，電気抵抗率の組み合わせを実現することができる。標準的なパターンは，金属線の幅20μm程度，その間隔300μm程度の正方形の格子であり，0.1Ω/sq程度の面抵抗を有する。

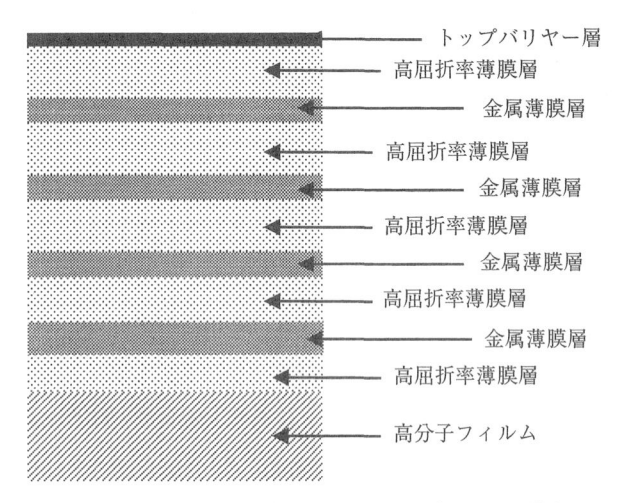

図10　透明導電フィルム（透明導電膜タイプ）の断面構成の一例

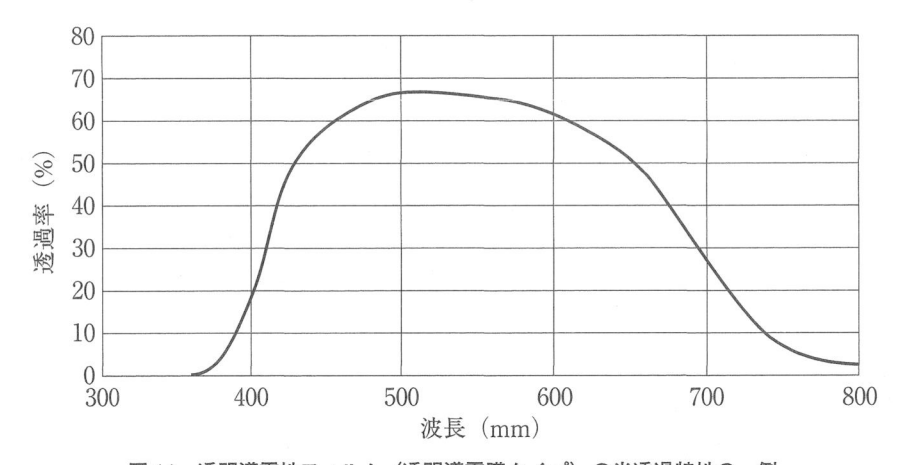

図11　透明導電性フィルム（透明導電膜タイプ）の光透過特性の一例

第 2 章　PDP 用部材・材料と PDP 作製プロセス

繊維タイプは，金属被覆した有機物の糸をメッシュ状に編んだシートを高分子フィルム（中間膜）で挟み込んで得る[12]。金属被覆線の幅，間隔の振り分けにより，様々な透過率，電気抵抗率の組み合わせを実現することができる。標準的なパターンは，金属被覆線の直径 30 μm 程度，その間隔 180 μm 程度の正方形の格子である。

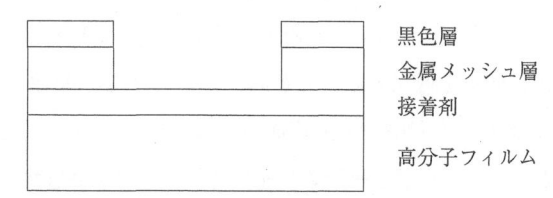

図12　透明導電フィルム（金属メッシュタイプ）の断面構成の一例

10.6.2　反射防止フィルム，近赤外線吸収フィルム

反射防止フィルムと近赤外線吸収フィルムの分類を表 3 に示した。反射防止機能と近赤外線吸収機能を 1 枚のフィルムに集約した AR-NIR フィルム，反射防止機能のみを有する AR フィルム，防眩機能を有する AG フィルム，近赤外線吸収機能を有する NIR フィルムが主に使われている。AR-NIR フィルムの構成例を図 13 に示した。ディスプレイの最表層に位置する面から，反射防止層（AR 層）/フィルム/反対の面に近赤外線吸収層（NIR 層）の順に構成されている。

表3　反射防止，近赤外線吸収フィルムの分類

フィルム種別	構成，特性からの分類		主な作製方法
	機能層名	分類パラメーター	
AR-NIR フィルム，AR フィルム，NIR フィルム	反射防止層	高屈折率材料と低屈折率材料の層数，厚みの振り分けにより反射率，反射光の色を設定することができる。	ウエットコーティング，ドライコーティング，ゾルゲル
	近赤外線吸収層	近赤外線吸収材料の選択，適用量により，吸収波長，吸収率を設定することができる。	ウエットコーティング
AG フィルム	防眩層	光拡散粒子の量，粒径により，拡散率を設定することができる。	ウエットコーティング

図13　AR-NIR フィルムの断面図の一例
(a) 2 層タイプ　　(b) 単層タイプ

反射防止層に関しては，低屈折率層と高屈折率層の組み合わせであり，一般的には総数が多い方が反射率を低減する能力が高い[18]。しかし，総数が多いほど製造コスト高くなるため，一般的には2層（低屈折率層/高屈折率層/フィルム）と単層（低屈折率層/フィルム）のタイプが使われている。材料の屈折率を元に各層の厚さを調整することにより，反射率や反射色を所望の値に調整することが可能である。低屈折率層としては，フッ素系有機膜，シリカ等の無機膜などが一般的に使われている。高屈折率膜としては，ITOやZrO$_2$などの高屈折率な微粒子を分散させた有機膜や無機膜などが一般的に使われている。また，反射防止層の形成方法は，ウエットコーティング，スパッタなどのドライコーティング法，ゾルゲル法などが使われるが，コストが低いウエットコーティング法が多く使われている。近赤外線吸収層に関しては，ジイモニウム系，シアニン系の近赤外線吸収色素を分散した有機膜が一般的に使われている。

AGフィルムは，フィラー粒子を含む有機膜または無機膜/フィルムの構成であり，反射光を散乱することにより，ディスプレイの視認性を向上させるためのものである。フィラー粒子の径及び量を調整することにより拡散率を調整することができる。

10.6.3 粘着材

フィルムタイプ光学フィルター用の粘着材は，密着性及び色調の観点から選定して適用する[19]。フィルム同士の貼合に用いる粘着材は，比較的密着力が高いものを使用する場合が多く，プラズマパネルへの貼合に用いる粘着材は，目的に応じた密着力のものを選定する。なお，その透明性，環境性，設計の自由度の高さからアクリル系の粘着材が多く適用されている[20]。

10.7 おわりに

PDPの製品化から約10年を経過するが，その進歩に合わせて光学フィルターもめざましい進歩を遂げてきた。最後に今後解決すべき課題及び光学フィルターの将来に関して，触れておく。PDPの普及に向けて，そのコストダウンが日々図られている中で，その基幹部材の一つである光学フィルターも，現在まで簡素化が進んできたが，さらなる合理化と複合化を進める必要がある。また，透明導電層としてCuメッシュを適用したタイプの光学フィルターに適用される近赤外線吸収色素に関しては，より耐久性が高い色素の開発が必要である。

文　　献

1) 内池平樹，御子柴茂雄筆，プラズマディスプレイパネルのすべて，工業調査会（1997）

第2章　PDP用部材・材料とPDP作製プロセス

2) 谷千束筆，ディスプレイ先端技術，共立出版（1998）
3) 福田伸ら，月刊ディスプレイ，**4**, 72（2000）
4) K. Koike *et al.*, IDW03 proceeding, 869（2003）
5) 小池勝彦ら，映像情報メディア学会誌，**58**, 1254（2004）
6) T. Ohishi, IDW04 proceeding, 895（2004）
7) T. Okamura *et al.*, *J. Vac. Sci. Technol.*, **A19**, 1090（2001）
8) 小池勝彦ら，特許3834479号
9) T. Okamura *et al.*, *J. SID*, **12**, 527（2004）
10) 小松愼司ら，特許3689998号
11) 宮古強臣，Reports Res, Lab Asahi Glass Co. Ltd., 55, 67（2005）
12) 古川雅人ら，特開平11-119666
13) 小池勝彦ら，特許3706105号
14) K. Koike *et al.*, *J. Vac. Sci. Technol.*, **A25**, 527（2007）
15) 小池勝彦ら，特許3813034号
16) 上原寿茂ら，特許3388682号
17) 住友大阪セメントテクニカルレポート，55（2003）
18) 反射防止膜・フィルムの成膜・トラブル対策と応用事例，技術情報協会（2006）
19) 小池勝彦，日本化学会2005年春季　予稿集，3 L6 09（2005）
20) 冨田幸二，接着の技術，**25**, 1（2005）

第3章　製造・検査装置

1　プラズマディスプレイ用スクリーン印刷と印刷機

住田勲勇[*1]，田上洋一[*2]

1.1　はじめに

　プラズマディスプレイ（以後PDPと称す）の初期の製造プロセスには，前面版では誘電体形成，背面版ではアドレス電極形成，白誘電体形成，リブ形成，蛍光体形成とほぼ全工程にスクリーン印刷（以後印刷と称す）が用いられていた。しかし，PDPが大型化し，プロセスが多面取り化するに伴い，スクリーン印刷は寸法精度が悪く，印刷厚みムラが大きく，印刷物の表面平滑性が悪く，しかも熟練技術が必要であると言われ，PDPプロセスから敬遠されてきた経緯がある。

　現在では，前面版および背面版の電極形成のための感光性銀ペーストのベタ印刷や，前面版，背面版の誘電体層の形成のための誘電体ペーストのベタ印刷など，寸法精度をそれほど必要としないベタ印刷が主に用いられているが，このベタ印刷も徐々にドライフィルムのラミネート法に変わりつつある。

　しかし，印刷法は，この十数年，チップ電子部品やLTCCなどの応用に向け，印刷機やスクリーン版は高精度化が進み，印刷ペーストも大幅に改良されてきている。印刷法は基本的にアディティブ法による構造物形成の手段であることから，ホトプロセスに比べ，環境保護の面からも好ましく，さらに，近年，PDPの急速な価格低下に対応するため，製造コスト面からも見直されてきている。

　ベタ印刷に限れば，印刷法は42インチ6面取りや8面取りなどの多面取りPDP製造プロセスに用いられており，そのスクリーン版が3m角を超す大きさに対応してきている。そもそも，印刷法には，いわゆる「良い」印刷をするには印刷するパターンの面積とスクリーン版の大きさの比には1/9の原則がある。ところが，この原則に従えば，6面取り，8面取りと印刷面積が大きくなるにつれ，印刷機を大きくせざるを得ないため，必然的にこの原則から外れる印刷が用いられている。この原則から外れ，より高い寸法精度や印刷膜厚みのより高い均一性を実現するには，印刷の基本原理を理解し，印刷の特性を知ることが不可欠である。

---

*1　Isao Sumita　NBC（株）　技術顧問
*2　Youichi Tagami　マイクロ・テック（株）

1.2 スクリーン印刷の原理と特性

スクリーン印刷は，弾性体であるスクリーンの上にペーストを乗せ，スクレーパで均一にスクリーン版上に広げ，その後，スキージがスクリーンを基板面まで押し込み，スキージの側面でペーストにシェアー応力を掛けながら，スクリーンのオープニングを通して，ペーストを基板上に転写する方法である。その転写までの全過程は五つのプロセス過程からなり，そのイメージ図を図1[1~3]に示す。Full-in過程では，スクレーパによりスクリーン上に広げられたペーストは，スキージで押されるとともにローリングし，粘度を下げながら，オープニングに満たされる。そして，Transferring過程では，スキージはスクリーンを基板面に押しつけ，密着させるとともに，ペーストはスキージの先端部分で応力を受け，オープニングを通過し，基板上に到達する。Sticking過程では，スキージが通過して，スキージから受けていた応力は取り除かれるが，スクリーンがペーストの粘着性で基板に密着したまま，ペーストは徐々に粘度を上げていく。Shearing過程では，スクリーンは張力により基板面から引き離され，ペーストは基板に付着したままとなる。Releasing過程では，ペーストは基板面に付着したまま，粘度を上げて行くと同時にレベリングを完了する。通常，スクリーン印刷に用いるペーストは加わるシェアー応力によりその粘度が変わるいわゆるチクソトロピー性を有している。実際の印刷でのペーストの粘度がスキージの前後どのように変わるのかをシミュレーションしたものを図2に示す[4]。スクリーン上のペーストは，スキージブレードの前部でかき寄せられ，ローリングしながら時間とともに指数関数的に急速に粘度を下げていく。スキージ直下では，ペーストはスクリーンとスキージブレード間で強いシェアー応力を受け，もっとも粘度が下がる。基板上に堆積したペーストはスキージが通過すると，シェアー応力から解放され，急速に粘度を回復する。このシェアー応力の大きさにより，粘度が時間的に変化する特性をチクソトゥロピー（Thixotropy）という。スキージ直下でペーストの粘度が大きく下がらないと，図1のsticking過程で，その粘度による粘着性のためにスクリーンはスキージが通過した後もしばらく基板に付着したままとなる。ペーストの一部がスクリーン保持されたまま，スクリーンは遅れて基板から離れるため，いわゆる「版離れ」

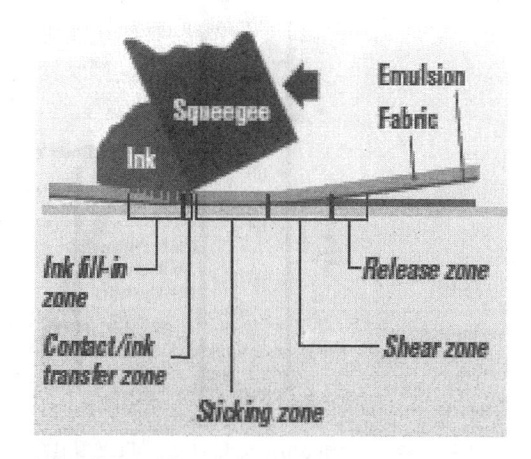

Mike Young, Dynamic Troubleshooting 240' On-Press' Print Problem for High-Definition Screen Printing: Part II, SGIA Journal Second Quarteer, No.3 (2002)

図1 ペーストの移動
Fill-in, Transferring, Sticking, Shearing, Releasingの五つの過程を経て，基板上に印刷される。

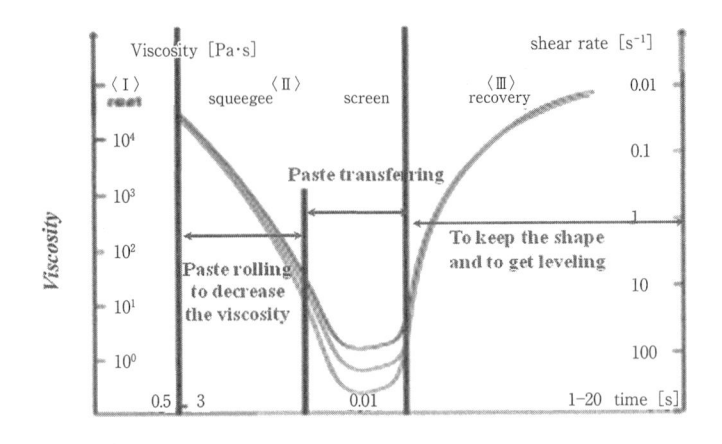

Hoornstra, J., et al., "THE IMPORTANCE OF PASTE RHEOLOGY IN IMPROVING FINE LINE, THICK FILM SCREEN PRINTING OF FRONT SIDE METALLIZATION"

図2 スキージ近傍でのペーストの粘度の変化
ペーストはスキージブレードの前部でローリングしながら，粘度を下げ，スキージ直下で最低の粘度になると同時に，スクリーンのオープニングを通過して，基板上に移される。その後，スクリーンが離れると，ペーストは徐々に粘度を回復し，目的の形状となる。

が悪い状況が生じる。版離れが悪くなると，ペーストの一部がスクリーンに残るため，印刷厚みが不均一となる。特に低い張力で張ったスクリーンで，小さいクリアランスで印刷した場合にこの現象が生じやすくなる。

一方，弾性を有するスクリーンはスキージで押し込まれた分伸びて，力学的にバランスする。印刷が終わり，スキージが戻ればスクリーンはもとの状態に戻り，この繰り返しが行われる。当然，スクリーンにパターンが描かれていれば，そのパターンはスクリーンの伸びに応じて変形する。

要は，印刷はスキージがペーストに応力を与え，その応力に応じてペーストは粘度を変えながら，基板に堆積されるプロセスであるため，印刷厚みを一定にするには，この応力を印刷面全体で均一にすることが不可欠であることがわかる。また，スキージは押し込まれた状態で移動しながら，次々にスクリーンに応力を掛け，スクリーンを押し延ばし，摩擦力によりスクリーンを引きずり，スクリーンを変形させる。印刷パターンとなる乳剤のオープニングはその形状を変え，位置をずらしていく。このため，正確にパターンを印刷するためにも応力を均一で一定にすることが不可欠となる。

このように，特にPDPのような大型で，高寸法精度で，しかも，均一な印刷を行うには，スキージとスクリーンの力学バランスを理解して，どのような現象が生じるかを知っておくことが

第3章 製造・検査装置

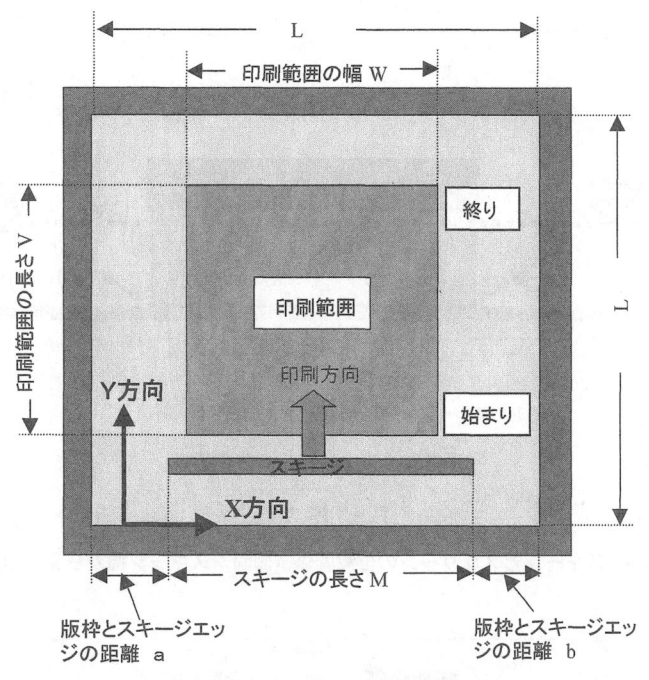

図3 スクリーンとスキージの関係（上面）

必要となる。

　図3，図4と図5に静的な力学バランスにあるスキージとスクリーンの関係を示す。本来，スキージによるスクリーンの伸びは三次元で取り扱うべきだが，二次元で見れば，スキージがスクリーンを基板面まで押し込むと，スクリーンは図4と図5に示すように，元の状態から押し伸ばされる。スクリーンと基板面との距離（h：クリアランス）に応じて，スクリーンの伸び量は大きくなり，図中のx方向の伸びは，スクリーンの幅の長さとスキージの長さで決まる（図4の式）。一方，y方向の伸びはスクリーンの長さとスキージのy方向の位置で決まる（図5の式）[4]。この式で示されるスクリーンの伸びは，スキージの圧力（印圧）等に関係しない静的な力学バランスにある状態での伸び量であり，あくまでも第一義的にはおのおのの式で示される量になる。

　次に動的な力学バランスにあるスクリーンの状態を考えることとする。はじめに，図6に応力の元となる印圧の定義を示す。優れた印刷を実現するには，極論すればいかに実印圧を基板面全体で一定にするかに尽きる。スキージは，ある圧力（スキージ圧）で強く版枠に張ったスクリーン版を基板面に押し付けてスクリーンを引き伸ばし，移動することにより完了するが，スキージは当然，スクリーン版の反発力を受け，実際に基板に加わる圧力（実印圧）はその分だけ小さくなっている。スキージ通過後に基板面に残るペースト量は，この実印圧に左右されるため，残るペースト量を基板の印刷面で均一にしようとすれば，実印圧を基板面で均一にすれば良い。もち

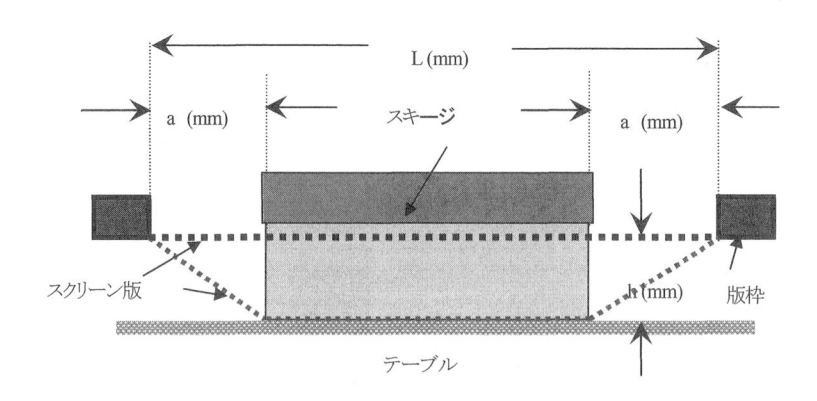

a: 版とスキージエッジとの間隔　h: クリアランス

X方向のスクリーンの伸び量
$$d = 2\sqrt{a^2 + h^2} - 2a$$

図4　スキージとスクリーンの位置関係（側面：スキージ幅から見た図）

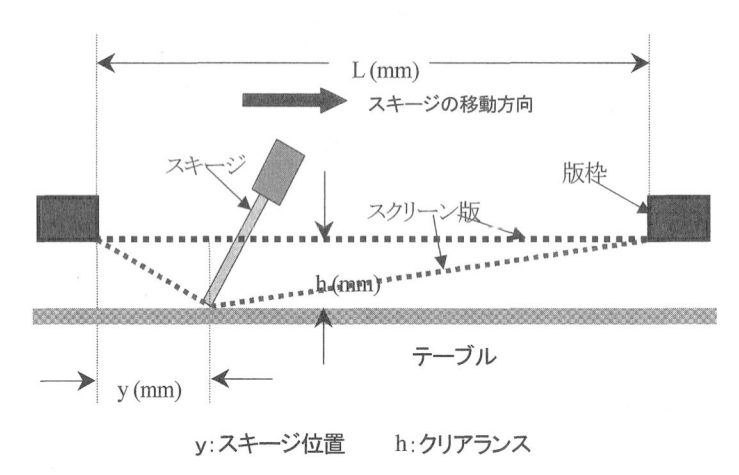

y:スキージ位置　　h:クリアランス

Y方向のスクリーンの伸び量
$$d = \sqrt{y^2 + h^2} + \sqrt{(L-x)^2 + h^2} - L$$

図5　スキージとスクリーンの位置関係（側面図：スキージ移動側面から見た図）

ろん，そのほかにスキージスピードなどの種々の印刷条件で多少はその量は変化する。
　また，スキージ圧とスクリーンの反発力でスキージとスクリーン間に生じる摩擦力は，スクリーンをスキージの移動方向に多少なりとも引き摺り（図7），時にはスクリーンを回転させ（図8），スクリーンを変形させる。実際にはスクリーンの移動と回転が複雑に絡み合って生じるが，単純な直線移動は，その移動量分だけスクリーンの位置制御を行うことにより修正できる。また，印刷パターンの線形的な変形は，パターンに補正を加えることにより，目的の寸法を得ることも可

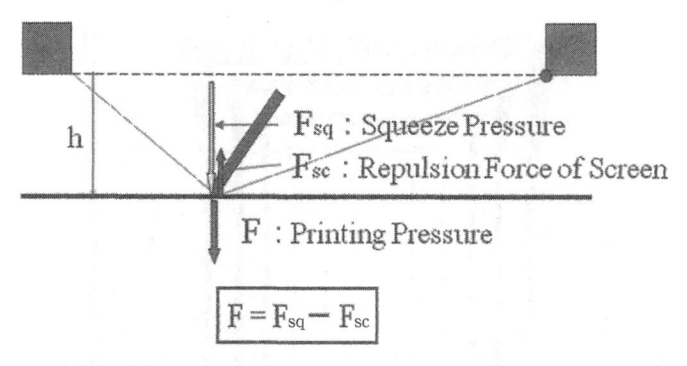

第3章 製造・検査装置

F_{sq} : Squeeze Pressure
F_{sc} : Repulsion Force of Screen
F : Printing Pressure

$$F = F_{sq} - F_{sc}$$

Accutual Printing pressuer = squeeze pressure − repulsion Force of screen

図6 スキージ印圧と実印圧の関係
実際の印刷では，スキージによるペーストの押し込みやスクリーンの摩擦力は実印圧Fで決まる。

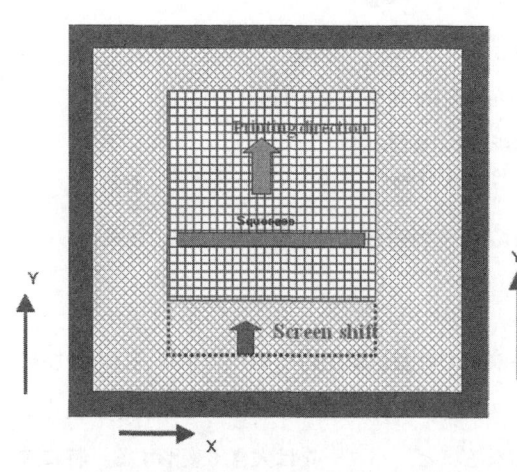

図7 スキージの摩擦力によるスクリーンの移動
スキージがスクリーンを押し込むことによって生じるスキージとスクリーン間の摩擦力により，スクリーンはスキージの印刷方向に移動する。

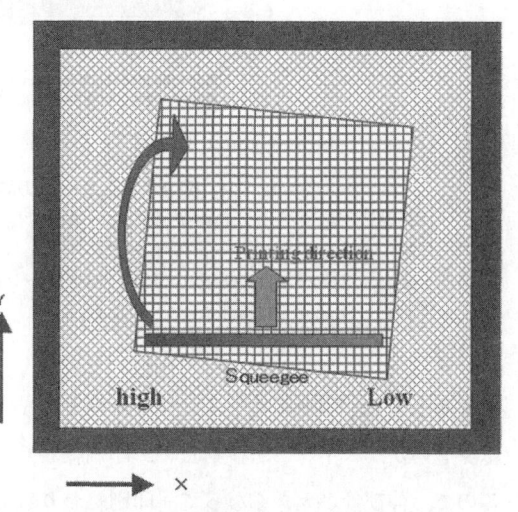

図8 スキージの摩擦力の不均一性によるスクリーンの回転移動
実印圧の偏りにより摩擦力のアンバランスが生じ，スクリーンが回転移動する。

能である。しかし，回転移動は，スクリーンの非線形の変形を伴うため，印刷パターンに寸法補正をすることは困難であり，目的の印刷の寸法精度を大幅に劣化させる。

このスキージとの摩擦によるスクリーンの変形は，弾性体であるスクリーンの二次元的な伸びがスクリーンの中央部と周辺部で異なり，周辺部になればなるほどスキージの摩擦力によりスクリーンの張力が緩み，より多く引き寄せられるため，パターンの変形は周辺部で大きく変形する。その例を図9に示す[5]。印刷の始めの部分は，スキージ摩擦によるスクリーンを引っ張る力は一

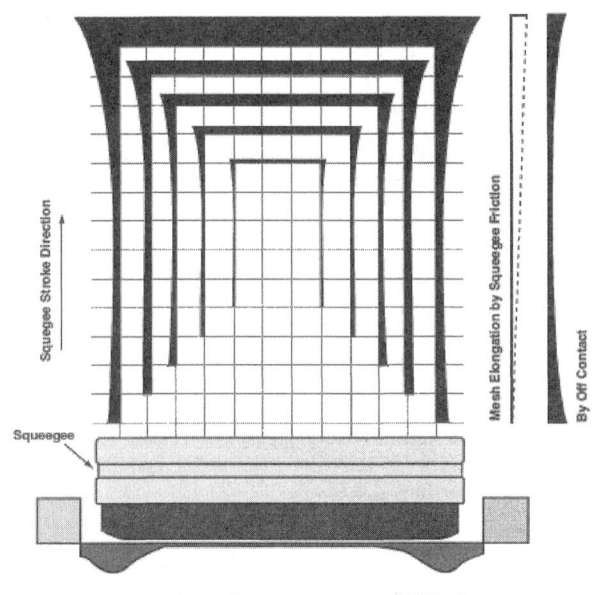

図9 スクリーンの場所による伸びの違い

Messerschmit, E., SGIA's Technical Guidebook 16/Messerschmitt 1111

実際に，スクリーンの中央部に近い場所ではパターンの伸びは大きくなく，スクリーンの端に近くなるとパターンの伸びは大きくなる。
また，スキージとの摩擦により，スクリーンはスキージの移動方向に引き寄せられ，印刷の終わり部分では変形が大きくなる。

定であっても，印刷初めのスクリーン枠とスキージまでの長さが短いため，スクリーンの伸び量は少ないが，スキージが移動して，印刷終わりのスクリーン枠に近くなれば，その長さが長くなるので，伸び量が大きくなって，印刷終わり近くなるほど，パターンは大きく変形する。特にスクリーン枠のコーナに近いところでは，その変形が大きくなる。

以上に取り上げた例から，スクリーン印刷の印刷精度は，実印圧の場所的，時間的均一性とスキージとスクリーンの摩擦力によって大きく左右されることが分かる。当然，実印圧の大きさや，その均一性は，印刷厚みのばらつきにも影響する。

結論として，より良い印刷には，実印圧を一定に保つことと，スキージ－スクリーン間の摩擦力を小さくすること，版離れをよくすることが条件となる。

1.3 PDP用スクリーン印刷

1.3.1 PDPへのスクリーン印刷の応用

当初，富士通で世界初のカラーAC-PDPが量産された当時，現在でも基本となっているPDP

第3章 製造・検査装置

製造プロセスが確立され，ITO電極とバス電極外はすべて印刷法で構造物が形成されていた。しかし，その後，富士通が21インチカラーPDPの量産に成功したのを切っ掛けとして，新プロセスが開発され，前面版のバス電極や背面版のアドレス電極は，感光性銀ペーストのベタ印刷によるホトプロセス法に，リブはベタ印刷やドライフィルムのラミネートによるサンドブラスト法に転換された。表1にPDPの構造とその形成プロセスを示す。印刷法の多くはベタ印刷となり，唯一，蛍光体のプロセスにパターン印刷が使用されている。ベタ印刷では，感光性ペーストを面で印

表1 PDP構造とプロセス
現在ではPDPプロセスでは，多くはベタ印刷で，蛍光体プロセスだけにパターン印刷を用いている。

ITO電極	sputtering + photo-etching
bus電極	ベタ印刷 + photo-etching
	sputtering + photo-etching
black-strip	ベタ印刷 + photo-etching
誘電体	ベタ印刷，ダイコート，dry-film
MgO保護膜	EB-蒸着，イオンビーム蒸着
アドレス電極	ベタ印刷 + photo-etching
誘電体	ベタ印刷，dry-film
リブ	dry-film + サンドブラスト，ダイコート + photo-etching
蛍光体	パターン印刷，ディスペンサー

刷し，その後に，ホトプロセスでパターンを形成する。ベタ印刷は，印刷厚みが均一であり，欠陥がないことが求められるため，ベタ印刷で均一な印刷厚みを実現するには，実印圧を均一にすることと版離れをよくすることに尽きる。版離れを良くするには，高張力で張ったスクリーンを用いることであるが，同じ版離れを得るには，PDPの大型化と多面取り化でスクリーンが大型化すれば，張力をより高くすることが必要である。ステンレスの直貼り版や，ステンレス−ポリエステルのコンビネーション版では，ステンレスやポリエステルの塑性変形のため，高い張力で張るには限界がある。ステンレスメッシュはある値以上の応力が加わると塑性変形が生じ，引っ張り応力が繰り返されると，徐々に伸びて，スクリーンの張力が下がってしまう。また，同時に反発力が小さくなり，たとえスキージの印圧を一定にしたとしても，実印圧が下がり，版離れが一定とならず，結果として，印刷厚みのムラが生じる。コンビネーション版は伸びやすいポリエステルを外紗して用いるため，基本的に版の張力を高くすることは困難であり，ましてや，大型版になれば，スクリーンの伸び量が大きく，多少張力高めても，効果的に版離れを良くすることが困難である。

　スクリーン版が大きくなりすぎて，版離れが悪くなった場合は，強制版離れ機構，すなわち，スキージの移動にともない版枠の一方を持ち上げて，強制的にスクリーンを基板から離す方法[7]が用いられる場合があり，その方式に対応した印刷機が市販されている。強制版離れ機構には基本原理として二つの方式がある。一つは版離れ角度を一定に保ったまま，スキージが移動するに従い，版枠の一端を持ち上げる方式で，その原理を図10に示す。この方式では，版離れ角度は一定に保てるが，スキージの移動とともに，クリアランスが大きくなり，スクリーンの反発力が

版離れ角度α一定の場合

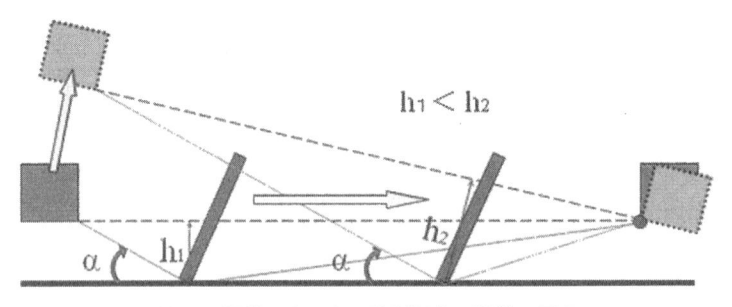

図10 版離れ角一定の強制版離れ機構の原理

確実に版離れをする角度を保ちながら，Squeeze 移動と共に版枠の一端を持ち上げる。実効的 clearance が大きくなる（$h_1 \rightarrow h_2$）ので，screen の反発力が大きくなり，実効印圧が下がる。

クリアランスh一定の場合

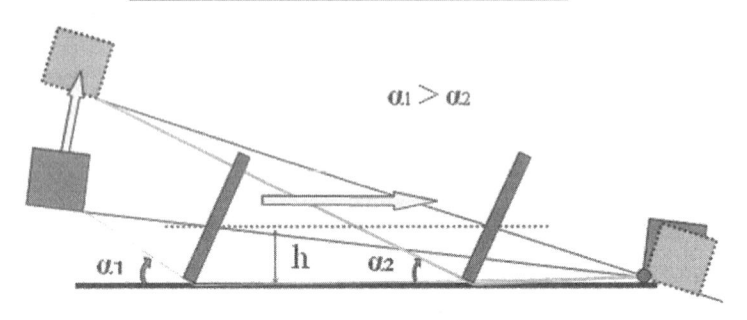

図11 クリアランス一定の強制版離れ機構の原理

クリアランスを一定に保ちながら，Squeeze 移動と共に版枠の一端を持ち上げる。版離れ角度が小さくなり（$\alpha_1 \rightarrow \alpha_2$），版離れが悪くなる。

大きくなって，実印圧が下がってしまう。もう一方の方式は，このクリアランスを一定に保持して，スキージが移動するに従い版枠の一端を持ち上げる方式で，その原理を図11に示す。この方式では，クリアランスを一定にできるが，版離れ角度がスキージ移動とともに小さくなり，結果として，版離れが悪くなってしまう。その他，スキージの移動とともに，版枠の両端をシーソーのように，交互に上げ下げする方式もあるが，基本は上記の二つの方式を原理としている。これら両者には，利点もあれば欠点もあり，印刷の基本である一定の実印圧，低い摩擦力，一定の版離の原則から外れてしまい，どこかで妥協せざるを得ない。基本的には良い版離れは，スクリーンの張力を大きくし，版離れが良くなるペーストを開発することである。

第 3 章　製造・検査装置

1.3.2　蛍光体パターン印刷の精度

現在の PDP プロセスでは，多くがベタ印刷であり，唯一，蛍光体の形成にパターン印刷が用いられている．パターン印刷は，スクリーン上に乳剤で形成されたパターンに応じて，ペーストを基板に転写することであるが，ベタ印刷の課題である印刷厚み，欠陥以外に，パターンの位置精度と寸法精度が問題となる．特に PDP の画面サイズが大型になり，しかもフル HD の高画素密度となれば，印刷パターンの位置精度，寸法精度への要求は一挙に高いものとなる．さらに，量産効率のため，プロセスは多面取りとなれば，その精度もさらに高いものが求められる．

図 12 と図 13 に 50 インチフル HD の 3 面取りの蛍光体印刷に求められる寸法精度の見積もりを示す．図 12 は 50 インチの PDP パネルを 3 面取りした時のパターンエリアのサイズを示す．スクリーン上に形成される印刷パターンは 1310 mm×2300 mm ほどの大きさとなり，最長の長さは，対角長の 2650 mm ほどになる．印刷を行うに当たって，この大きさのパターンエリアで位置精度と寸法精度を確保することになる．図 13 に 50 インチフル HD の PDP パネルのセルと，そこに蛍光体を印刷するスクリーン版のオープニングの位置関係を示す．PDP メーカーで多少は違いがあっても，50 インチのフル HD のセルの寸法は，190 μm×580 μm ほどである．ストライプリブを仮定し，リブ幅が 50 μm とすれば，リブチャンネルの幅は 140 μm 程度となる．

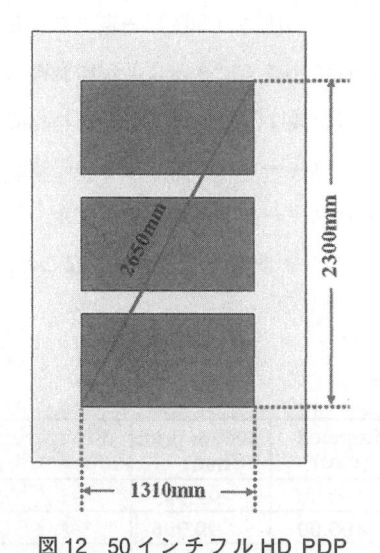

図 12　50 インチフル HD PDP の三面取りのパターン
50 インチの PDP パネルを 3 面縦に並べたパターンのサイズはほぼ 1310 mm×2300 mm となる．対角長は 2650 mm ほどになり，この長さで精度確保することになる．

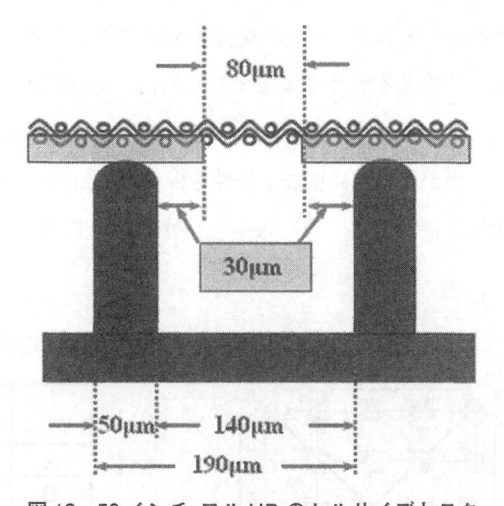

図 13　50 インチ フル HD のセルサイズとスクリーンのオープニングサイズの位置関係
50 インチのフル HD では，ストライプセル構造を仮定すれば，セルサイズは約 190 μm ピッチとなる．リブの幅が 50 μm と仮定すれば，リブチャンネルの幅は 140 μm となり，ここにスクリーンの 80 μm のラインオープニングパターンで蛍光体を印刷すれば，パターンとリブチャンネルの位置合わせ精度は +/−30 μm 程度と想定される．

個々のリブチャンネルに対して，80 μm のライン幅のオープニングのスクリーンで蛍光体を印刷するとすれば，ラインパターンとリブチャンネルの位置合わせ精度は +/−30 μm となる。当然，対角長 2650 mm の PDP パネルのすべてのセルに対して，スクリーンの個々のオープニングの位置が正確に合っていることが必要である。その精度を見積もると $30/2650 \times 10^{-3} = 11.3 \times 10^{-6}$ となり，Δで約 23 ppm の精度となる。この精度はオーバオールの精度であり，製版の精度，印刷精度の再現性，環境の影響などを含めたものである。しかし，一般に高精度印刷と言われる印刷精度は，Δで 50 ppm から 60 ppm であるから，全く不可能とは言えない。その例として，図 14 に NBC 社製の V スクリーン（V-330）のスクリーン版（張力 26 N/cm）を用いた印刷寸法精度を示す。V スクリーンは高張力スクリーン用に開発したものであり，塑性変形がほぼないことから，5000 回の印刷後でも，精度はほぼΔで $5/100 \times 10^3$ となり，ほぼ 50 ppm 以内である。さらに，製版精度を上げることも可能であることから，23 μm の精度を得ることも可能と思われる。

1.4　印刷機への要求特性

正確なスクリーン印刷を行うには種々の条件が成立すること必要であるが，特に，基本特性として，(1) 実印圧を時間的場所的に均一にするためにスキージの圧力（印圧）一定にできること，(2) スキージとスクリーンの摩擦を小さくするために，印圧を小さくできることが印刷機に求められる。この基本特性を達成するために，印刷機は (1) 印刷機は印刷テーブルがきわめて平坦であること，(2) 印刷テーブルの面，スクリーン版の面と，スキージが移動してその先端がつくる面の 3 面が互いに高度な平行性を保つこと，(3) 印刷機のスキージアーム，テーブル，架台などの剛性が高いこと，(4) スキージ移動が，共振チャッタリングがなく，スムーズなこと，(5)

Accuracy of entire lengths

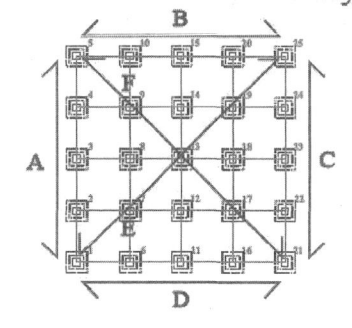

	Targeted (mm)	5000th print (mm)	difference (μm)
A	100.00	99.995	-5
B	100.00	99.996	-4
C	100.00	100.000	0
D	100.00	99.990	-10
E	141.42	141.417	-3
F	141.42	141.412	-8

図 14　Vscreen を用いた高寸法精度印刷の例

高張力スクリーン；Vscreen（V330）を用いた印刷の精度は，5000 回の印刷後でも，ほぼΔで $5/100 \times 10^3$ となり，ほぼ 50 ppm 以内である。

第3章 製造・検査装置

アライメント機能が付属していることなどの機能が備わっていることである。

1.4.1 印圧の均一性

　高精度印刷には，印圧を常に一定に保つため，印刷機は機械精度が高く，しかも，種々の応力に対して歪まない剛性を持つことが重要である。スキージをスクリーンに押し込むと，スキージはその反発力や印圧の反作用を受け，スキージアームの支柱や版枠を支える筐体はその反発力に耐える必要がある。特に印刷機が大型になれば，その反発力も大きくなるため，印刷機は高い剛性を有している必要がある。むろん，印刷機は水平に設置する。

　印圧を印刷テーブル全面で均一にするには，図15に示すように，印刷機のテーブル面，スキージ面，スクリーン面の三面間の平行度をとることに尽きる[1]。実際にスキージに印圧をかけた状態で，印刷機テーブルとスクリーンの間隔d，スキージとスクリーンの間隔cを測定して精密に平行になるように調整する。さらに，スキージブレードと印刷テーブル間の圧力を圧力ゲージで測定し，印刷テーブル全面で，印圧が一定になっていることを確認する。

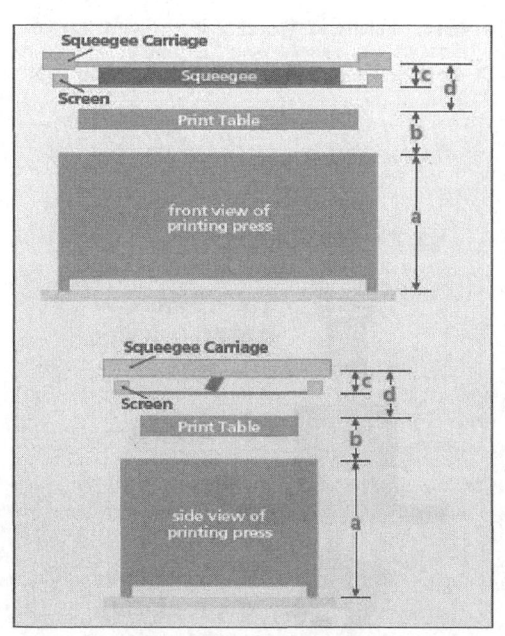

Mike Young, Dynamic Troubleshooting 240' On-Press' Print Problems for High-Definition Screen Printing: Part II, SGIA Journal Second Quarter, No.3 (2002)

図15　印刷機の三面の平行度
印刷機は水平に置き，印刷機テーブルとスクリーンの間隔d，および，スキージとスクリーンの間隔cを精密に平行にする。

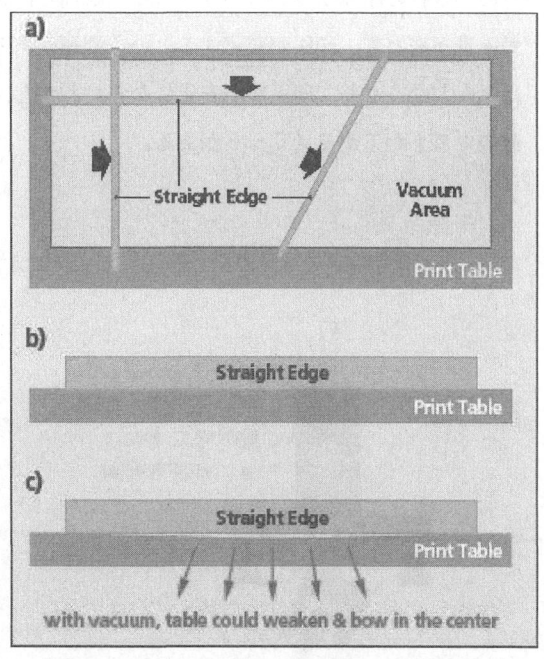

Mike Young, Dynamic Troubleshooting 240' On-Press' Print Problem for High-Definition Screen Printing: Part II, SGIA Journal Second Quarter, No.3 (2002)

図16　印刷テーブルの平坦度の測定
印刷テーブルは三方向から平坦度を測定する。

また，印刷テーブルは，三面の平行度の基準となるため，極めて平坦であることが必要である。平坦度は，図16に示すように，真空チャックを動作させて，3方向から測定する必要がある[1]。真空チャックを動作させると，大気圧でテーブルがゆがみ，平坦度が損なわれる場合がある。

1.4.2 印圧の制御方法

PDPの構造物を印刷するには，次々に投入される基板に対して，印圧をいかなる場合にも一定に保つ必要がある。印刷機に投入される基板は常に厚みが一定とは限らないため，印圧は基板厚みの変化に対応して一定になるようにする制御する必要がある。スキージ印圧の制御には，通常，ダウンストップ方式（図17）とエアーバランス方式（図18）[8]の二つの方式がある。

図18に示すダウンストップ方式は，スキージブレードが基板面に接したところで，スキージヘッド位置を固定し，印圧ゼロとする。印圧は，さらにある距離スキージブレードを押し込んで，ブレードのたわみ（板バネのように）で目的の印圧になるように調整する。すなわち，基板面から固定された距離にスキージをセットし，印圧はブレードのたわみで調整するものである。このため，基板の厚みが変わったり，スキージ面と印刷テーブル面の距離が変わると，ブレードのたわみ量が変わり，印圧が変化するという問題がある。特に，低印圧にするとブレードのたわみがほとんどなくなり，印圧が不安定になる。しかし，スキージヘッドの保持機構は簡単であり，装置のコストが下がるメリットがある。

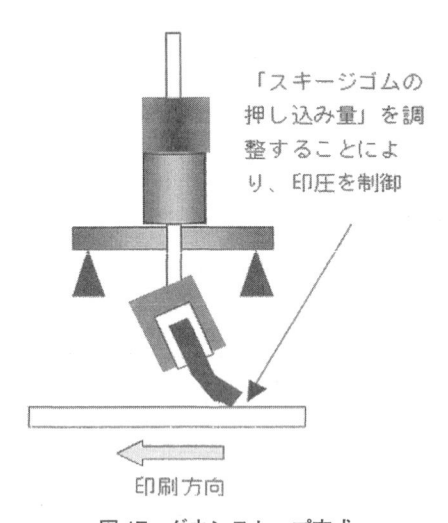

図17 ダウンストップ方式
ダウンストップ方式では，スキージの印刷テーブル面からの位置はストッパーで固定され，印圧はスキージブレードのたわみで調整される。

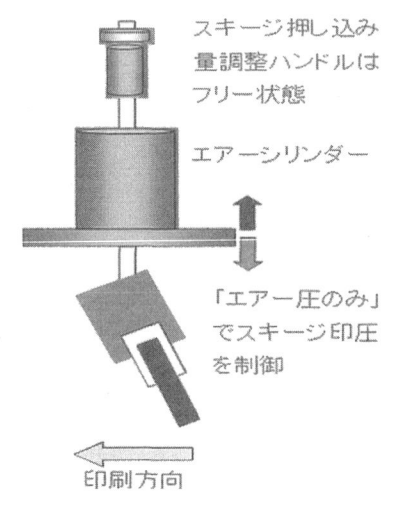

図18 エアーバランス方式
エアーバランス方式では，エアーシリンダーにより印圧を制御するため，スキージの位置に関係なく，エアー圧力だけで印圧が調整される。

第3章　製造・検査装置

　図18に示すエアーバランス方式は，エアーシリンダーで保持されたスキージヘッドの自重を相殺するため，シリンダーに空圧を掛け，バランスをとり，ゼロとする。そして，望みの印圧はシリンダーに望みの空圧の調整で得られる。非常にシンプルな方式で，スキージの基板面からの距離に全く依存しないので，種々の厚みの基板に対応できる。また，低印圧でも，エアーシリンダーの空圧だけの設定で調整でき，印圧が極めて安定し，再現性にも優れているという特徴がある。エアーバランス方式は高精度印刷を行うスクリーン印刷機にとっての最重要な機能と言える。このエアーバランス方式のマイクロ・テック社製の大型印刷機の例を図19に示す。この印刷機は版枠が最大2500 mm角に対応し，版を正面から装着できるようになっており，75インチまでの大型のPDPを印刷できる。

1.4.3　スキージ

　スキージは，まさに印刷機の一部品であるが，印刷機の動作をスクリーンとペーストに伝える重要な役目をしている。スキージはゴム弾性のある樹脂で作られており，形状，硬度，耐薬品性などの特性により種々のものがある。図20に種々の形状のスキージを示す[9]。通常，スキージ

図19　マイクロテック社　75インチ級PDP用スクリーン印刷機
版枠サイズ：最大2500 mm×2500 mm，テーブル寸法：1750 mm×1850 mm
テーブル平坦度：MAXΔ100 μm以内，カメラアライメント機能付き

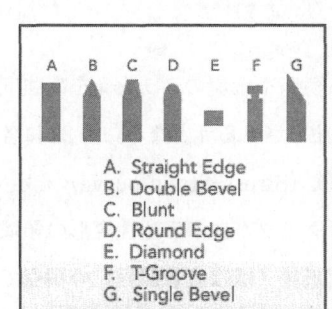

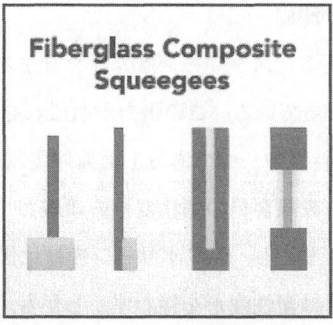

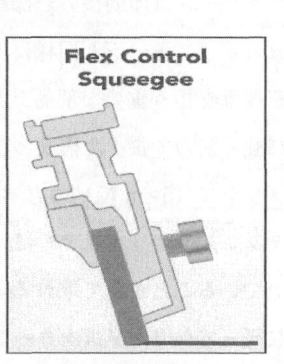

図20　種々の形状のスキージ，ガラスファイバー強化複合スキージ，と自在調整スキージ

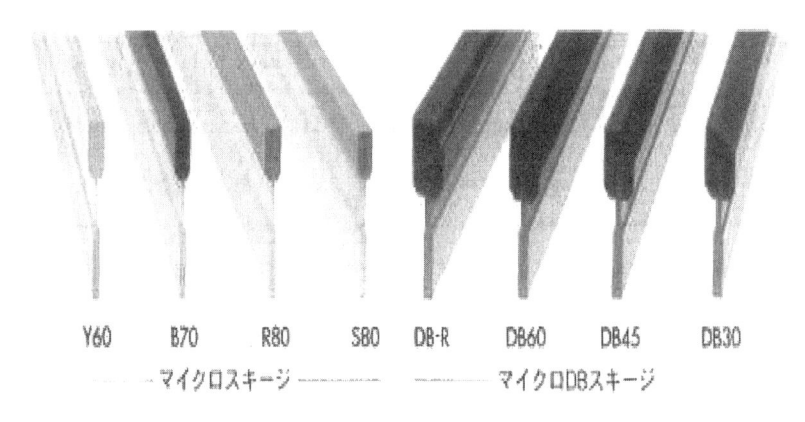

図 21 マイクロテック社の各種スキージ

硬度は 60 度から 80 度が用いられており，さらに堅くするために，ガラスファイバーの芯を用いた複合スキージや，ブレード長を短くしたスキージ（図 21）などもあり，これらは，スキージにゴム弾性をそれほど必要としないエアーバランス方式の印刷機と組み合わせて使用する。スキージは常にエッジの傷，直線性，シャープネスなどの保守点検をし，定期的に研磨することが必要である[10]。

1.4.4 高張力スクリーン版

スクリーンは印刷機の一部品と見られるが，スキージと同様に，印刷

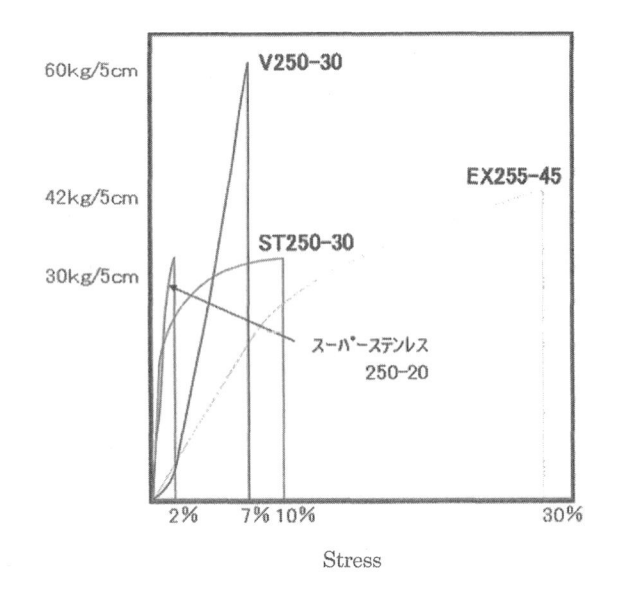

図 22 各種メッシュのストレス-ストレイン（S-S）特性

の三要素を担う重要な部品である。スクリーンは弾性を有する樹脂や金属のメッシュを高強度の枠に強い張力で張った構成となっている。この張力が版離れを生じさせる元となる。図 22 に各種のメッシュ（5 cm 幅）の力学特性の一つである 1 軸強伸度試験（Stress-Strain curve）を示す。ステンレスやポリエステルは，直線部分の弾性変形の領域と，グラフが曲がる塑性変形の領域に別れていることが見て取れる。しかし，V スクリーンでは比例限界（ほぼ直線部分）の頂点で破壊に至っており，V スクリーンは塑性変形を伴わず，しかも，破断強度が高いことがわかる。スクリーンメッシュを版枠に紗張りするには，スクリーンメッシュの弾性領域内で印刷が繰り返さ

第3章　製造・検査装置

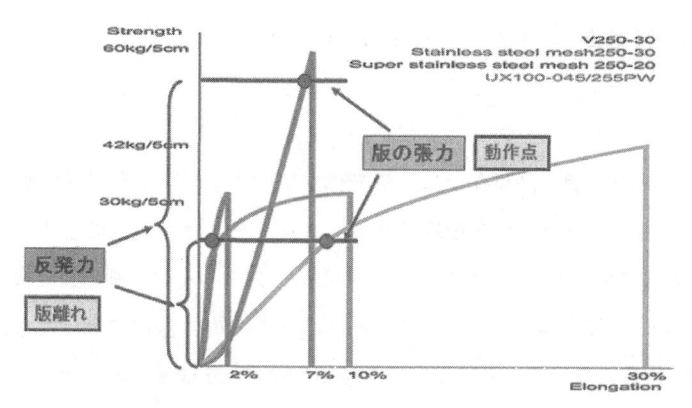

図23　スクリーンの張力と版離れの関係

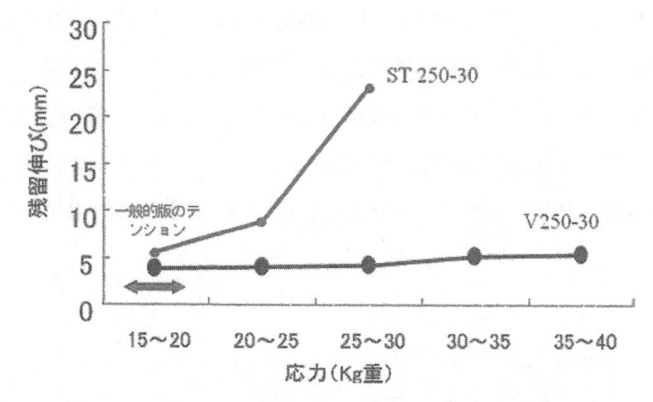

図24　ステンレスとVscreenの塑性変形による残留伸び

れる張力で行われる。スキージはスクリーンを基板面に達するまで押し込むが，このときスクリーンには紗張り時の張力に，スキージ押し込み時の張力が加わった合成張力が印加される。版離れは，この合成張力の大きさで決まる。すなわち，版離れを良くするには，印刷の動作点となる紗張り時の張力を大きくするか，クリアランスを大きくして，スキージ押し込みで追加される張力を大きくするかである。しかし，図23に示すように，ステンレスやポリエステルでは，直線の折れ曲がりが30 kg/cmほどのところにあり，合成張力が塑性変形点以上であれば永久変形を伴う。このため，塑性変形点以内で紗張りしなければならず，しかも，クリアランスもそれほど大きくできないので，必然的に版離れが悪くなる。一方，Vスクリーンは，塑性変形がなく，破断強度が高いことから，紗張り時の張力を非常に大きくとることができる。このため，Vスクリーンは，クリアランスが小さくても，版離れを良くすることができる。図24は，繰り返し張力を加えた時のステンレスとVスクリーンの残留伸びを示す。ステンレスは塑性変形点を超して応力を加えると，永久的に伸びていき，Vスクリーンはその永久変形が極めて少ないことがわかる。Vスクリーンのような高張力のスクリーンは高強度の版枠が必要となる。版枠がスキージによるスクリーンの

押し込みでたわんでしまうと,パターン寸法も変形してしまう。

1.5 まとめ

　PDP用のスクリーン印刷は,現在では,蛍光体プロセスを除いて,ベタ印刷が用いられているが,PDPの大型化,プロセスの多面取り化で,スクリーン版も大型になり,その大型印刷に対応するため,印刷機も大型になっている。このため,スクリーン印刷の長い経験から決められた1/9ルールを外れた印刷が当然のごとく行われるようになり,目的に合った寸法精度や印刷品質を確保するのが困難になってきている。ベタ印刷の版離れを改善するために,印刷機には,たとえば強制版離れ機構などの対策が用いられているが,およそその対策も寸法精度を確保する印刷方式となっていない。このような極限に近い印刷を行うには,印刷法自体のさらなる技術革新が必要となる。それには,動的力学の立場に立って,印刷でのスキージとスクリーン版の動きを解明することが必要である。スクリーン印刷には長い歴史があり,1960年から1980年頃にかけて電子部品向けに高精度印刷が勢力的に開発されたが,今や,PDP向け以外に,マイクロ電子部品や,高密度実装電子部品のために,次なる高精度印刷の開発が望まれている。

文　　献

1) Young, M., "Dynamic Troubleshooting 240 'On-Press' Print Problems for High-Definition Screen Printing: Part II", SGIA Journal Second Quarter, No.3 (2002)
2) Owczarek, J. A., "A study of the off-contact Screen Printing Process-Part I: Model of the printing process and some results derived from experiments", *IEEE Trans on Component, Hybrids, and Manufacturing Technology*, Vol.13, No.2, pp.358-367 (1990)
3) Owczarek, J. A., "A study of the off-contact Screen Printing Process-Part II: Analysis of the Model of Printing Process", *IEEE Trans on Component, Hybrids, and Manufacturing Technology*, Vol.13, No.2, pp.368-375 (1990)
4) Hoornstra, J., *et al.*, "THE IMPORTANCE OF PASTE RHEOLOGY IN IMPROVING FINE LINE, THICK FILM SCREEN PRINTING OF FRONT SIDE METALLIZATION"
5) Hadden, S., "Screen Distortion/ Image Distortion Calculation", SGIA's Technical Guidebook 1/Hadden 1905
6) Messerschmit, E., "The ultimate Screen for Close Tolerance Screen Printing", SGIA's Technical Guidebook 16/Messerschmitt 1111
7) Ericsson, S. J. D., "How to Improve the Quality of Screen Printing and Reduce Errors", SGIA's Technical Guidebook 1/Ericsson

第 3 章　製造・検査装置

8) 佐野 康,「スクリーン印刷のススメ」, pp.87, イー・イクスプレス出版 (2003)
9) Rogers, G., "Squeegee Selection, Maintenance and Innovations in Squeegee Technology", SGIA Journal, Fourth Quarter, pp.25–pp.29 (2001)
10) Young, M., "Influence of Squeegee and Floodbar Lengths: Friend or Foe?", SGIA Journal, Third quarter, pp.9–pp.13 (2000)
11) Scheer, H.G., "The Correct Stretching of the stencil Fabric in Screen Printing", SGIA's Technical Guidebook 1/Scheer 1112

2 サンドブラストによる隔壁形成の歩み

神田真治*

2.1 はじめに

　現在プラズマディスプレイの隔壁形成方法としてサンドブラストを使用した隔壁形成方法が一般的に行われているが，実際にサンドブラストを使用して隔壁を形成する研究を始めたのは1990年頃からで，当時（株）不二製作所の名古屋営業所に勤務していた筆者と沖電気工業（株）に勤務していた寺尾氏（現サムスン横浜研究所勤務）と東京応化工業（株）の帯谷氏が中心となりDC型プラズマディスプレイのサンドブラストによる隔壁形成の研究を行った。

　寺尾氏が電極等を形成した基板上に低融点ガラスペーストを塗布して，帯谷氏がサンドブラスト用ドライフィルムを使用して低融点ガラスペースト上に隔壁のパターンを形成後，不二製作所の名古屋営業所に集まり，サンドブラスト装置を使用して隔壁形成のテストを行った。

　当時不二製作所の名古屋営業所にあったコンベア式サンドブラスト装置のノズル部分を加工の均一性を持たせるように水平移動に改造したサンドブラスト装置でテストを行ったが，現在のサンドブラスト装置とは異なり研磨材の噴射量を正確にコントロールできるような装置ではなく，かなりレベルの低い装置であったが，それでもなんとかパネルを形成することができた。

　写真1はSID92で沖電気工業時代の寺尾氏が発表したサンドブラストを使用した隔壁形成と，それ以前に行われていたスクリーン印刷により低融点ガラスペーストを何度も刷り重ねて隔壁を

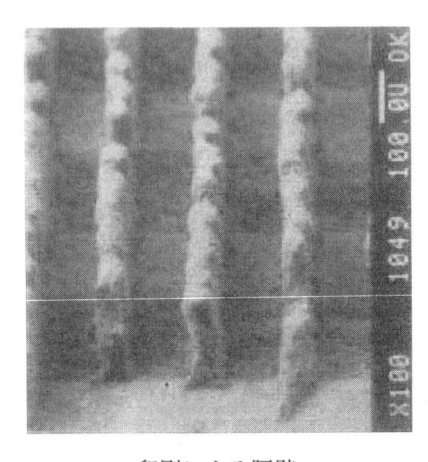

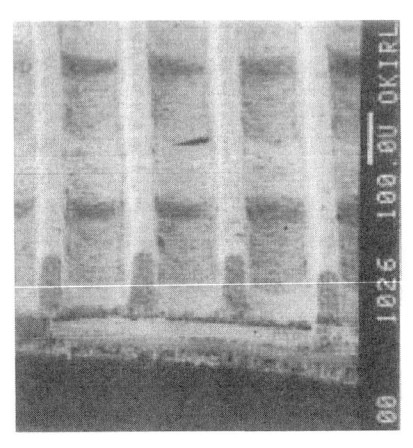

|印刷による隔壁|サンドブラストによる隔壁|

写真1　サンドブラストによる隔壁形成と印刷による隔壁形成

---

*　Shinji Kanda　（株）エルフォテック　代表取締役

第 3 章　製造・検査装置

形成する方法との比較写真である。この頃プラズマディスプレイ用の隔壁形成に使用する研磨材の研究も行い，最初はガラスビーズを使用して加工を行っていたが，炭酸カルシウムを主成分とする S4 という研磨材を開発し，実際に数年後に量産加工で S4 が使われるようになった。

その後，DC 型のプラズマディスプレイよりも AC 型のプラズマディスプレイが主流になっていき，AC 型プラズマディスプレイの隔壁形成でもサンドブラスト装置が使用されるようになってきた。

その後研磨材の破砕量が少なく，サイドエッチが少ないステンレス系の研磨材 S9 を開発し現在プラズマディスプレイ用研磨材としては S9 が主流となっている。

2.2　プラズマディスプレイ用サンドブラスト装置開発の履歴

1993 年に筆者が不二製作所の東京本社に転勤となり本格的にプラズマディスプレイ用サンドブラスト装置の開発を行った。それまでのサンドブラストの用途としてはバリ取りやメッキや塗装の前処理である。粗面加工等で精度が必要とする加工が少なく研磨材の噴射量も精度良くコントロールできるものは無かった。

当時はサクション式のサンドブラスト装置を使用していたため，ノズルも丸形状に限定され，基板を速く送ると加工の均一性がとれないため 42 インチを約 40 分と非常にゆっくり加工していた。なんとか 42 インチのパネルを 15 分で加工したいとの要望があり，図 1 のような丸ノズルから噴射された研磨材を左右方向に 2.5 倍広げる広角ノズルを開発した。またサクション式ブラスト装置で従来コントロールされていなかった研磨材量のコントロールもモーターの回転数を変化させて任意に噴射量をコントロールできるシステムを開発した。

その後，サクション式の丸ノズルからでた研磨材をエアーにて圧送さ

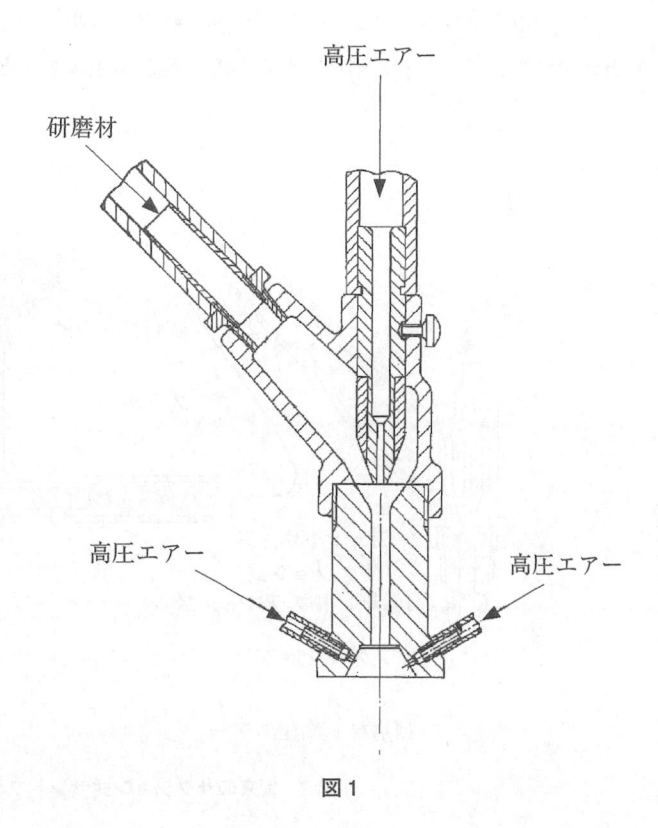

図 1

せ，擬似的に直圧式サンドブラストのような状態を作り，幅の広いスリットノズルから噴射できるようにしたハイパーノズルを開発し加工速度及び加工形状が飛躍的に改善された。

その後，現状プラズマディスプレイ用量産装置で使用されている直圧式サンドブラスト装置で完全に噴射量をコントロールしたシステムを開発してXハイパーノズルとして発表した。

2.3 乾式サンドブラスト装置の種類

プラズマディスプレイの隔壁形成で使用されている乾式のサンドブラスト装置としては，サクション式サンドブラスト装置と直圧式サンドブラスト装置がある。

サクション式サンドブラスト装置は図2に示すようにサクション式サンドブラストノズル内の高圧エアーを吹き出すエアージェットノズルからノズルチップに向け高圧エアーが噴射され，その時に発生するエゼクター現象による吸引力によりサンドブラストノズル内に研磨材を吸い込み，ノズルチップより研磨材と高圧エアーの混合流体を噴射する。

サクション式サンドブラスト装置は構造が簡単であり，サンドブラスト装置の多くはこのサクション式であり，初期に使用されていたプラズマディスプレイ用のサンドブラスト装置はサクション式サンドブラスト装置であった。

サクション式サンドブラスト装置は丸形状のノズルしかなく，大きな基板を高速で加工することができなかった。また噴射された研磨材及び高圧エアーがノズルチップから出た後すぐ拡散す

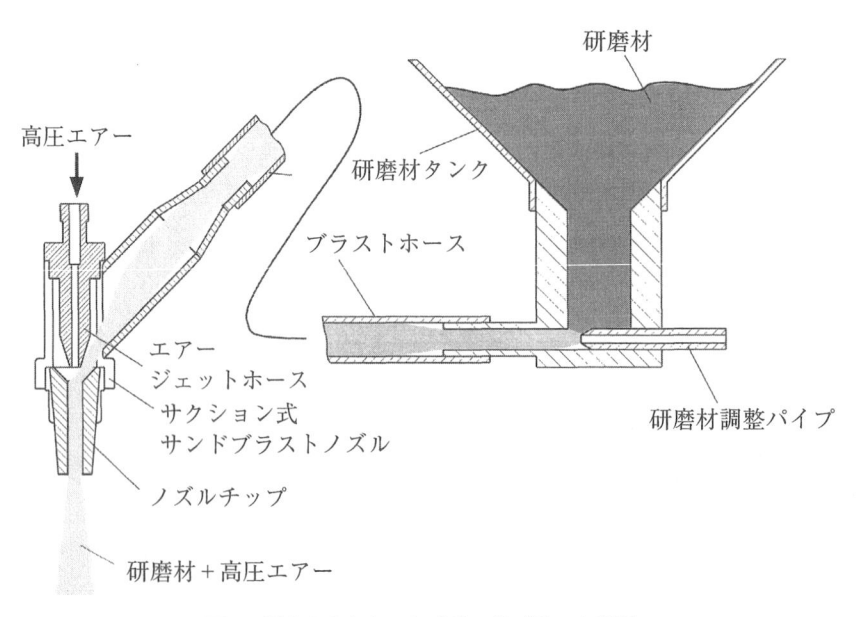

図2 従来のサクション式サンドブラスト装置

第3章 製造・検査装置

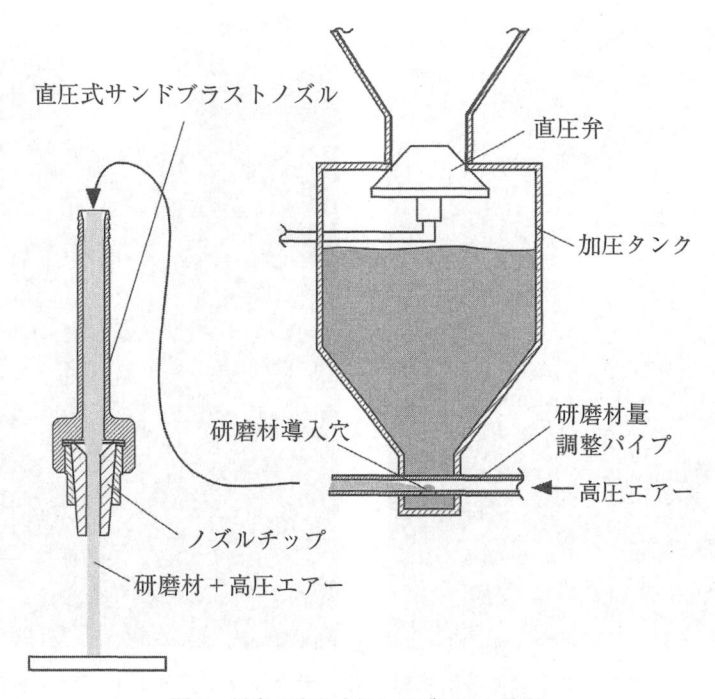

図3 従来の直圧式サンドブラスト装置

るため，隔壁を形成した場合にはサイドエッチの大きな形状となる。

　一方直圧式サンドブラスト装置は，図3に示すよう研磨材を導入した加圧タンク内を加圧し研磨材を研磨材量調整パイプに導入し，別途高圧エアーにより直圧式サンドブラストノズルに研磨材と高圧エアーの混合流体を導入しノズルチップより研磨材と高圧エアーの混合流体を噴射する。

　直圧式サンドブラスト装置ではサンドブラストノズルに直接研磨材と高圧エアーの混合流対が導入されるため，丸形状のノズルだけではなく，スリット形状のノズルを使用することが可能となり，一度に加工できる加工幅が広くなり大きな基板を高速で均一に加工することができる。また，直圧式サンドブラスト装置ではノズルから出た研磨材と高圧エアーの混合流体は広がりにくいため，サクション式サンドブラスト装置と比較して隔壁を形成した場合サイドエッチがおきにくい。

　写真2はサクション式サンドブラストと直圧式サンドブラスト装置の噴射状態の写真であり，ノズルチップの口径は同じサイズを使用しているが，右側のサクション式と比較して直圧式の場合は研磨材がまっすぐ噴射されているのがわかる。

　また，ノズル1本あたりの加工能力に関しても直圧式サンドブラストノズルの場合はノズルの口径を倍にして噴射する研磨材量を倍にすれば2倍の加工能力を出すことができ，ノズル1本あ

| 直圧式サンドブラスト装置噴射状態 | サクション式サンドブラスト装置噴射状態 |

写真2 サクション式サンドブラストと直圧式サンドブラスト装置の噴射状態

たりの能力を簡単に上げることが可能となる。直圧式サンドブラスト装置はサクション式と比較してメリットは高いが加圧状態で噴射量をコントロールする必要があり研磨材のコントロールが難しくなる。

現在一般的に使用されているプラズマディスプレイ用のサンドブラスト装置はこの直圧式サンドブラスト装置であり，大画面のプラズマディスプレイの隔壁形成をサイドエッチの少ない形状で高速にて加工することができる。

2.4 現在使用されているプラズマディスプレイ用サンドブラスト装置

図4は実際に使用されているプラズマディスプレイ用サンドブラスト装置の説明図であり，基板は左から右にローラーコンベアにてサンドブラスト装置内を搬送されていく。ノズルは幅広のスリットノズルを使用してスリットノズルから研磨材を噴射しながら高速で前後に移動しサンドブラスト用ドライフィルムにてマスキングされた部分以外の基板全面に塗布乾燥した低融点ガラスペーストを切削して隔壁を形成する。

サンドブラスト加工された基板はエアブロー室内で高圧エアーを吹き付けながらブロアーの負

第3章　製造・検査装置

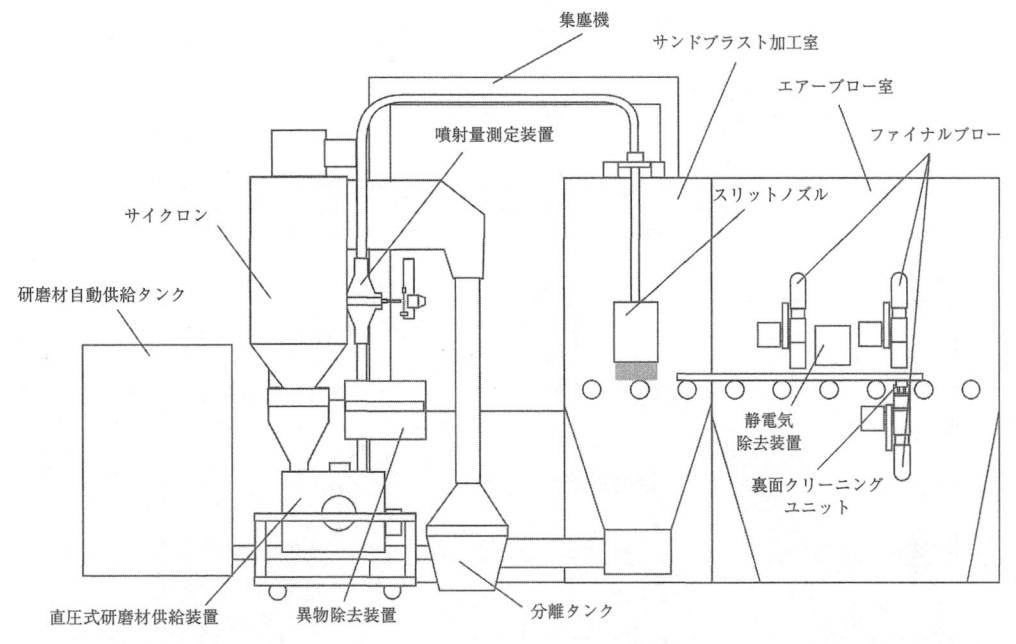

図4　PDP用サンドブラスト装置

圧により吸い込む方式のファイナルブロー及び裏面クリーニングユニットにてコンベアーにて搬送されながら基板上の研磨材を除去する。このクリーニングシステムにより基板表面は後からエアブローしても研磨材が飛散しない状態，裏面は手でこすって手に付着しない状態までクリーニングされ，その後のドライフィルムの剥離工程及び水洗にて完全に洗浄される。

　研磨材の流れとしてはノズルから噴射された研磨材は集塵機の負圧によりサンドブラスト装置からサイクロンに送られサイクロンにて削られた低融点ガラスペースト及び破砕された研磨材は集塵機に流れ，使用できる研磨材のみサイクロンにて捕集され直圧式研磨材供給装置に入り，直圧式研磨材供給装置からスリットノズルに高圧エアーとともに研磨材がノズルに供給されスリットノズルから噴射される。

　サンドブラスト装置とサイクロンの間に設置された分離タンク内及び直圧式研磨材供給装置とスリットノズルの間に設置された異物除去装置にはステンレスの網が設置され，研磨材が下から上に流れる研磨材の流れの途中にステンレスの網を置くことにより研磨材中の粗大粒子が除去される。この分離タンク及び異物除去装置には200メッシュ（開口77ミクロン）までのステンレスの網を取り付けることができる。

　図5はプラズマディスプレイ用装置に使用されている直圧式研磨材供給装置の説明図であり，ローラーの外周に穴（研磨材供給孔）を複数あけた研磨材供給ローラーの研磨材供給孔に研磨材

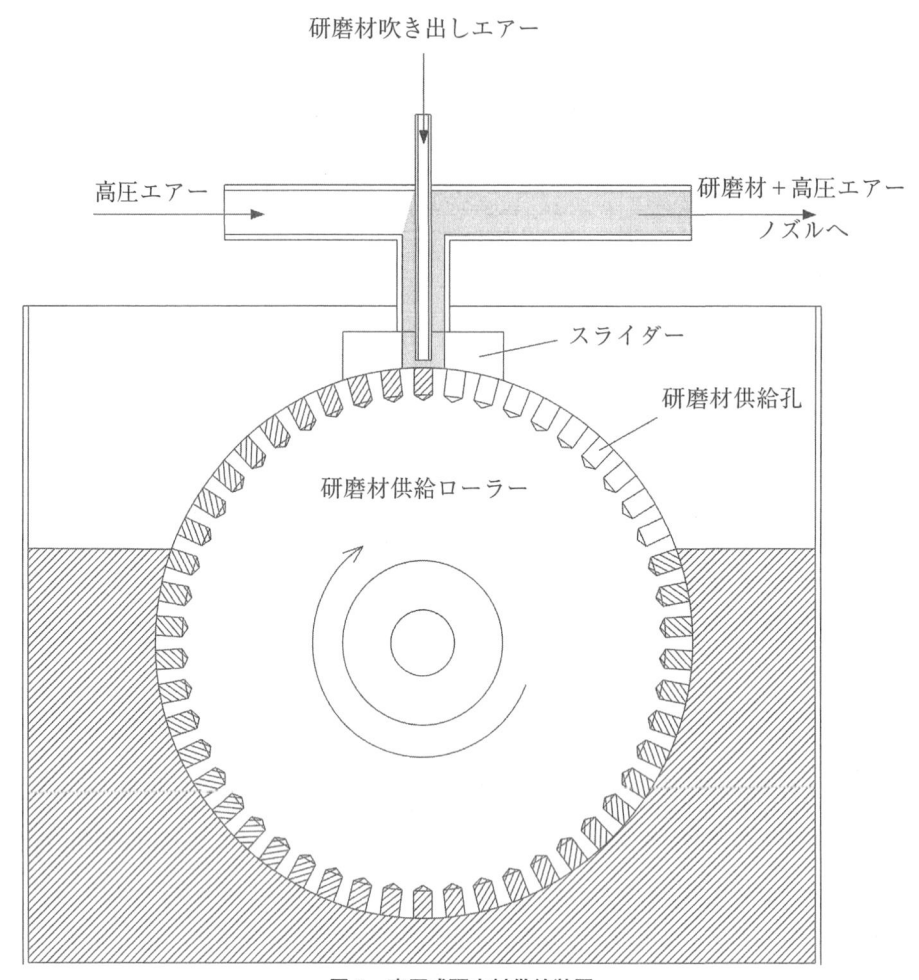

図5 直圧式研磨材供給装置

を充填させ，上部のスライダーにて研磨材供給孔を密閉し，研磨材供給孔に向け研磨材吹き出しエアーを吹き付けて研磨材供給孔の研磨材を吹き出させ，高圧エアーにて研磨材をノズルに搬送してスリットノズルより研磨材を噴射する。

この方式では研磨材供給ローラーの回転数により任意に噴射量を設定でき，研磨材を搬送させる高圧エアーの圧力を任意に変えることにより噴射圧力を任意に設定可能となる。

2.5 高精細プラズマディスプレイ用サンドブラスト装置

最近プラズマディスプレイもフルハイビジョン化の動きがあり，リブピッチで $100\,\mu m$ 以下の隔壁を精度良く形成することが望まれている。

第 3 章　製造・検査装置

高精細プラズマディスプレイの隔壁を形成するためにサンドブラスト装置に求められる特徴としては下記となる。

1. 平均粒径が 10 μm 以下の研磨材を完全にコントロールして噴射できること。
2. 平均粒径が 10 μm 以下の研磨材と削られた低融点ガラスペーストを完全に分離できること。
3. 噴射される研磨材中の粗大粒子を完全に装置内で取り除くこと。
4. 隔壁のサイドエッチが無く，できるだけまっすぐなリブ形状が形成できること。
5. 破砕が少ない高硬度な研磨材の使用に耐えられ，高圧にて噴射可能な直圧式噴射機構を有すること。

図 6 は当社が開発した高精細プラズマディスプレイ用サンドブラスト装置の説明図である。

加工基板は左から右へローラーコンベアにて搬送され，ノズルが前後に高速で移動し，スリット式のサンドブラストノズルから研磨材を噴射し低融点ガラスペーストを切削加工した後，エアブローにより基板上の研磨材を取り除く。この高精細プラズマディスプレイ用サンドブラスト装置は従来使用されてきたプラズマディスプレイ用サンドブラスト装置と基本的な構成としては同じであるが，主要心臓部を新たに開発して性能を飛躍的に高めたものである。

図 7 は直圧式研磨材噴射機構であり，ノズルから噴射された研磨材をサイクロンにて捕集された研磨材が直圧弁を介して加圧タンクに導入され，加圧タンクの下に研磨材定量供給装置があり，加圧タンク内の研磨材が研磨材定量供給装置に導入され，研磨材定量供給装置内にある研磨材供給ローラーの回転速度を変えることによりリニアに研磨材の噴射量をコントロールするが，この

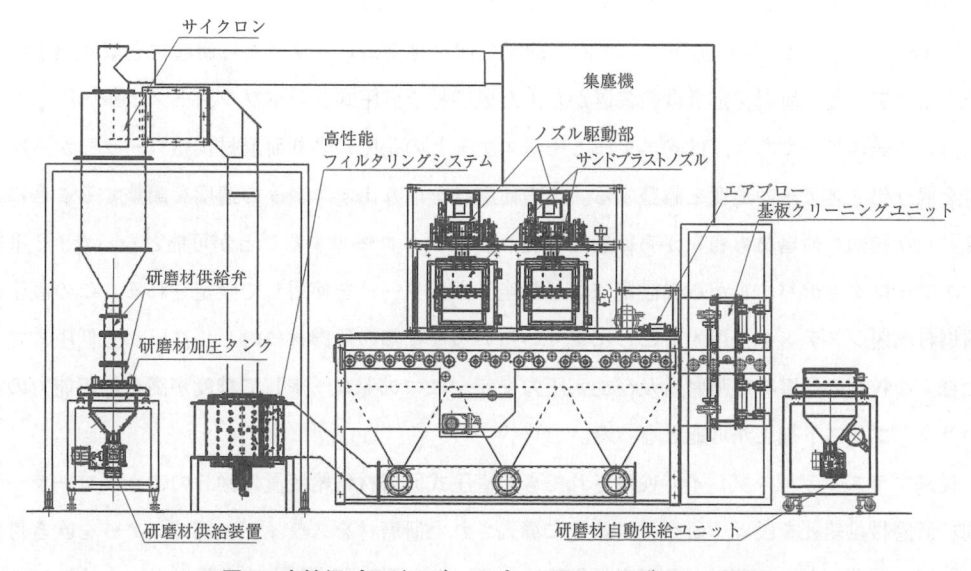

図 6　高精細プラズマディスプレイ用サンドブラスト装置

プラズマディスプレイ材料技術の最前線

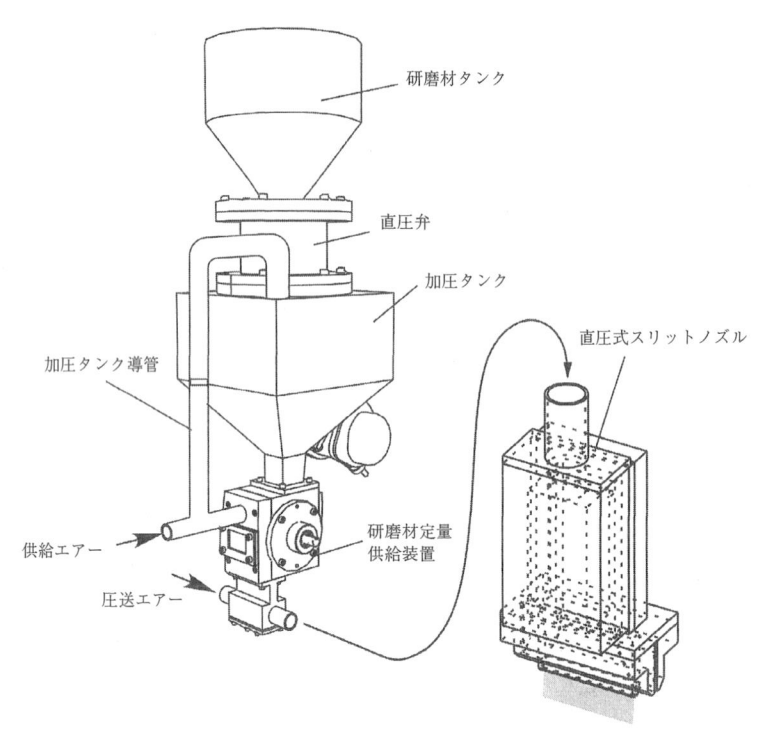

図7 直圧式研磨材噴射機構

時2系統のエアーの圧力をコントロールすることにより一定量の研磨材と高圧エアーの混合流体を直圧式サンドブラスト装置に導入することが可能となる。

2系統のエアーとしては加圧タンク内を加圧し研磨材供給ローラーから研磨材を取り出すための供給エアーと，研磨材定量供給装置から出た研磨材を直圧式サンドブラストノズルに圧送するための圧送エアーであり，供給エアーと圧送エアーとの差圧により研磨材供給ローラーから研磨材を取り出すエアーの速度を調整する。この研磨材を取り出すエアーの速度を調整することによりどんな種類の研磨材も粗粉から微粉まで自在にコントロールすることが可能となった。2系統のエアーはタッチパネルからの設定により電空レギュレータを使用して設定される。この直圧式研磨材噴射システムを使用することによりいろいろな種類の研磨材に対し，高圧から低圧までまた様々な粒径の研磨材の噴射量及び加工圧力を完全にコントロールして精度が高く加工能力の高いサンドブラスト加工が可能となった。

従来プラズマディスプレイで使用されてきた直圧式研磨材供給装置は図5のようにローラー外周に研磨材供給孔を設け，研磨材供給孔に導入された研磨材をスライダー部でエアーを吹き付け取り出す構造だがスライダーと研磨材供給ローラーとの間で研磨材が吹き出さないためにスライ

第3章 製造・検査装置

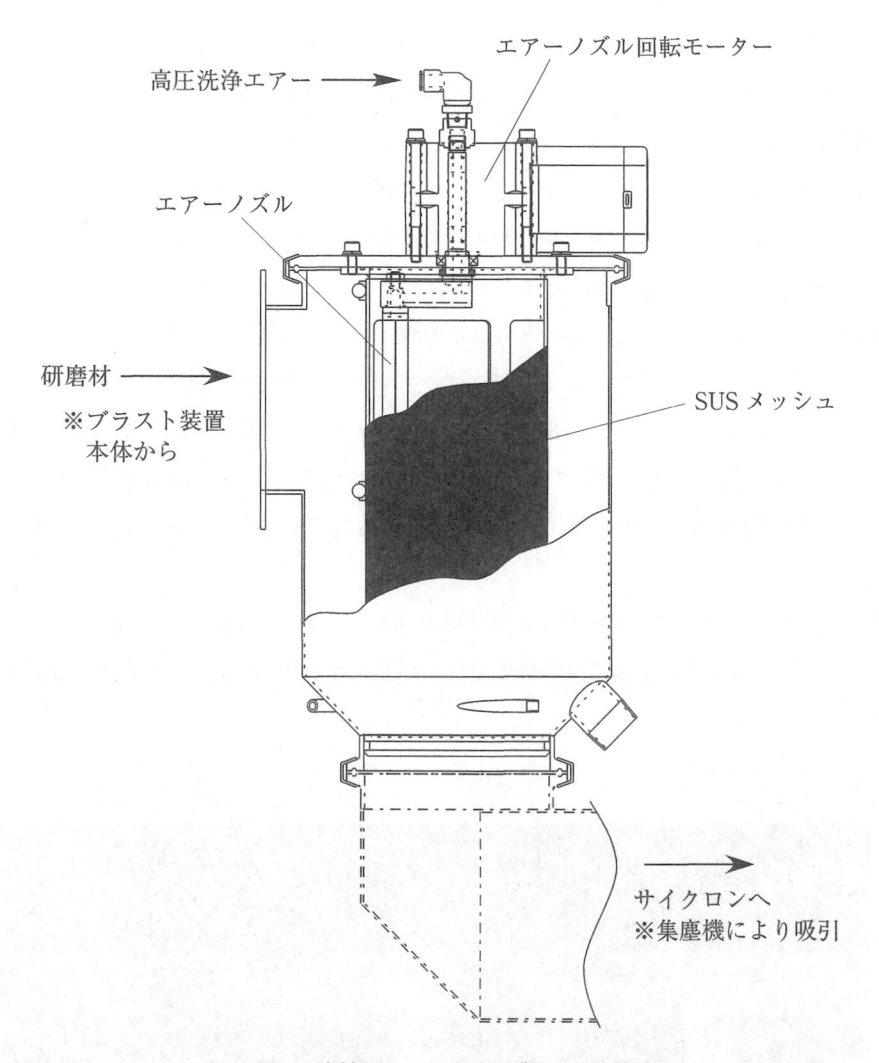

図中ラベル:
- 高圧洗浄エアー
- エアーノズル回転モーター
- エアーノズル
- 研磨材 ※ブラスト装置本体から
- SUS メッシュ
- サイクロンへ ※集塵機により吸引

図8 高性能フィルタリングシステム

ダーを一定の力で研磨材供給ローラーに押しつける必要があるが，加工圧力が高くなるとスライダーを押しつける力を強くする必要があるがあまり強く押しつけると研磨材供給ローラーが回転しなくなる。

そのため加工圧力としては0.2 MPaが限界であり，高圧での噴射は不可能であった。

また，硬度の高い研磨材を使用すると研磨材供給ローラー表面に付着した研磨材とスライダーとの間に研磨材が入りスライダーが摩耗し，摩耗した部分から研磨材が吹き出すと研磨材供給ローラーも摩耗してしまうため硬度の高い研磨材は使用できなかった。

新しく開発した直圧式研磨材供給装置ではどんな硬度の高い研磨材を使用しても摩耗する部分

が無く，研磨材を取り出すエアーの圧力も2系統のエアーの差圧を使用するため，0.4 MPaまでの圧力で加工することが可能となり，加工能力を大幅に上げることが可能となり，使用できる研磨材の選択肢も広がった。

図8は研磨材中の粗大粒子をカットするための高性能フィルタリングシステムであり，円柱のステンレスメッシュ外周を研磨材が回りながら集塵機の負圧によりステンレスメッシュ内に入っていく。ステンレスメッシュ内側よりエアーノズルが回転しながら常にクリーニングすることにより，細かいステンレスメッシュのフィルターを使用しても目詰まりすることなく研磨材中の粗大粒子をカットすることが可能となる。従来プラズマディスプレイで使用されてきたフィルターとしてはステンレス200メッシュ（開口77 μm）のフィルターが限界だったが，この高性能フィルタリングシステムではステンレス500メッシュ（開口26 μm）まで使用可能であり，ピッチ100 μmの隔壁形成でも異物の詰まりや粗大粒子による欠陥の発生は完全に防ぐことが可能となる。

写真3は高精細プラズマディスプレイ用サンドブラスト装置で形成したリブピッチ100 μm高さ180 μmのサンドブラスト加工後の隔壁（ワッフル形状）のSEM写真であり，写真4の従来

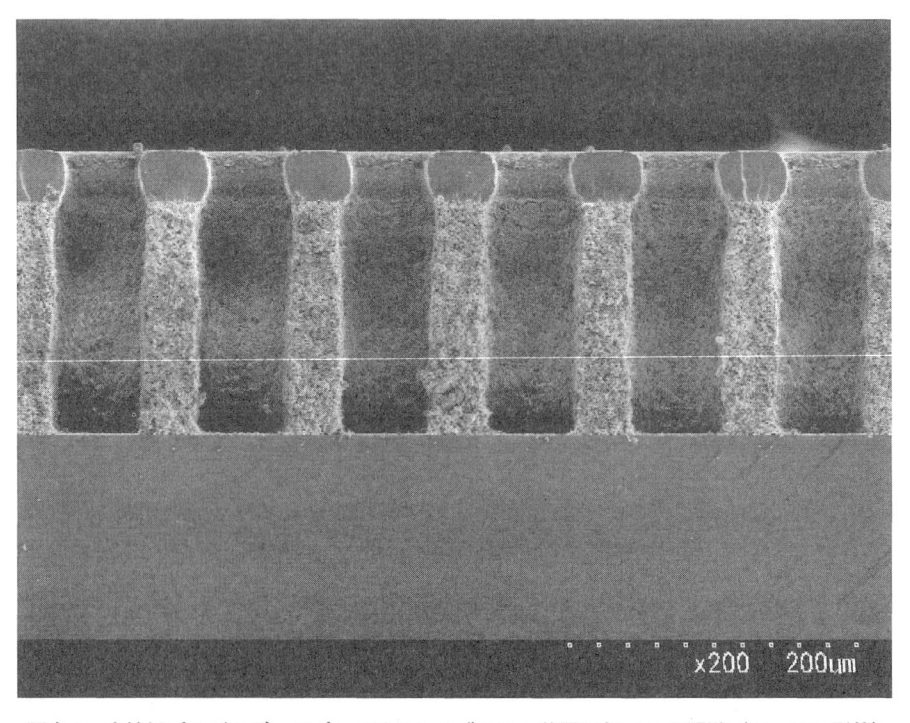

写真3 高精細プラズマディスプレイ用サンドブラスト装置で加工した隔壁（ワッフル形状）

第3章 製造・検査装置

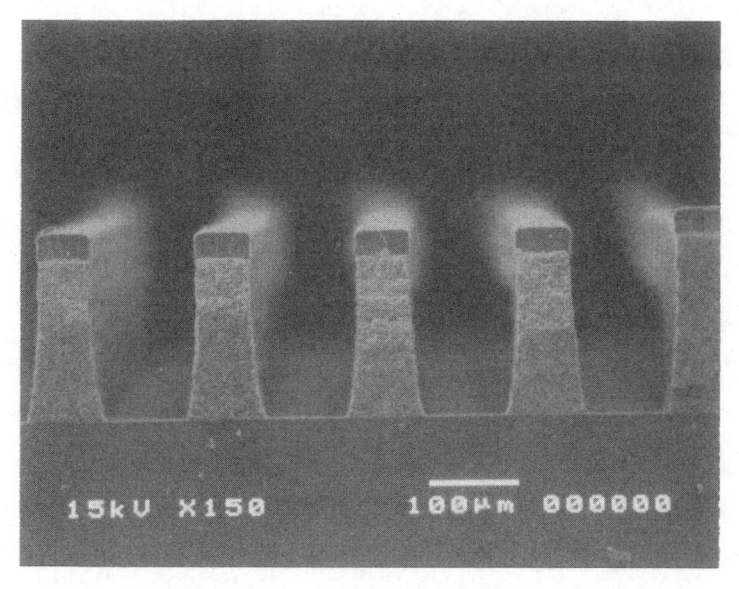

写真4 従来のサンドブラスト装置で加工した隔壁（ストライプ形状）

のサンドブラスト装置で加工したSEM写真（ストライプ形状）と比較すると隔壁がストレートに立っており隔壁の上部と下部の幅がほどんど同じになっているのがわかる。

　従来使用されてきたプラズマディスプレイ用サンドブラスト装置で上部と下部の幅をほとんど同じ状態になるように加工すると，サイドエッチが大きく発生して高精細な隔壁を形成した場合にリブの強度が弱くなってしまう。これは従来の装置と比較して研磨材の直進性を高めることにより，裾引きが無くよりストレートな形状の隔壁を形成可能にしたためである。

3 PDP製造用スパッタリング装置

伊藤隆生*

3.1 はじめに

最近フラットパネルディスプレイ（以下FPD）市場においては，プラズマディスプレイパネル（以下PDP）および液晶パネルを採用した大型薄型テレビの価格が大幅に下落したことにより，世界的にFPD市場が拡大されるに至った。このため，テレビ用大型パネルの製造ラインでは，生産コストを引き下げるためにマザーガラス基板の大型化が進められている（図1）。PDP製造ラインでは42型パネルが8枚取れる約2000×2400 mmサイズのガラス基板が使用されている。現在このような大型ガラス基板を処理できるスパッタリング装置が生産現場で稼働している。

PDP製造工程の中でも設備およびその成膜コストから薄膜成膜装置は大きなウエイトを占めており，大型基板化によりスパッタ装置に要求される内容は益々高度になってきている。PDP製造プロセスにおいては，前面板に形成される①信号電極，走査電極としてITO透明導電膜および②バス電極としてのCr，Cu，Al膜などの成膜がスパッタリング法で行われている。これらの膜形成はDCマグネトロンスパッタリング法で行われるのが一般的である。スパッタリング成膜法が利用される主な理由は，

①装置構成が簡単で取扱いが容易

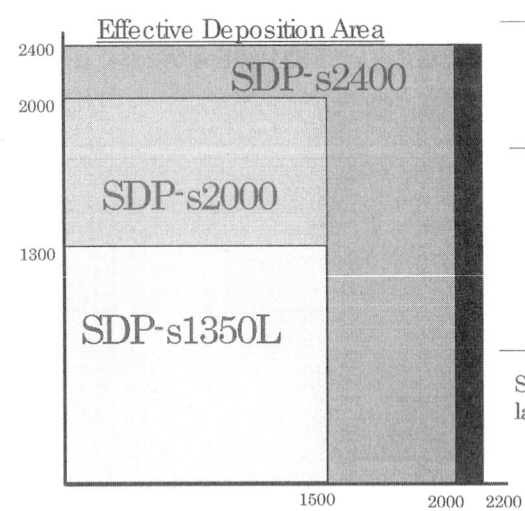

Series of New SDP system

Model Name	Max. Effective Deposition Area In Carrier	
	H(mm)	L(mm)
SDP-s1350L	1350	1500
SDP-s2000	2000	1500
SDP-s2400	2400	2000 (2200)

Suitable for high productivity process with large scale substrates.

図1 Line-Up of SDP-s Series

---

* Takao Ito ㈱アルバック FPD事業本部 東日本営業部 部長

第3章　製造・検査装置

②高融点金属の成膜が可能

③大面積に均一な成膜が可能（合金，化合物などの成膜が可能）

④反応性ガスを用いることにより酸化物，窒化物の成膜が可能

⑤高いエネルギーを持つ粒子で成膜するため緻密で良質な膜ができる

⑥多層膜を連続的に成膜可能

などからである。

次にPDP製造プロセスの膜形成におけるスパッタリング装置に対する代表的な要求を示す。

①膜質，膜厚が大型基板内で均一に成膜でき，

②最小限の材料とエネルギーを使用し，

③最短時間で再現性よく形成できる。

④装置の占有面積が小さく，

⑤稼働率は高く，

⑥安全に稼働する。

⑦価格が低く，

⑧環境負荷が小さいこと，

などである。

このような理想像に反し，基板が大面積のガラスで重量があることから①絶縁性基板のために静電気や帯電が発生しやすく成膜薄膜にダメージを受け易い。②基板が大型で重量が重いために基板ハンドリングが難しく，自動化に制約を受けるなどの問題点がある。

本稿ではPDPの大型パネル製造技術の中の薄膜形成工程におけるスパッタリング装置とその成膜技術について解説する。

3.2　PDP用インライン式スパッタ装置
3.2.1　大型基板の均一成膜技術

一般的に基板にスパッタリング成膜するためには，基板を固定しカソードのエロージョン部を揺動させ成膜する固定成膜が，従来から半導体プロセスでは採用されており，基板を1枚1枚処理する枚葉マルチチャンバー式装置と呼ばれている。これに対して，カソードの前面を通過させて成膜する通過成膜も従来から多用されており，基板をキャリアにセットし搬送するインライン式装置と呼ばれている。現在LCDのTFT基板にゲート電極，ソース電極，ドレイン電極（Al，TA，Crなど），画素電極用透明伝導膜（ITO）などを成膜するプロセスでは枚葉マルチチャンバー式装置（図2）で，カラーフィルター（CF）基板やPDPの電極としてITO膜を成膜する装置はインライン式（図3）が採用されている。これはTFT基板に形成する膜はパーティクルフ

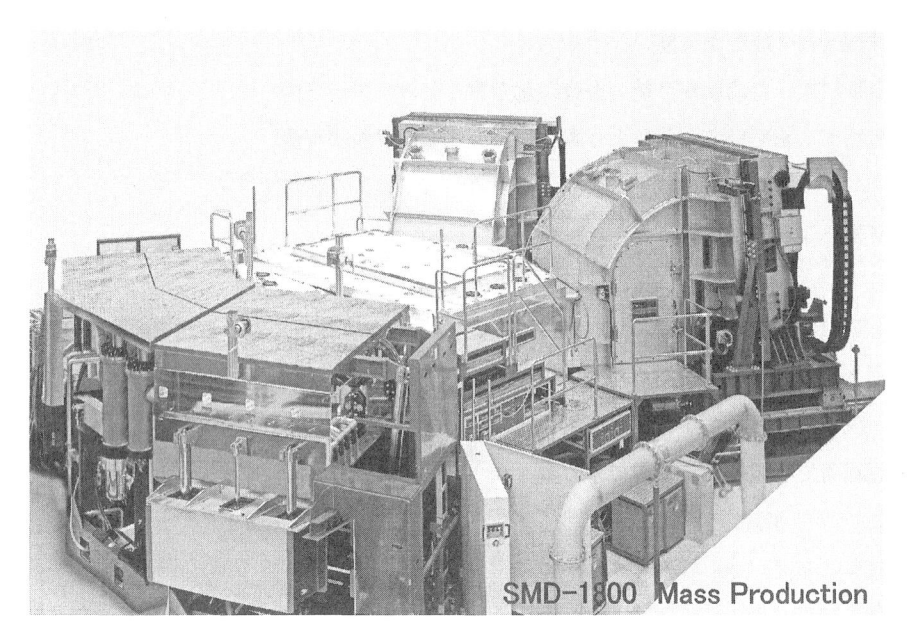

図2　枚葉式スパッタリング装置：SMDシリーズ

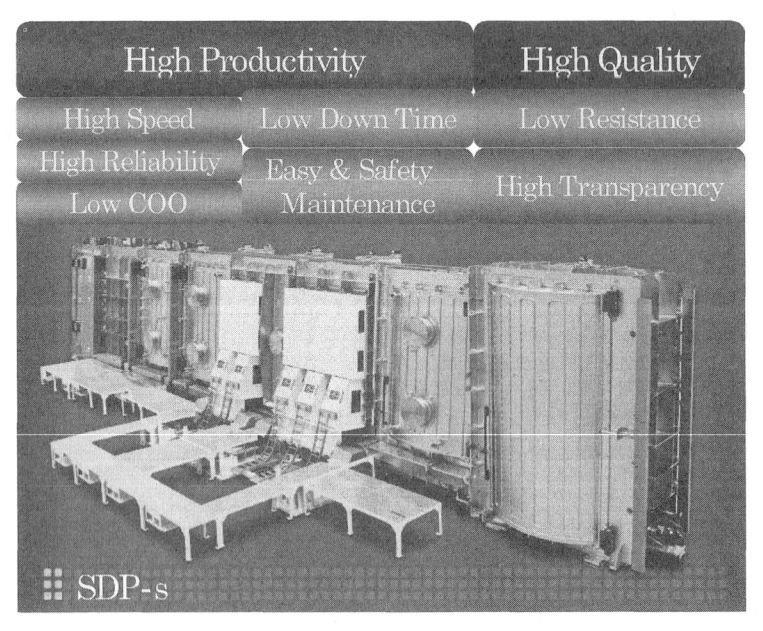

図3　New Inline Sputtering System: SDP–s Series　Feature

第3章 製造・検査装置

リーを要求されているためであり，搬送キャリアからの膜剥離がないキャリアレスの枚葉マルチチャンバー方式がG2世代の基板サイズから使われて，現在では業界スタンダードになっている。インライン方式は大きなスループットが得られることが採用の理由である。

キャリアと呼ばれる台車に基板を乗せスパッタカソード前面を一定速度で搬送させ膜形成を行う通過成膜法では，通過する基板の高さ方向について膜厚保・膜質の調整を行えば，基板の長さについての膜質は均一となるため大基板の成膜に最も適した成膜法である。しかしながら現状のマグネトロンカソードではターゲットのエロージョン部のみが選択的にスパッタされるため，ターゲットの使用効率が低いという問題がある。高価なITOターゲットではパネルコストを下げるために高使用効率カソードが望まれている。最新のインラインスパッタリング装置に搭載するカソードは，特殊工夫により50％以上のターゲット使用効率を持つ。さらに特徴として，

① ターゲット使用効率が従来型カソードに比較して2～3倍となるため，ランニングコストを大幅に削減可能。
② ITOについては従来型カソードに比較して3～4倍のハイパワーの投入が可能なハイレートカソードであるため，必要カソード台数，電源台数を大幅に削減可能。
③ 約6倍以上のターゲットライフがあるため，ターゲットの交換周期を大幅にのばすことが可能。
④ 従来の低電圧型カソードと同程度の低抵抗ITO膜が得られる。
⑤ 従来カソードに比べてITOターゲット表面の黒化による経時変化が少ない，

などが上げられる（図4，図5）。

3.2.2 大型基板の安定搬送技術

従来のインライン式スパッタ装置の基本構成は仕込室，加熱室，スパッタ室，取出室が連続して並んでおり，基板脱着ステーションにてロボットにより基板は自立キャリアの両サイドの面にセットされる。基板をセットされたキャリアは大気圧に戻された仕込室へ挿入され真空排気後，加熱室に送られて予備加熱を行い，スパッタ室に移る。スパッタ室では複数台のキャリアが矩形カソードの前面を連続的に通過することにより成膜を行う。取出室を通過後，キャリアリターン機構を通って元の基板脱着ステーションに戻る。キャリアリターン機構は真空槽の上部に取付られていると装置のメンテナンスがしやすい。このために装置の前後にキャリアエレベータ機構が設置されている。キャリアリターン機構はクリーントンネル化されているため，基板脱着ステーション部のみクリーンルームに入れれば良い（図6）。

しかしながら，この方式ではキャリアと呼ばれる台車の両面の基板ホルダーに基板を垂直に搭載していた。このため基板の着脱時には基板ホルダーを水平に展開させ基板の成膜面を下にして着脱を行う必要があった（図7）。さらに，この方式には基板サイズが大型化するに従い次記の

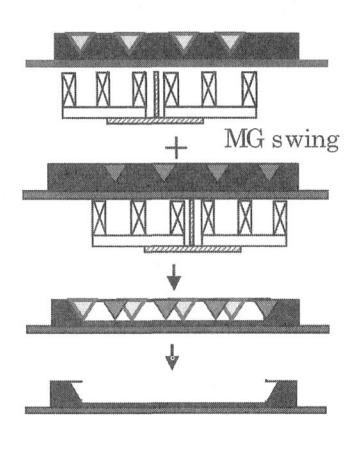

図4 Concept of New-type Cathode

1. For a higher rate,
★Arrange two MGs in a row.
- Because ITO is a sintering-type target, a target gets damaged with power density increase.
- Applying power is increased; therefore, two MGs are provided in order to prevent power density increase to an erosion.

2. For more frequent use and better efficiency,
★Optimize settings of MGs
- MG swing distance and erosion pitch are optimized in order to make an erosion profile, red sections in design drawing on the left.

ULVAC, Inc.
Chiba Institute for Super Materials

図4 Concept of New-type Cathode

	Ordinary-type α cathode	New W-α cathode
Design		
Depo. rate (Per 1w/cm²)	Approx. 80 Å m/min	Approx. 160 Å m/min
Efficiency	Approx. 40 %	Approx. 50 % (Target value)
Others	Low-voltage type sputtering cathode is mounted. (Horizontal magnetic field is approx. 900G when vertical magnetic field is 0.)	←

ULVAC, Inc.
Chiba Institute for Super Materials

図5 Comparison bet. Ordinary and New Cathodes

問題が出てきた。

①基板の着脱時に60″サイズ（900×1400 mm）を超える基板を水平に支持することによる基板の損傷の危険性。

②基板を機構により垂直に保持するため，基板加熱あるいは成膜時の基板の変形（反り）又は基板ホルダーの変形にたいして基板の自由度が無く基板を損傷する危険性。

第3章 製造・検査装置

図6 1-2. In-Line system (SDP series)

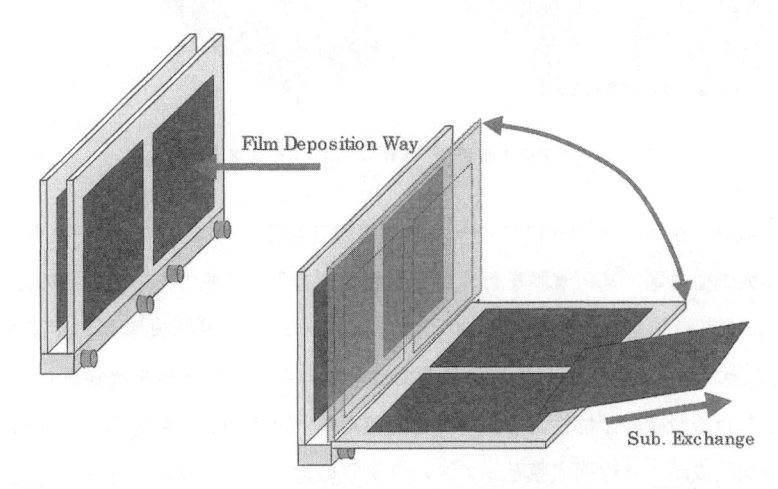

図7 Substrate Loading/Unloading System Conventional Type of SDP Carrier
Extra time of 30 sec is required for opening and closing a substrate holder.

　これらの問題に対して最新のインラインスパッタリング装置では，キャリア全体を傾斜させ基板を傾斜させた面に預ける方式を採用している（図8）。これにより下記特長を有する。
　①基板着脱時に基板ホルダーを水平に展開すること無しに基板着脱を可能とすると同時に基板ホルダーの展開に必要な機構および時間を削除して高速タクト化が対応可能である。
　②基板ホルダー上で基板を積極的に保持する必要が無く，加熱中あるいは成膜中の基板あるいは基板ホルダーの変形に対応可能であると同時に，基板の垂直保持機構を削除し洗浄部品の削減になる。

3.2.3 占有面積の小さい装置
　前述のように，従来型のインラインスパッタリング装置は真空槽（仕込室，加熱室，スパッタ

223

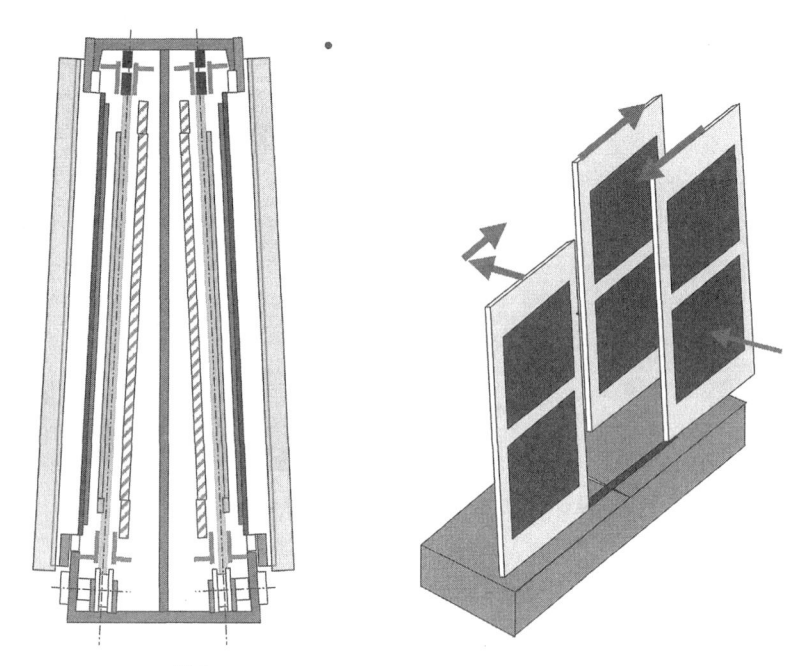

図8 Advantages of New Carrier Transfer Mech

室,取出室)縦列に配置しその前後にキャリアを巡回させるためエレベーター(トラバーサー)とそれを結ぶ大気搬送系,基板着脱を行うポジションを有する構成であった。そのため装置の全長が長くなる傾向にあり60″サイズ(900×1400 mm)のPDP電極成膜用の装置では全長約35 mにも及ぶ物であった。しかし最新の装置では全項のキャリア全体を傾斜させる方式の特長の1つである基板着脱時の優位性(着脱時間を短縮可能)を生かして装置のタクトタイムを短縮,従来型の両面同時成膜より片面成膜としてスパッタ室の途中で折り返し,往復で成膜する構成を採用し,大基板成膜装置でありながら占有面積の小さい装置になっている(図9)。

3.2.4 パーティクル低減技術

装置のパーティクル対策を大きく分けると

①搬送部からの摩耗発塵対策,

②振動防止対策,

③乱流によるダストの舞い上がり付着防止を目的とした気流の制御対策,

④成膜に起因する対策,

⑤外部からの持込み対策

等に仕分けされる。

装置の高速タクト化,高速成膜化に伴い気流制御対策と成膜に起因する対策が特に重要なキーテクノロジーとなる。真空装置においては真空排気,大気ベント時に槽内で乱流が発生しダスト

第3章 製造・検査装置

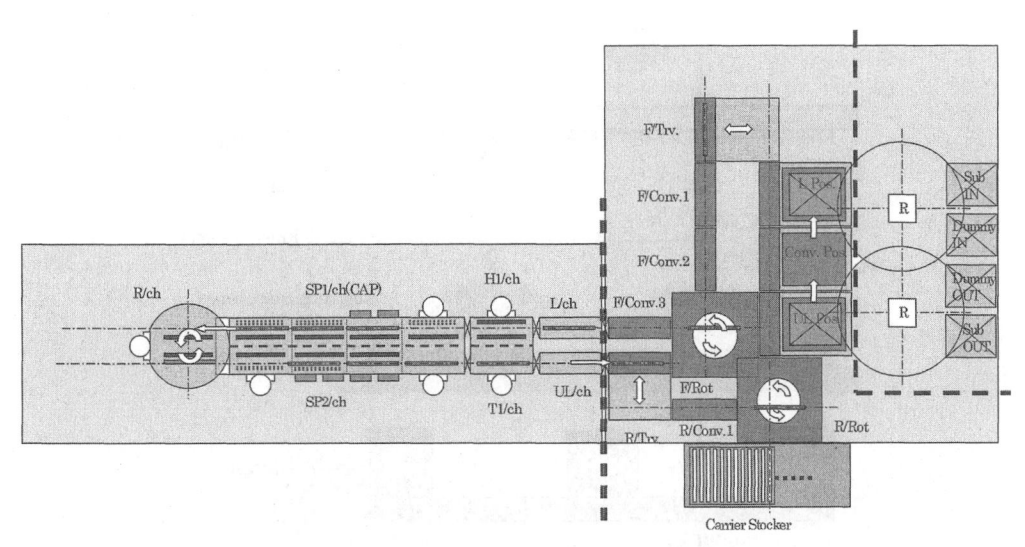

図9 System Layout: 2 Way Deposition Type
Tact Time: 40 sec（Target）for Cap ITO deposition

が基板に付着する。仕込/取出室における基板へのダスト付着を防止するために我々はガスシャワー排気/ベント機構をいち早く取り入れ装置の生産性を低下させることなく低ダスト化を達成している。図9にガスシャワー機構の使用有/無での基板上（シリコンウェハー）の付着ダスト数の測定結果を示す。成膜に起因する対策としては前項で述べた付着膜の膜剥離防止技術と次項で述べる異常放電防止対策が重要である。

3.2.5 DC反応性スパッタリングの異常放電防止対策

　導電性ターゲットに反応ガスを導入し反応性スパッタを行う場合，ITOスパッタ成膜を事例にしてみると，ターゲットの非エロージョン部に黒色絶縁性の低級酸化物が堆積し一定のパワー密度（約 1 w/cm^2）以上のパワー投入を行うとターゲット表面に異常放電が発生し放電が不安定になると同時に基板に異物が付着し製品不良が発生する。これは，ターゲットの非エロージョン部分に堆積した絶縁性の低級酸化物が Ar$^+$ イオンの照射により膜上にプラス電荷が多量に蓄積し，膜を通して絶縁破壊をおこすか，導電性のエロージョン部分，またはアースシールドにアーク放電をおこして逃げるためであり，これが異常放電の原因となっている。図10に摸式図を示す。図11に異常放電を防止するためにDC電源にプラス電圧をパルスで印加したときの電圧波形を示す。プラス電圧が印加されるとプラズマ中のエレクトロンがターゲットに引き込まれ，特に非エロージョン部分に蓄積したプラス電荷を中和して異常放電を防止する。図12はITOスパッタ成膜時の投入電力と異常放電回数をプラス電圧のパルス周波数を変化させて調べたデータである。

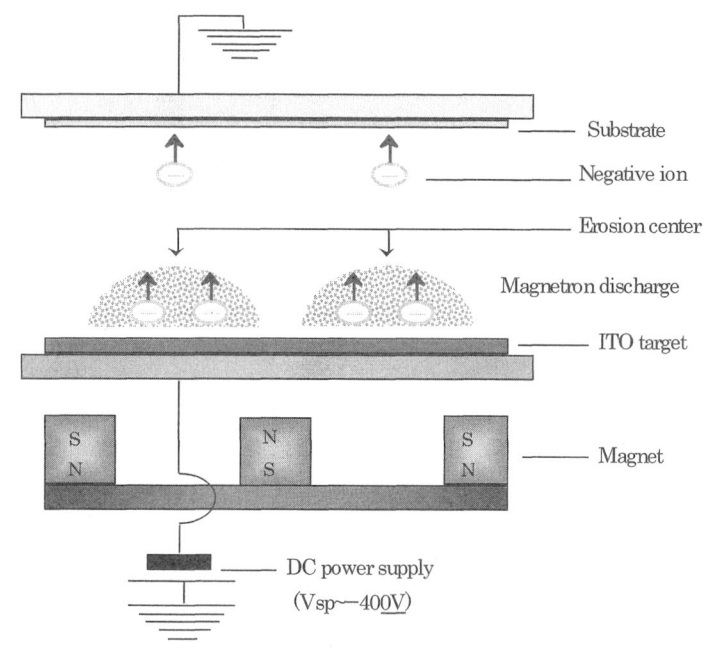

図10 Cross section of Magnetron cathode

3.3 スパッタ成膜要素技術
3.3.1 PDP製造プロセスのスパッタリング膜形成

　前面板上に形成される透明導伝膜（ITO膜）は，信号電極，走査電極として用いられている。膜要求性は，長寿命に伴う低抵抗化である。低抵抗の技術として，一般的なDCマグネトロン法でITO膜を成膜した場合，酸素の負イオンによるダメージで低抵抗なITO膜は得られない。低電圧スパッタカソードを用いることにより，負イオンのダメージを低減し，従来の約1/2の低抵抗なITO膜が得られており，PDP用の透明導電膜の形成に貢献している。

　バス電極/データ電極膜に要求される膜特性は，①導電性，②密着性，③耐蝕性，④配線パターン形成時のエッチング特性である。Cu膜の上層および下層に形成されたCr膜は，密着性と耐蝕性改善に機能する。とくに，Cr膜の内部応力は，剥離の遠因となるため，制御が必要とされる場合がある。また，界面の拡散の度合や不純物の混入はエッチング不良の原因となるため，成膜条件の最適化が必要である。同時に，各材料のエッチングに適応したエッチャント選択も必要である。

3.3.2 透明導電膜（ITO膜）低温低抵抗成膜技術

　基板が大型かつ大熱容量であるため，可能な限り低温で低抵抗な透明導電膜：ITO膜を成膜する必要がある。スパッタリング法でITO膜を成膜する場合，ターゲット電位，つまりスパッタ電圧がITO膜の抵抗率に大きな影響を与えることを新たに見出し，改良型カソードを用いた

第3章 製造・検査装置

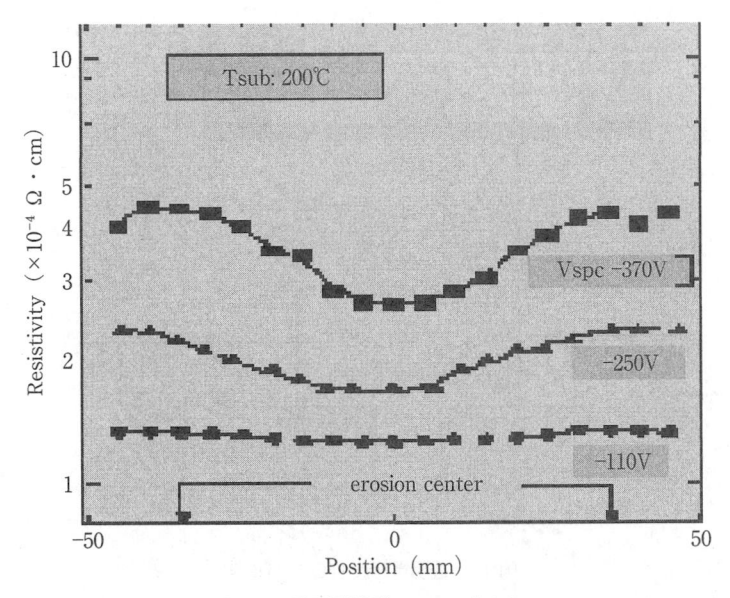

図11 透明電導膜ITOスパッタ

低電圧低損傷スパッタ法により，従来法のおよそ1/2の低抵抗ITO膜の作成を可能にした。プラズマダメージの発生過程を図10に示す。通常のDCマグネトロン放電においては，ターゲットには−350〜−450 V程度の負電位が印加される。ITOスパッタのプラズマ中にはO^-を主とする多量の負イオンが存在することがわかっている。この負イオンはターゲット表面の電界で加速され，ターゲット電位とほぼ等しいエネルギー（例えばターゲット電位 −400 Vのとき約400 eV）で基板に入射し，ITO膜にダメージを与えることが考えられる。

図12に基板をターゲット直上に固定して成膜を行ったときの抵抗率分布を示す。スパッタ電圧が−370 Vと大きいときは，負イオンの入

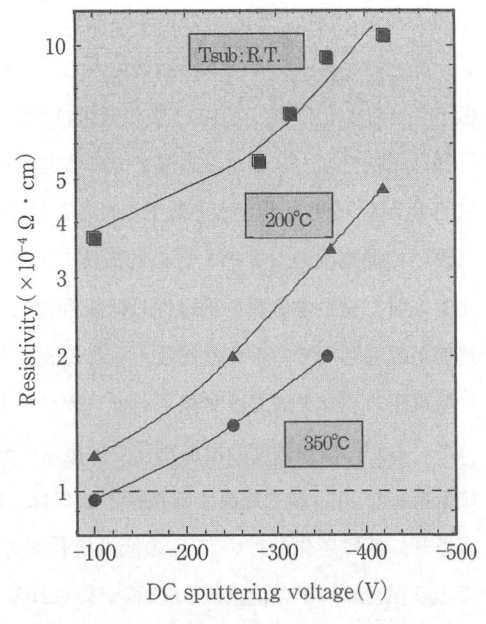

図12 DC Sputtering Voltage vs. Resistivity (L.V.S. next ver.)

射によるダメージが原因と思われる抵抗率のピークが観察される。この場合，エロージョン直上の位置で特にダメージが大きいのは，マグネトロン放電では，プラズマがエロージョン領域に局在しており，負イオンの濃度もこの領域で特に大きいためと考えられる。またスパッタ電圧を

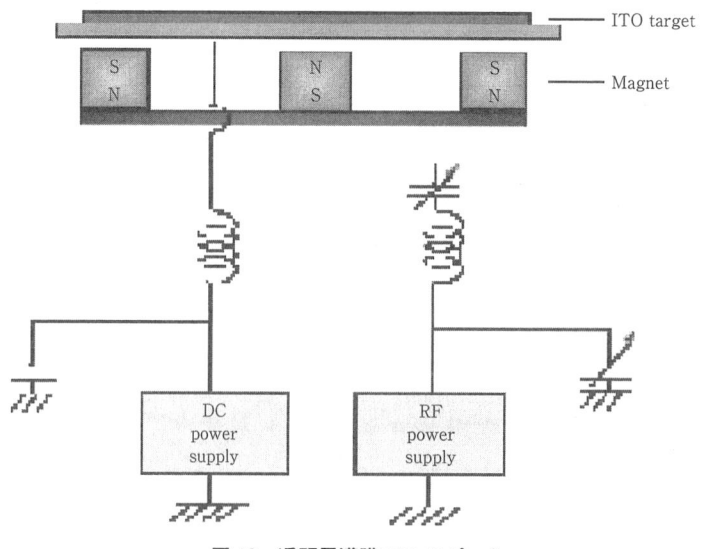

図13　透明電導膜 ITO スパッタ

−370 V から −250，−110 V と低下させると，抵抗率が全体的に大きく低下する。特に，エロージョン直上のダメージの低下は顕著である。これより負イオンの入射数と入射エネルギーの双方を低下させることによってITO膜の低抵抗化が可能であることが明らかとなった。

通過成膜でも，室温から高温までの広範囲の基板温度において，スパッタ電圧を従来のおよそ−400 V から −250 V 程度まで低下させることによって抵抗率が大きく低下し，スパッタ電圧 −250 V において従来法のおよそ1/2の低抵抗ITO膜が得られた。低スパッタ電圧で作成した膜は，イオン入射で発生する黒色絶縁性の低級酸化物「InO」が膜中で少ないことから，全波長領域で透過率が改善されているものと考えられる。

低電圧スパッタ法ではマグネトロンカソードの磁場強度を増加させることにより低電圧化を行っているが，磁場強度の増加だけでは電圧の低下は 1000 G, 250 V 付近で飽和してしまう。さらに低抵抗なITO膜を成膜する技術としては，DCにRFを重畳することによりプラズマ密度を増大させ，低電圧化を行いITOの低抵抗化が可能である。DC+RF法においては成膜温度 200 ℃で 150 μΩcm 以下の低抵抗ITO膜が得られる（図13）。

3.3.3　電極膜（Cr, Cu, Al 膜）成膜技術

電極膜形成において要求される膜質は，大面積における均一性はもちろんのこと低抵抗であり，下地膜との高い密着性，膜応力の低減，良好な加工性（エッチングの形状制御性），その他段差被覆性またピンホールフリー等が挙げられる。低抵抗化および密着性には成膜時の不純物ガス分圧を極力低減すると同時に積層膜における短時間の連続成膜プロセスが必要条件である。また膜

第3章 製造・検査装置

応力と加工性にはスパッタガス圧力の最適化が必要である。PDPの電極膜はスパッタ成膜の中でも数ミクロンの比較的厚膜の成膜が要求されることから，長寿命かつ成膜レートが安定なスパッタカソードとカソード周囲の防着板の膜剥離防止がキーテクノロジーとなる。

3.4 今後のPDP用スパッタ装置の課題
3.4.1 高生産性，省スペース化

a-Si TFTLCD用基板の最大のサイズは現在 2400×2000 mm^2 であり基板の大型化，成膜の高速化に伴い，生産性が向上したこととスペース効率の優位性からTFTアレイ用の装置として枚葉式が主流となった。しかし，スパッタリング装置としてはインライン式の方が約1.6倍程度生産性が高いことからカラーフィルター基板用装置としては広く使用され続けている。60型PDPの基板サイズは液晶最大基板の面積比で約3倍，重量比で約8倍と枚葉装置化のためにはターゲット材料，基板搬送用真空ロボット開発等，液晶用基板の枚葉装置開発をはるかに越えた開発要素が発生しリスクが大きく，装置の低価格の達成が難しい。したがってPDP用薄膜成膜装置は既に，基板サイズに対応可能な装置の実績を持つ縦型インライン式が今後も採用されると考える。

3.4.2 高稼働率化

装置稼働率を向上するためにはメンテナンス周期の長期化，メンテナンス時間の短縮化と装置信頼性の向上である。メンテナンス周期の長期化には，①排気系の長寿命化（クライオポンプの再生サイクルの長期化），②ターゲット寿命の長期化，③真空槽内膜剥離防止等が必要となる。また，メンテ時間の短縮化には，①メンテナンス必要部構造の簡素化（ワンタッチ化），②メンテナンス部品点数の削減，③装置停止および装置立上げまでの時間の短縮化等が必要である。

PDP用成膜装置はその基板サイズにより省スペース化はかなり難しいことから生産性，稼働率の向上により成膜コストの低減を計る必要がある。

文　献

1) 平野裕之，「大型化を目指すPDPの製造技術 薄膜形成技術」，第11回PDP技術討論会
2) 石橋，樋口，「透明導電膜の現状」，ULVAC TECHNICAL JOURNAL, No.33, 1989年11月

4 MgO 形成蒸着装置

中村　昇＊

4.1 はじめに

　プラズマガンと TOSS 搬送方式を備えた，PDP 量産用の C-3601MgO 成膜装置を開発した。本装置は 42 インチパネルの 8 面取りが可能な G8 クラス基板に対応しており，17 nm・m/sec 以上の高い成膜速度で，密度が高く結晶構造の揃った良好な MgO 膜を，安定な成膜環境下で形成することが可能である。

　カラーの AC 型プラズマディスプレイパネル（PDP）は，直視型で薄型・大画面という特長を有していることから，液晶ディスプレイ（LCD）と並び，大画面テレビの本命として家庭への普及が本格化している。既に日本国内で新たに販売されるテレビの半分以上をこれらのフラットパネルディスプレイ（FPD）が占めるようになった。2011 年に迫るテレビ放送の完全デジタル化に向けて一層の買い換えが進むものと予想され，今後の更なる発展が期待される。一方で LCD をはじめ他方式との競争も激しくなっており，高品位デジタル放送に対応した解像度やコントラスト等の一層の高画質化や低消費電力化に加え，パネルコストの低減に向けたパネル構造の見直しや原材料費の削減，生産性の向上等が求められている。

　PDP では 2 枚のガラス基板の間でプラズマを発生させ，ここで生じた紫外線が蛍光体を励起して可視光を放出する仕組みである。MgO 膜は前面側パネルの誘電体膜上に形成され，誘電体膜をプラズマから保護すると同時にプラズマを発生させる電極としての役割も担っている。従って MgO 膜には，高い耐スパッタ性と高い二次電子放出係数，それに蛍光体からの可視光を減衰させることなく外部へ取り出すため，高い透過率が必要とされている。MgO 膜の開発経緯については，比較的最近の内池の報告で知ることができる[1]。

　PDP の製造においては，良好な MgO 膜が比較的早い成膜速度で形成可能な電子ビーム（EB）蒸着法が，当初より利用されてきた。EB 蒸着法では，組成の安定した MgO 膜を得るために蒸発材料に MgO 単結晶粒を使用している。MgO は融点の高い材料であるが，10〜15 kV 程度と高いエネルギーを持った電子ビームを狭い領域に集中して照射することで，スパッタ法等と比して高い成膜速度を得ることができる。

　一方 MgO 膜は吸湿性の高い材料であることが知られており，安定な MgO 膜形成のためには，成膜雰囲気中の水分量を一定レベル以下に抑える必要がある。このような MgO 膜特性に配慮し，当社では成膜雰囲気への水分の持ち込みが少ない TOSS 式基板搬送方式を考案し，ピアス式電子銃を搭載した C-3601MgO 蒸着装置を開発・製品化した[2]。しかし EB 蒸着装置において，電

＊　Noboru Nakamura　キヤノンアネルバ（株）　パネルデバイス事業本部　スペシャリスト

第3章 製造・検査装置

子銃への投入パワーを上げ成膜レートを大きくしようとするとMgO材料のスプラッシュが起き易くなり，これが基板へ付着すると不良の原因となることが知られている。このため，成膜レートは実質的に4～6 nm/sec程度に抑制されており，生産性向上の障害となっていた。またパネル性能の向上に向けたMgO膜質の改善が求められるなど，EB蒸着法でこれらの要求に完全に応えていくことは困難な状況となってきていた。このような状況の中，市場では生産性の向上を狙い既存のEB蒸着装置の改良が進められると共に，新しい成膜方式が提案された[3~7]。

これらの新方式の中には，活性化蒸着法や活性化スパッタリング法がある。これは蒸発材料やターゲットにMgOと比べて融点が低くスパッタ収率の高い金属マグネシウム（Mg）を用い，蒸発したMgを基板近傍で酸素（O_2）ガスと反応させてMgO膜を堆積するものである。これまでのMgOを利用した蒸着法やスパッタリング法と比べて高い成膜速度を得ることが可能であるが，後述する課題もあり現時点で実用化には至っていない。

当社では従来のピアス式電子銃に替え，成膜ソースにプラズマガン（SUPLaDUO：中外炉工業製）を用いたMgO成膜装置を，中外炉工業（株）と協同で開発し[8~11]，市場へ投入してきた。写真1はプラズマガンとTOSS搬送系を備えた量産用MgO成膜装置の例である。本方式では低電圧で大電流の電子ビームが生成され，これをMgO材料に照射することにより，高い成膜レートでMgOの活性化蒸着を安定して行うことが可能である。ここでは本成膜方法の特長と成膜特性，そして量産装置への展開について報告する。

写真1 量産用MgO成膜装置の例：C-3600Sシリーズ

4.2 プラズマガンを用いた成膜方式（SUPLaDUO）の構成

SUPLaDUOとは，プラズマガンを成膜ソースに利用した成膜システムの呼称であり，ガンには浦本の開発した圧力勾配型プラズマガン[12～14]を採用している。図1に圧力勾配型プラズマガンの構造とシステム構成を示す。カソード部にArガスを導入してTa管の先端にてホローカソードプラズマを生成し，このプラズマによりLaB6カソードを加熱し，多量の熱電子を発生させている。中空の中間電極の中を通過した電子ビームは，ガンの外周に配置された収束コイルにより軌道を制御されて成膜室に引き出され，シート化磁石により薄く平板状のビームに成形された後，アノード磁石の形成する磁場に沿って下方に向かい，坩堝（ハース）上の材料に照射されて被蒸着物質を加熱蒸発させる。ガンの出口には電子帰還電極が配置されている。通常，MgO成膜を長時間に渡り続けるとチャンバー壁等がMgOで覆われて絶縁され，プラズマが不安定になってしまう。反射二次電子の経路が確保されなくなるためであり，これを避けるため，本システムでは軌道上に帰還電極を設けてある。これにより長時間に渡り安定な成膜を行うことが可能である。

図2は基板への成膜の様子と実際のビーム形状を示したものである。電子ビームはシート化磁石によって薄くシート状に押し広げられ，これを坩堝（リングハース）下に配置したアノード磁石の磁場により被蒸着物質に入射させることで，幅広の蒸発領域を実現している。また基板上で所定の膜厚及び膜質分布を得るため，入射ビームの密度分布をアノード磁石等の磁場調整機構を用いて制御している[15,16]。

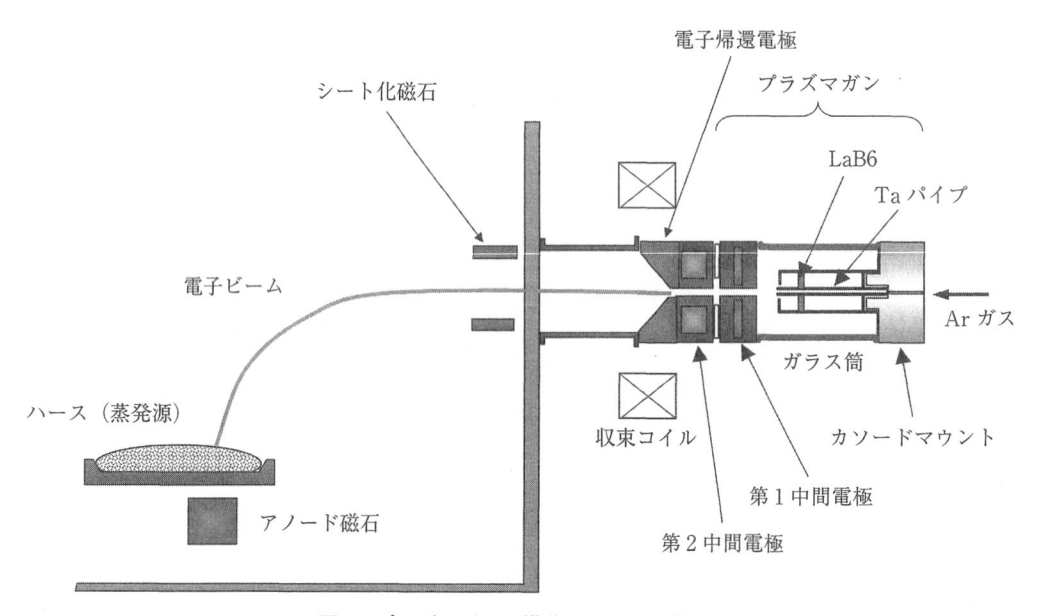

図1　プラズマガンの構造とシステム構成

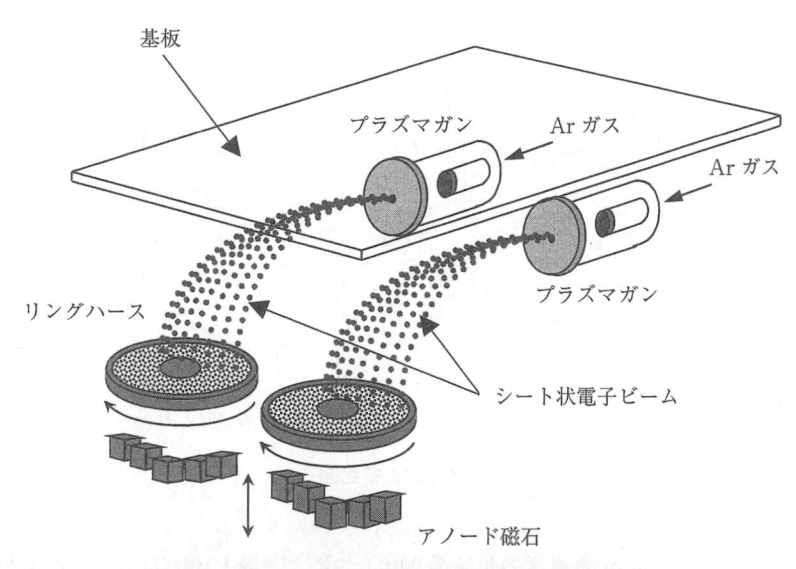

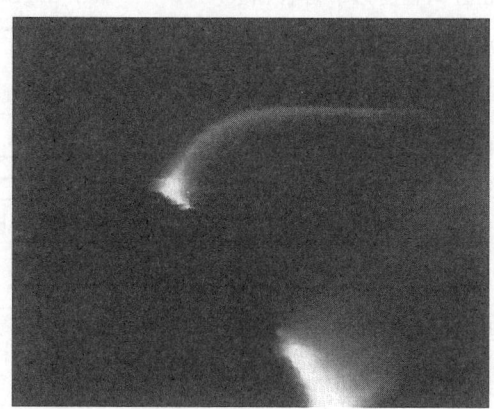

第 3 章 製造・検査装置

図2 基板への成膜の様子とビーム形状

（2 ガン構成のビーム形状
（ビーム左端下部はハース部分での発光を示す））

本図では基板の幅方向に 2 基のガンとハースが配置されているが，より大型基板への成膜に対しては，これを基板の幅方向に複数台配置することで対応可能である。

4.3 MgO 膜の成膜特性

図3はプラズマガンを搭載した蒸着室の模式図である。リングハースにはペレット状の蒸発材料が並べられ，これを一定速度で回転させてペレットフィーダより常に新しい材料を補給しながら成膜を行う。蒸発材料は粒径が小さいほど高い蒸発速度が得やすいが，スプラッシュが生じや

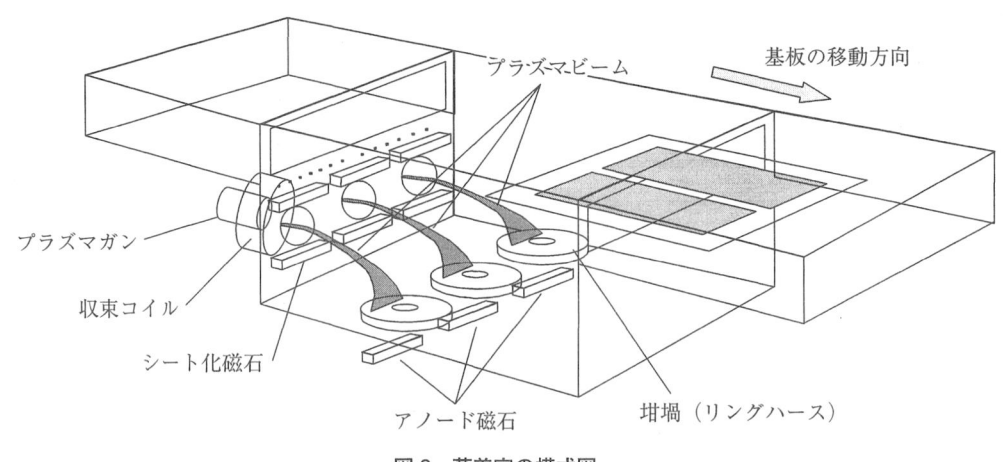

図3 蒸着室の模式図

すくなる。このため 3～5 mm 角程度の単結晶 MgO ペレットの利用が一般的だが，最近ではパネル性能の向上を狙い，材料組成の自由度の高い焼結品の利用も増えている。また MgO は蒸発時に Mg と O に解離するものが多いとされ[17]，膜形成時に O が不足して組成比が崩れるおそれがある。これを防ぐため若干の O_2 ガスを流しながら成膜を行う。基板は成膜前に 200℃程度まで加熱され，トレイに載せられた状態で一定速度で蒸発源（リングハース）の上方を通過しながら MgO 膜が形成される。表1に代表的な成膜条件を示す。

表1 MgO 膜の代表的な成膜条件

成膜圧力	0.08～0.15 Pa
放電用 Ar	15 sccm
O_2 流量	70～150 sccm
ガンパワー	12～17 kW
基板加熱温度	200℃
蒸発距離	600 mm

図4は MgO 成膜時のプラズマガンの放電電力と成膜速度の関係を示したものである。電力と共に成膜速度は上昇し，14 nm/sec の成膜速度においてもスプラッシュのない安定な膜形成が実現されている。これは入射ビームがシート化されてエネルギーが分散されているためと考えられる。成膜速度の向上に対しては，融点の低い金属 Mg を利用した反応性の蒸着やスパッタリングに依る方法もあるが，形成された MgO 膜の組成や安定性に不安がある。本手法では EB 蒸着と同じ MgO を蒸発原料として活性化蒸着を行っており，組成の安定した MgO 膜形成が可能である。

プラズマガンから照射される電子ビームは，低電圧（100 eV 程度）で大電流という特徴を有している。このため Ar ガスや O_2 ガス，それに蒸発する材料の原子・分子を高い効率で励起・イオン化して薄膜形成するイオンプレーティング法が可能であり，通常の EB 蒸着法と比べて高機能の MgO 膜を形成することができる。EB 蒸着方式と本方式による膜構造の違いを図5に示

第 3 章　製造・検査装置

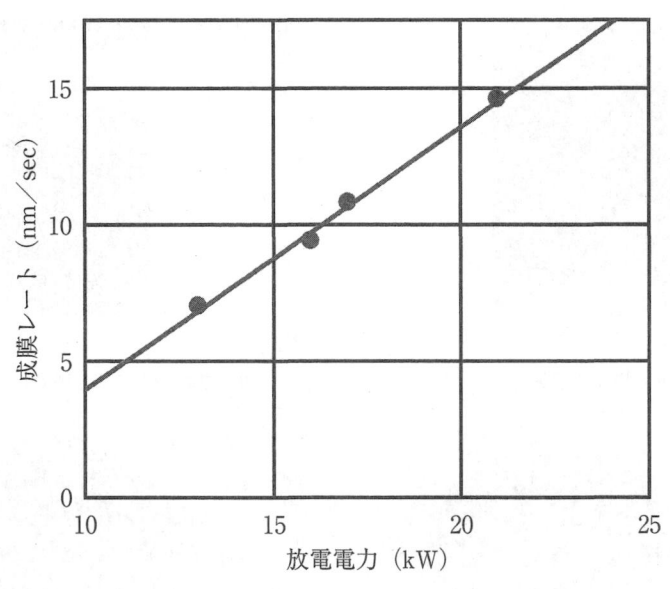

図 4　プラズマガン投入パワーと成膜レート

す。図は共に（111）配向膜の例であるが，図から分かるように，EB 方式の膜では成長の初期と終了時では膜の柱状構造に明らかな違いが認められるのに対し，本方式では成長初期から安定した柱状構造が得られているのが分かる。また表面のモフォロジーも，緻密で結晶粒の揃った比較的平滑な膜が得られているのが分かる。この理由としては，蒸発粒子が高いエネルギーを得ることにより，基板上での表面拡散や酸化反応が促進されるためと考えられる[18]。

4.4　TOSS の特長と量産装置への展開

　PDP の量産においては，高い生産性で安定した MgO 膜を形成することが求められる。PDP パネルには周辺部に電極や封着時のシール部があり，この部分を隠してマスク蒸着を行う必要がある。このため量産用の MgO 成膜装置では，ガラス基板をマスクを兼ねたトレイに載せて 1 枚ずつ連続的に移動しながら成膜を行う，インライン式の通過成膜方式が広く採用されている。ところが，MgO 膜は吸湿性が非常に高い材料であることが知られており，トレイを繰り返し使用すると厚く堆積した MgO 膜に大気中の水分を多量に吸着してしまう。この水分は装置内で放出され，成膜特性や排気系に悪影響を及ぼすことになる。これを避けるには適切な周期で膜付着のないトレイへの交換を行う必要があるが，頻度が高いと生産性にも影響を来してしまう。

　当社では TOSS（Transfer Only Substrate System）と呼ぶガラス基板のみを大気側に取り出す搬送方式を採ることで，これらの問題を回避している[19]。図 6 には TOSS を採用した装置の実施例を，図 7 には TOSS における装置内でのガラス基板とトレイの動きを示す。真空内に上

EB　　　　　　　　　　　　　　　　SUPLaDUO

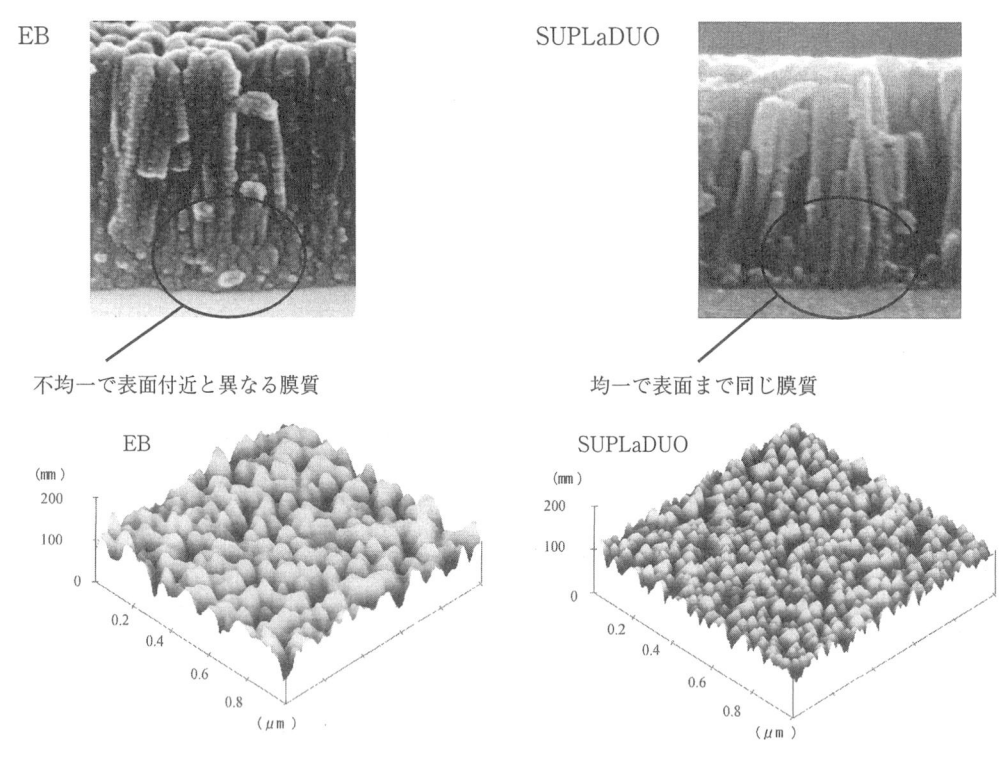

不均一で表面付近と異なる膜質　　　　　　　　均一で表面まで同じ膜質

図5　EB方式とプラズマガン方式によるMgO（111）膜構造の違い

下2段の搬送系とエレベータ機構を備えたことを特徴としている。基板はLL室上段より投入され，予備加熱後CR室にて待機していたトレイ上に置かれた後，RE室に向かう。ここでエレベータ機構により下段の搬送系に移動してBU室に向かう。BU室下部にはプラズマガンを搭載したIP室が置かれ，MgO膜を成膜する。成膜後の基板はCR室にてトレイから分離され，基板だけがLL室下段より大気側に取り出される。空になったトレイはエレベータ機構で上段に移動した後，再び新しい基板を載せて成膜に使用される。従って，MgO膜の付着したトレイは装置内を循環するため，大気には曝されない方式となる。

図8に，TOSSを用いた場合と，トレイが大気に曝されるシステムでMgO膜を形成した際の，成膜室内の水分圧の経時変化を示す。TOSSを用いた場合には，成膜室の雰囲気が安定しているのに対し，トレイが大気に曝される方式の場合には，成膜時間の経過と共に雰囲気のH_2O，CO_2が増加する傾向が認められた。この時に得られた膜のX線回折結果と表面モフォロジーを図9に示す。図から分かるように，TOSSを用いた場合には（111）配向で結晶性も高くモフォロジーも結晶粒が揃った形状をしているのに対し，トレイが大気に曝される方式では異なる配向のピークが認められ，ピーク強度も低い。このことは表面のモフォロジーにも影響しており，結晶粒の

第3章　製造・検査装置

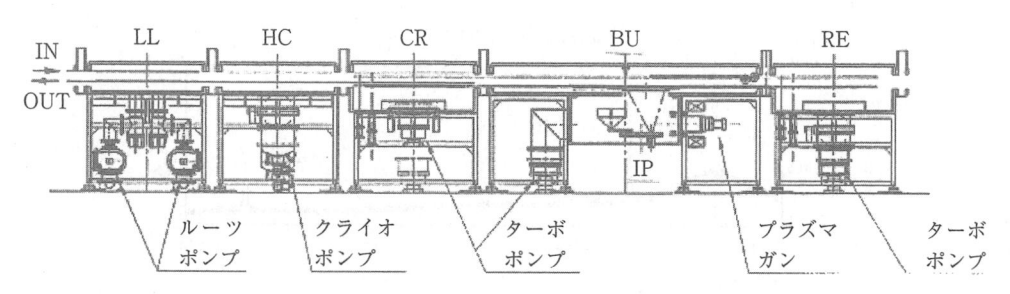

図6　TOSSを採用した量産用MgO成膜装置の実施例

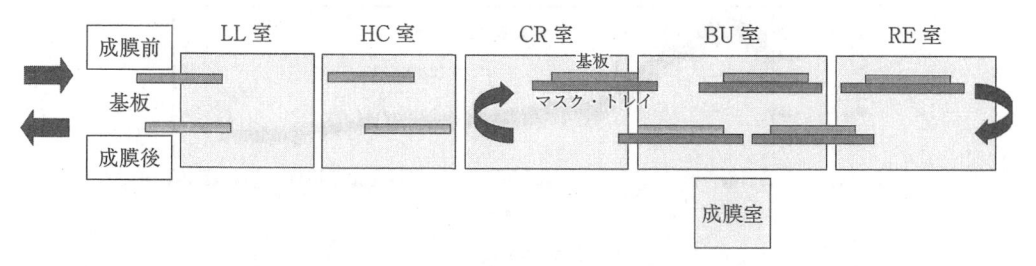

図7　TOSSにおけるガラス基板とキャリアの動作模式図

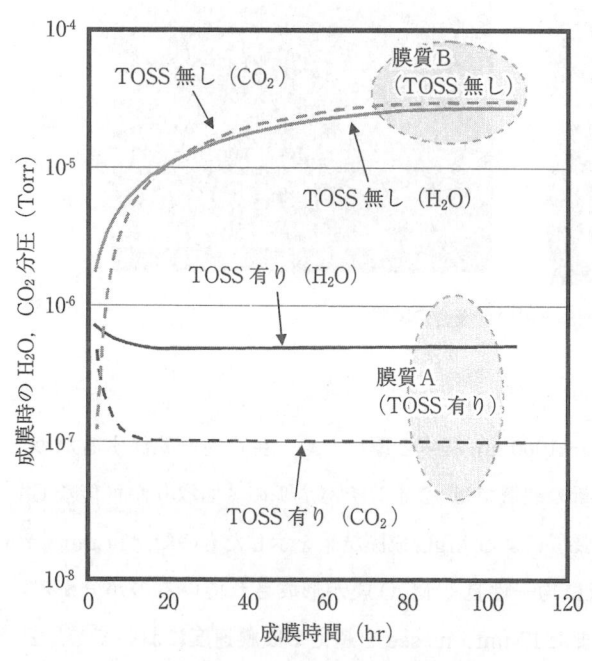

図8　TOSSにおける成膜雰囲気の安定性

形状や大きさが不揃いであることが分かる。以上の結果より，TOSS方式では生産初期から安定した成膜ができるのに対し，トレイが大気に曝される方式では安定した成膜雰囲気を維持するのが難しく，膜質を一定に保つことが困難であると推測される。

安定した（111）配向膜を得るためには成膜時に適量の酸素ガスを導入するが，成膜中の水分が多くなると導入する酸素量も多く必要となる。クライオポンプを採用した装置ではその再生サイクルを早めてしまうほか，ターボ分子ポンプを利用した場合でも，大きな排気速度のポンプが数多く必要である。TOSS方式では水分の装置内への持ち込みが抑制されるため，そのようなリスクを負うことなくコンパクトな排気系で膜質の安定化が図れる。またトレイが真空中で加熱保持されるために温度が安定し，パーティクル

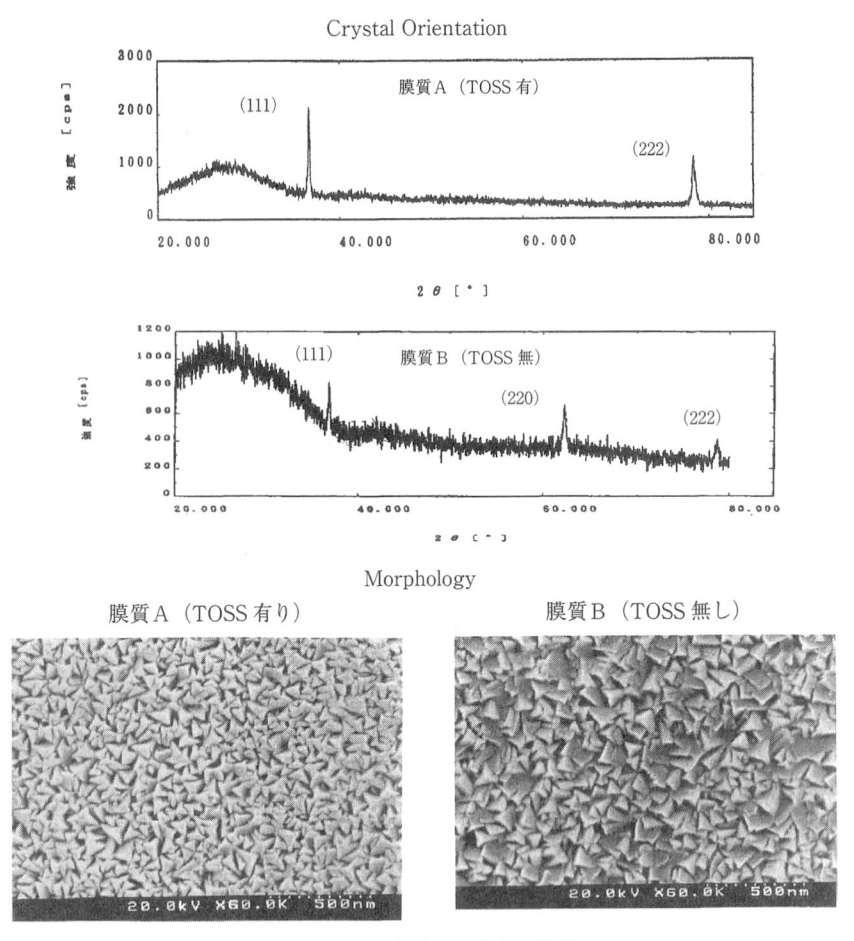

Crystal Orientation

膜質A（TOSS 有）
(111)
(222)

膜質B（TOSS 無）
(111) (220) (222)

Morphology

膜質A（TOSS 有り）　　　　膜質B（TOSS 無し）

図9　TOSSを用いた場合の膜質

の抑制にも有効との結果が得られている。

　通常，PDPで使用するMgO膜厚は700〜1000 nm程度と厚いため，生産性を確保するため，装置には高い成膜速度が要求される。最新の装置では42インチパネルの8面取りが可能なG8クラスの基板に対応している。図10は本装置によるMgO成膜結果を示したもので，14 nm・m/secという高い成膜速度で，大型の基板に均一性良くMgO膜が形成されているのが分かる。MgO膜の結晶配向性は（111）である。また17 nm・m/secを超える成膜速度においても，良好な結晶配向性の得られることを確認済みである。基板1枚当たりの処理時間は約2分である。

4.5　おわりに

　プラズマガンとTOSSを採用し，G8クラス基板に対応したC-3601MgO成膜装置を開発した。本装置は，結晶配向性と結晶構造の揃った緻密なMgO膜を，水分を排除した安定な成膜環境の

第3章　製造・検査装置

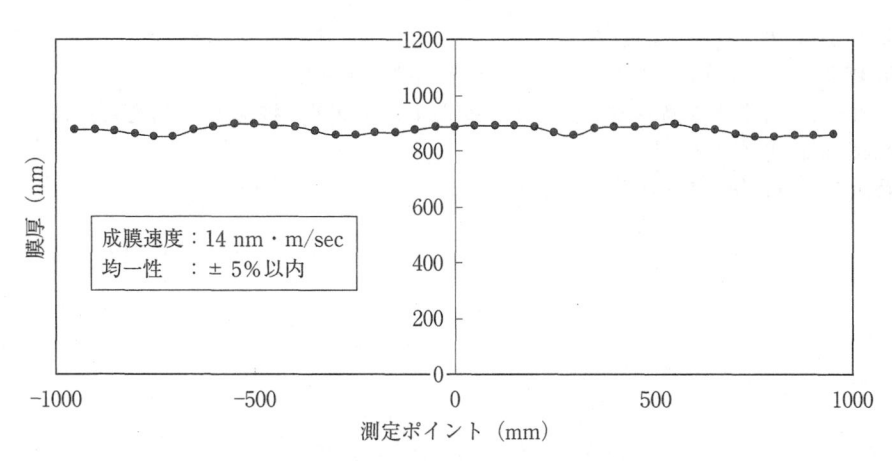

図10　MgO（111）配向膜の膜厚均一性

中で，高い成膜速度で安定に形成することが可能である。生産性向上のため，基板サイズは益々大型化して行くものと思われる。今後とも装置の生産性と特性の向上を目指し，開発を進めてゆく考えである。

文　　献

1) 内池平樹，日本真空協会 スパッタリングおよびプラズマ技術部会 研究会資料，Vol.14, No.2, p.1-11（1999）
2) 中村 昇，ファインプロセステクノロジー・ジャパン '96 専門技術セミナー予稿（1996）
3) 皆川真一，第15回プラズマディスプレイ技術討論会 予稿（1997）
4) 粟井 清，第15回プラズマディスプレイ技術討論会 予稿（1997）
5) M.Hakomori et al., IDW'97 Technical Digest, p.551-554, Nagoya, Japan（1997）
6) C.Daube et al., IDW '97 Technical Digest, p.551-554, Nagoya, Japan（1997）
7) John Kester et al., IDW '99 Technical Digest, p.703-706,Sendai, Japan（1999）
8) 古屋英二，中村 昇，電子材料，Vol.37, No.12, p.71-75（1998）
9) N.Nakamura et al., IDW '98 Technical Digest, p.511-514, Kobe, Japan（1998）
10) 木浦成俊編集，2000FPDテクノロジー大全，電子ジャーナル，p.480-484（1999）
11) 中村 昇，SEMI FPD Expo Japan 2000 FPD Expo Forum 予稿
12) 浦本上進，真空，Vol.25, No.10, p.660（1982）
13) 浦本上進，真空，Vol.25, No.11, p.719（1982）
14) 浦本上進，真空，Vol.25, No.12, p.781（1982）
15) 特許 2040482（中外炉工業）

16) 特許 2044280（中外炉工業）
17) 塙 輝夫編集，薄膜ハンドブック，オーム社，p.917（1983）
18) 上谷一夫，日本真空協会 スパッタリングおよびプラズマ技術部会 研究会資料，Vol.17，No.2, p.41-48（2002）
19) 特願平 8-119749（キヤノンアネルバ）

5 PDP用焼成炉

森本巌穂*

5.1 はじめに

焼成炉とはPDPの製造工程において必要不可欠な装置である。ガラス基板の「アニール工程」「電極」「リブ」「誘電体」「蛍光体」等の各種成膜工程に焼成炉は使用されており、パネルの品質を担う重要な製造装置である。

「マザーガラスの大型化」「パネルの高精細化」「低コスト化」等のPDP業界の焼成炉に求める要求も年々高度化している。本節では、それらの要求への対応の具体例を通してPDP用焼成炉（写真1）を、紹介していく。

5.2 PDP用焼成炉の推移

表1にPDP焼成炉の技術推移を示す。PDP用ガラス基板の焼成という工程は、600℃付近まで昇温する処理の為、温度制御のし易さやガラス基板の温度分布精度の良さ、そして炉内のクリーン化の点で赤外線加熱が採用される場合が多い。また焼成炉の処理形態も生産性を考慮し、バッチ処理ではなく、連続処理炉の装置形態が一般的である。

PDP開発当初の焼成炉は耐熱鋼製の金属マッフル（炉心管）とガラス基板搬送に金属メッシュベルトを用いた焼成炉が主流であった（図1 (a)）。この場合、金属マッフルから発生する酸化スケール及び、金属マッフルと金属メッシュベルトとの摩擦による金属粉発生という問題があった。

写真1 焼成炉外観

---

* Iwao Morimoto　光洋サーモシステム（株）FPD装置部　主任

表1 PDP焼成炉の推移

	メッシュベルト式焼成炉	メッシュベルト式焼成炉	ローラーハース式焼成炉	ローラーハース式焼成炉
加熱方式	遠赤外線加熱（モルダサームヒーター）	遠赤外線加熱（モルダサームヒーター）	遠赤外線加熱（モルダサームヒーター）	遠赤外線加熱（モルダサームヒーター）
マッフル材	金属マッフル（耐熱鋼）	耐熱ガラス	耐熱ガラス	耐熱ガラス
搬送方式	メッシュベルト	メッシュベルト	ローラー搬送（セラミックチューブ＋SUSパイプ）	ローラー搬送（ALLセラミックス）
問題点	・金属マッフルからの酸化スケールの発生 ・金属マッフルとメッシュベルトの摩擦による金属粉の発生	・処理品（ガラス基板）の大型化による積載重量アップ ・耐熱ガラスとメッシュベルトの摩擦による金属・ガラス粉の発生	・セッターとローラーの摩擦によるセッター粉の発生 ・セッターの偏摩耗の発生	―
クリーン化対応	×	△	○	◎
対応時期（当社）	1984年〜	1990年〜	1995年〜	2000年〜

金属粉発生対策として，マッフル材料に耐熱ガラスを採用した（図1（b））連続炉が考案されたが，ガラス基板の大型化と生産量増大による処理重量の増加，及び装置の大型化に金属メッシュベルトを用いた駆動方式が困難となった。また耐熱ガラス上を金属メッシュベルトが走行する為，ガラス粉の発生という問題が発生した。

次の手段として，ローラーによる処理物の搬送を行うローラーハース式の焼成炉が開発された。当初のローラーハース式焼成炉に採用されていたハースローラーの構造は，金属ローラーにセラミックチューブを幅方向に数箇所配置したものであった（図1（c））。このセッターの一部を支持するハースローラー構造では，局部的な荷重の発生や，ローラーのガタツキが原因で長期間の使用でセッターの偏摩耗や変形，セッター粉の発生という問題が発生した。

現状焼成炉のハースローラーは，ALLセラミックスのローラーが採用され，セッターの摩耗や変形，セッター粉の発生等問題は解決された（図1（d））。

5.3 ローラーハース（RH）式焼成炉

5.3.1 搬送構成

PDPの焼成工程ではガラス基板の歪点以上の温度域での熱処理を行う為，耐熱ガラスなどのセッターと呼ばれる定板上にガラス基板を配置して焼成炉で処理するのが一般的である。量産ラ

第3章　製造・検査装置

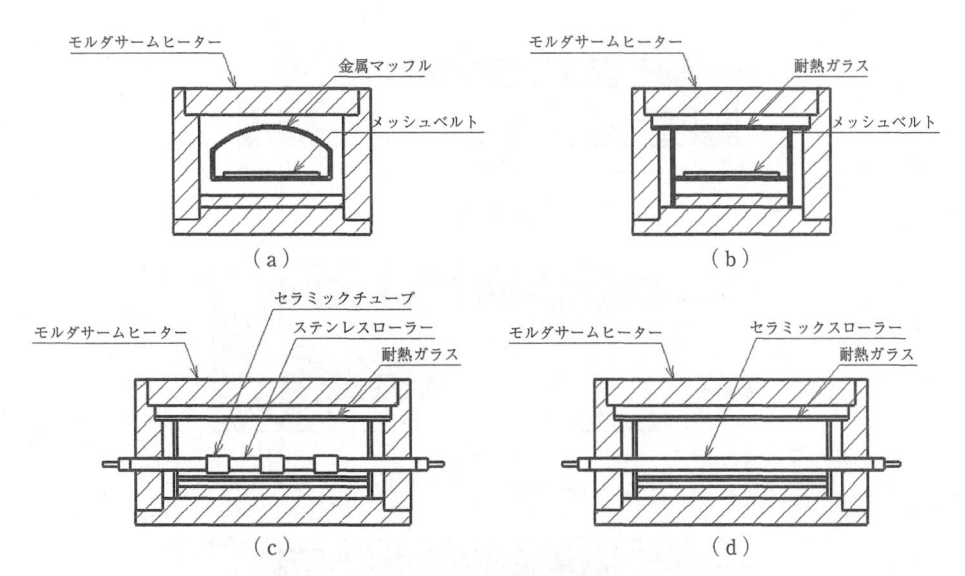

図1　加熱部断面構造

インにおいて焼成炉は，そのセッターの回収，及びストック等を行う搬送機能を装備しなければならない。

　焼成炉の搬送構成は，試作ラインから量産ラインに移行した際に，焼成炉の設置スペース削減を目的として，水平搬送方式（図2（a））からリフタ装置を加熱部出口に設置し，加熱部下部にて入口部へセッターを搬送する下部リターン方式（図2（b））へと変化した。現在は更なるガラス基板サイズの大型化，生産量の増大に伴い，加熱部を多段化した構成が一般化している（図2（c））。

5.3.2　ヒーター

　前記の通り，PDP用焼成炉には赤外線加熱を採用するのが一般的である。またPDP用焼成炉のヒーターには，省エネルギーとクリーン対応が要求される。参考として，当社（光洋サーモシステム㈱）の場合は，軽量断熱材にヒーターコイルを埋め込み一体成型した「モルダサームヒーター」（写真2）を焼成炉に採用している。

5.3.3　ヒーター制御

　基板サイズの大型化と高精細化により，焼成炉に求められる温度分布性能も年々要求が高度になっている。

　その要求に対応すべくヒーター制御を「左」「中」「右」と分割し出力を制御している。それにより均熱部では±2℃，

写真2　モルダサームヒーター

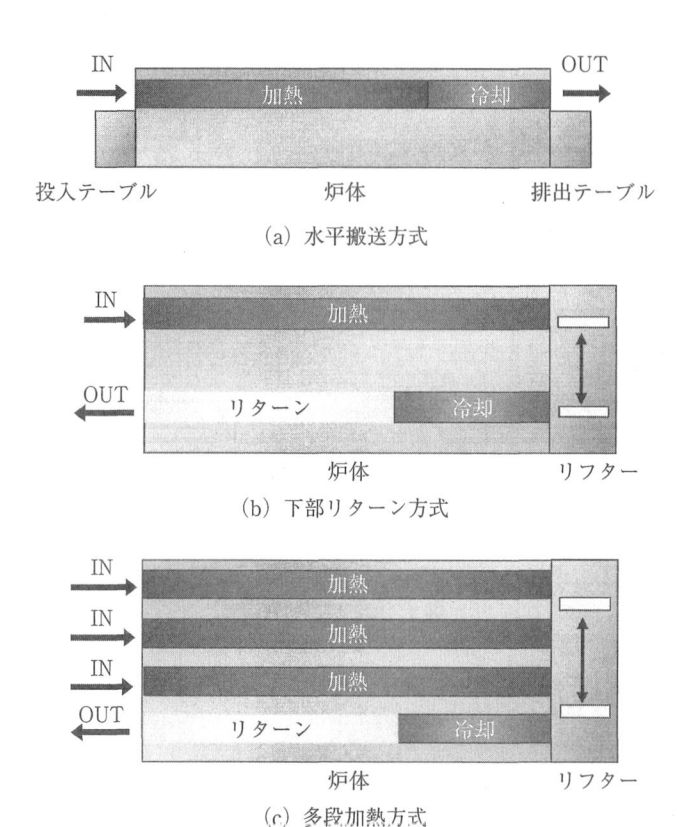

図2 装置構成

(a) 水平搬送方式
(b) 下部リターン方式
(c) 多段加熱方式

徐冷部では $\Delta T \leq 6\,°C$ のガラス基板温度分布の処理が可能となっている（図3）。また，処理品搬送面の上下2面にヒーターを配置することにより，炉内温度の応答性を向上している。

5.3.4 雰囲気制御

ガラス基板上のペーストやシート材等の膜材を加熱すると，様々なガスが発生する（ここでは総称してバインダーガスと呼ぶ）。焼成工程においてはその昇温部のバインダーガスが発生し，炉外に排出される「脱バインダー部」の雰囲気制御が焼成品質に大きく関わるファクターである。PDP用焼成炉は，従来の厚膜焼成技術を活かした給排気構造を採用している。ガラス基板の進行方向と同じ流れ（フォロー流）でバインダーガスを導く「Air導入管」と，バインダーガスを完全に排出する「排気BOX」を一対のユニットとして，発生ガス量に応じて配置している（図4）。また，基板サイズの大型化や成型膜の厚み増大，シート材の使用，生産タクトの高速化等の多量に発生するバインダーガスの処理に対しても導入Airの予熱や，ブロワーによる強制排気等を行い，ガラス基板の温度分布の保持と炉内雰囲気制御を両立させている。

5.3.5 ハースローラー構造

焼成炉のハースローラーは，溶融シリカ（SiO_2）を主成分とした中実状のセラミックローラー

第3章 製造・検査装置

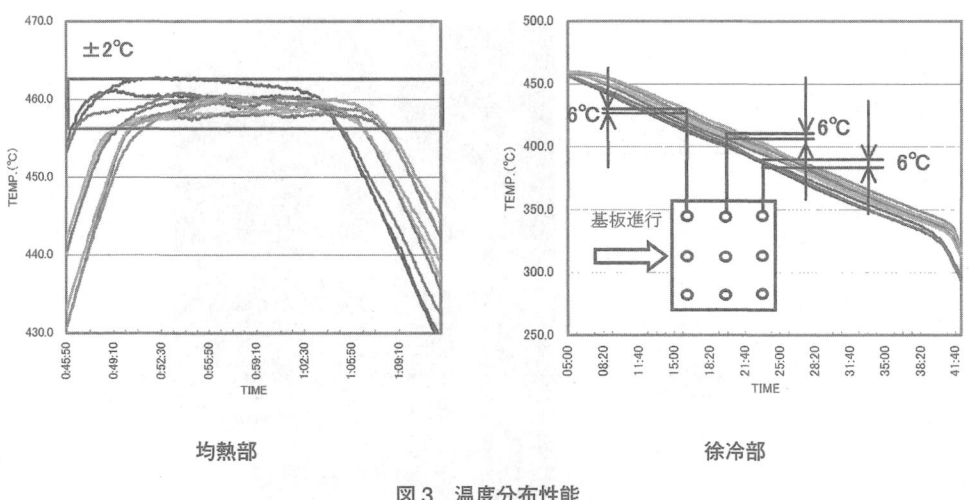

均熱部 徐冷部

図3 温度分布性能

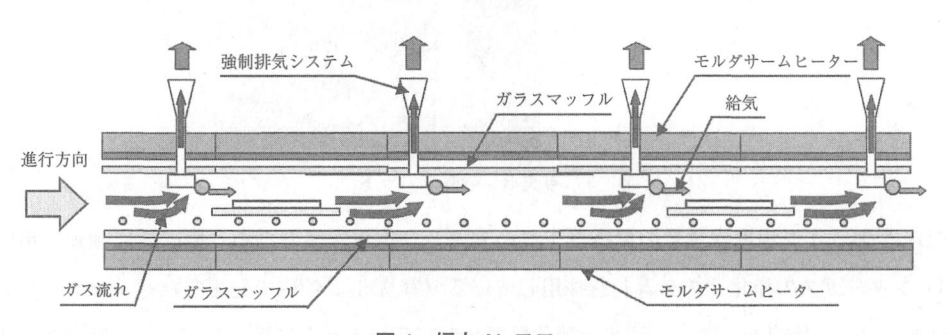

図4 炉内 Air フロー

表2 ハースローラーの特徴と効果

ハースローラーの特徴	効果
ハースローラー表面状態が非常に滑らかである	セッターとハースローラーとの摩耗粉の発生が抑えられる →炉内のクリーン化，セッターメンテナンスコストの削減，セッター寿命の延長
溶融シリカ（SiO_2）が主成分の為，熱伝達率が非常に小さい	ローラーの貫通部からの放散熱量の削減 →消費電力の削減
外径公差 0.1 mm 以下，芯ブレ精度 0.4 mm/m という非常に高精度ローラーである	優れたセッターの直進性 →安定・確実なセッターの走行

を採用している。このハースローラーは，表2のような特徴と効果がある。

5.3.6 排気処理

前記「雰囲気制御」で記述したとおり，ガラス基板からは焼成工程にてバインダーガスを発生する。このバインダーガスの中には人体に有害なガスや，可燃性のガスも含まれる場合がある。

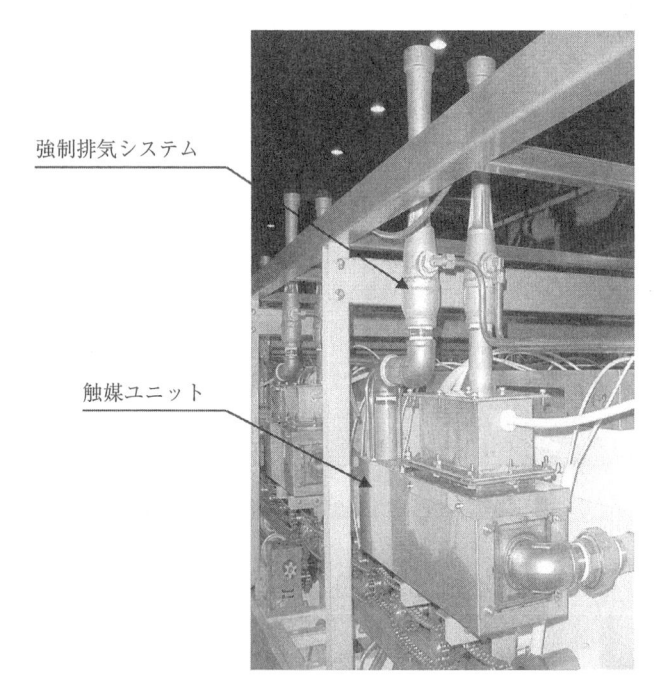

写真3 触媒ユニット

　PDP生産ライン周囲作業者の健康と工場の安全及び環境保護のため，焼成炉に触媒を用いた「バインダーガスの浄化システム」を採用している（写真3）。炉内で発生したバインダーガスを排気する経路に触媒を設置し，浄化（酸化分解）して工場ダクトに排出している。特殊フィルターの採用とバインダーガス濃度をコントロールすることにより，触媒の長寿命化にも成功している。

5.3.7　省エネルギー対応

　PDP用焼成炉における省エネルギー化の対策の1つとして，セッターレス化が挙げられる。焼成炉の消費電力におけるセッターの占める割合は，30〜40％程度である（図5）。セッターを無くし，ガラス基板単体を焼成することにより，セッターを昇温するのに必要な分の消費電力の削減と，セッターを室温まで冷却する分の工場空調負荷が削減される。

　セッターレス対応の焼成炉の温度分布性能は，従来のセッター使用の焼成炉と同等の性能である。また，ガラス基板の反りや傷等も実用化レベルに達している。

　セッターレス化の付随効果として，省エネルギー効果以外にセッターを使用する為のイニシャルコストと，セッターのメンテナンスする為のランニングコスト削減の効果も非常に大きい。また省エネルギー化として，セッターレス化だけでなく，ヒーター（モルダサームヒーター）の改良，断熱構造の改良，炉口部の改良等により焼成炉の省エネルギー化に努めている。

第3章　製造・検査装置

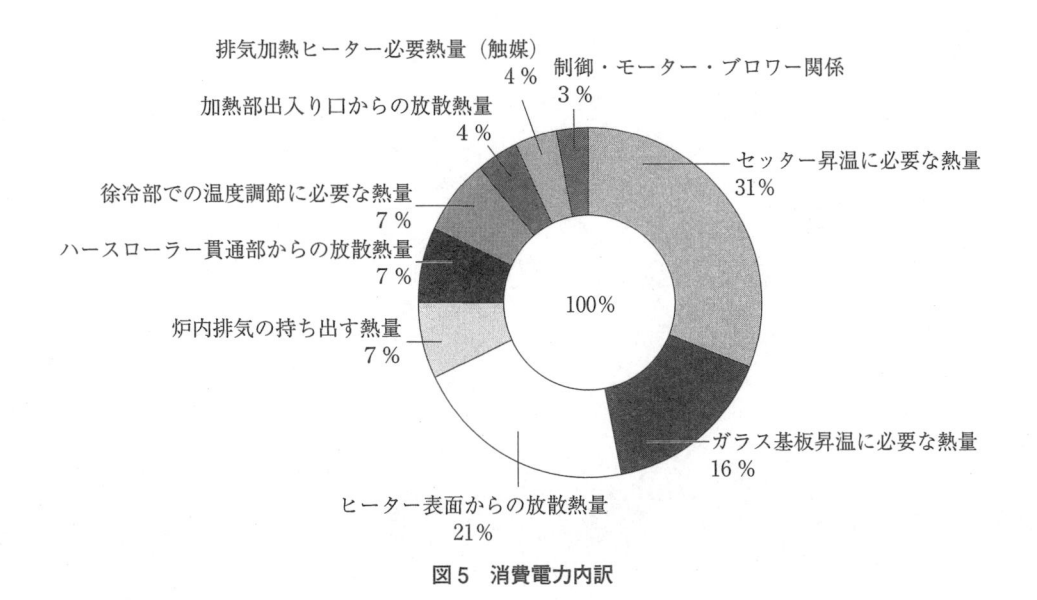

図5　消費電力内訳

- セッター昇温に必要な熱量　31%
- ガラス基板昇温に必要な熱量　16%
- ヒーター表面からの放散熱量　21%
- 炉内排気の持ち出す熱量　7%
- ハースローラー貫通部からの放散熱量　7%
- 徐冷部での温度調節に必要な熱量　7%
- 加熱部出入り口からの放散熱量　4%
- 排気加熱ヒーター必要熱量（触媒）　4%
- 制御・モーター・ブロワー関係　3%
- 合計　100%

5.4　おわりに

　PDP業界の動向として，更なる高精細化，低コスト化が益々推し進められるのは明白である。それにより，PDP用焼成炉には「大型ガラス基板への対応」「省エネルギー化」「クリーン化」「生産性の向上」等が要求されるであろう。現状の焼成炉に満足することなく，今度も新技術を開発しPDP事業の発展に寄与していきたいと考えている。

プラズマディスプレイ材料技術の最前線《普及版》　（B1021）
2007年10月31日　初　版　第1刷発行
2012年11月8日　普及版　第1刷発行

監　修　　篠田　傳　　　　　　　　　Printed in Japan
発行者　　辻　賢司
発行所　　株式会社シーエムシー出版
　　　　　東京都千代田区内神田 1-13-1
　　　　　電話 03 (3293) 2061
　　　　　大阪市中央区内平野町 1-3-12
　　　　　電話 06 (4794) 8234
　　　　　http://www.cmcbooks.co.jp

〔印刷　株式会社遊文舎〕　　　　　　　Ⓒ T. Shinoda, 2012

落丁・乱丁本はお取替えいたします。

本書の内容の一部あるいは全部を無断で複写（コピー）することは，法律
で認められた場合を除き，著作者および出版社の権利の侵害になります。

ISBN978-4-7813-0603-2　C3054　¥4000E